粉じん作業特別教育用テキスト

粉じんによる疾病の防止

指導者用

中央労働災害防止協会

序

粉じんによる疾病については，じん肺法，労働安全衛生法，粉じん障害防止規則等に基づき予防対策が講じられてきた結果，その新規有所見者は年々減少してきたところですが，依然として製造業，建設業，鉱業等の幅広い業種で発生しています。

粉じんによる疾病の代表的なものであるじん肺は，粉じんを吸入したことにより，肺に線維性の変化が起きる病気で，現在の医学ではこの病変を回復させる有効な治療の方策は一般的にはない状況にあります。

したがって，じん肺を防止するために，事業者が健康管理等の適切な労働衛生管理対策を講じていくと同時に，これらの対策を実効あるものとするために，作業現場で粉じん作業に従事している労働者が，粉じん障害防止や自身の健康管理についての認識を高めていくことが重要になっています。

こうした背景を踏まえて，粉じん障害防止規則においては，常時特定粉じん作業に従事する労働者に対して，粉じんに係る疾病と健康管理，粉じんの発散防止，呼吸用保護具の使用の方法および作業場の換気の方法等について特別の教育を実施すべきことが規定されています。

本書は，この特別の教育を，作業現場で粉じん作業に従事している労働者に実施する指導者のために作成されたものです。今般の改訂では，令和５年３月に策定された「第10次粉じん障害防止総合対策」および最近の労働安全衛生関係法令の改正等とあわせ，関係個所の記述の見直しを行いました。本書が特別の教育を担当される方々に広く活用され，粉じんによる疾病の予防に寄与することとなれば幸いです。

令和５年９月

中央労働災害防止協会

目　　次

「粉じん作業特別教育規程」科目および教習時間

科　目	範　囲	時　間	本書の編
粉じんの発散防止及び作業場の換気の方法	粉じんの発散防止対策の種類及び概要 換気の種類及び概要	1時間	第2編
作業場の管理	粉じんの発散防止対策に係る設備及び換気のための設備の保守点検の方法 作業環境の点検の方法 清掃の方法	1時間	第3編
呼吸用保護具の使用の方法	呼吸用保護具の種類，性能，使用方法及び管理	30分	第4編
粉じんに係る疾病及び健康管理	粉じんの有害性 粉じんによる疾病の病理及び症状 健康管理の方法	1時間	第1編
関係法令	労働安全衛生法（昭和47年法律第57号），労働安全衛生法施行令（昭和47年政令第318号），労働安全衛生規則（昭和47年労働省令第32号）及び粉じん障害防止規則並びにじん肺法（昭和35年法律第30号）及びじん肺法施行規則（昭和35年労働省令第6号）中の関係条項	1時間	第5編

第1編
粉じんによる疾病と健康管理

「粉じん作業特別教育規程」科目および教習時間

科目	範囲	時間
粉じんに係る疾病及び健康管理	粉じんの有害性　[第１章] 粉じんによる疾病の病理及び症状　[第２章] 健康管理の方法　[第３章]	１時間

各章のまとめ

[第１章]

□粉じんとは固体の粒子状物質をいい，ヒュームも含まれる。無機粉じんと有機粉じんに大別される

□粉じんが人間の身体に侵入または接触すると疾病になることがある。同じようなばく露条件下でも，人体側の要因によって健康障害の程度は違ってくる

□粉じんの吸入によって起こる疾病に「じん肺」がある

[第２章]

□じん肺は，進展すると心臓の活動にまで影響を与える疾病である

□じん肺と特に密接な関係のある合併症は，①肺結核，②結核性胸膜炎，③続発性気管支炎，④続発性気管支拡張症，⑤続発性気胸，⑥原発性肺がん，の６つとされている

[第３章]

□じん肺の予防には，吸入する粉じんの量を減らすことが原則である

□じん肺健康診断の対象者は「粉じん作業に従事している労働者」および「粉じん作業に従事したことのあるじん肺有所見者」であり，それぞれ実施の頻度は異なる

□じん肺法では，じん肺の程度に応じた「じん肺管理区分」と，それぞれの区分に応じたじん肺進展防止の措置等が定められている

□じん肺管理区分に定められた措置のほかには，健康相談，保健指導，衛生教育といった方策がある

第１章　粉じんの有害性

1.　粉じんとは

粉じんは労働者の健康に有害な要因のうちでもほとんどの職場で認められるものであるが，作業場にとどまらず一般生活環境においても公害の原因の１つとして注目されることがある。本書でいう粉じんとは，「固体の粒子状物質」をいい，溶接作業等の際に発生するヒューム（煙気：金属が溶けて蒸気となりそれが空気中で固まって粒子状になったもの）も含むものである。

作業場では，生産工程によっては１種類の粉じんだけではなく数種類の粉じんが同時に発散していることがある。

また，粉じんはその化学組成により無機物からなる無機粉じんと有機物からなる有機粉じんとに大別できる。作業によってはこれら両方の粉じんが一緒に発散している

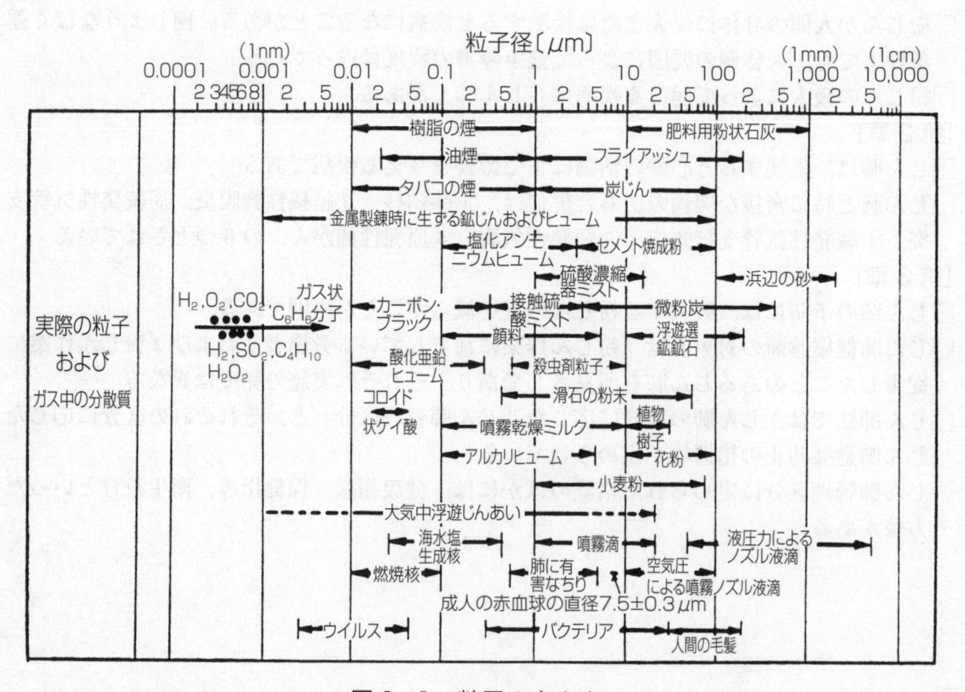

図１−１　粒子の大きさ

ことがあり，例えば，原綿を加工する工程では有機性の綿の粉じんのほかに土などの無機粉じんが作業場の空気中に混在していることがある。

空気中に浮遊している粉じんの大きさはさまざまであり，図1-1に示すようにその大きさには幅がある。

2.　粉じんの有害性を左右する因子

粉じんが人間の身体に侵入または接触すると，人間の身体は粉じんに対して反応を示すが，その反応は粉じんの性質と量によって異なる。人間の身体は外からの異物の侵襲に対して身体を守り恒常性（ホメオスターシス）を維持しようとする機能を持っており，防御のバランスがくずれると病的な状態になり疾病になることがある。

粉じんを吸入した場合に起こる疾病を評価する際に重要な因子としては，

①　粉じんの化学的組成

②　粉じんの粒径

③　粉じんの吸入量

④　人体側の要因

等の因子があげられる。これら4つの因子について簡単に触れる。

(1)　粉じんの化学的組成

粉じんに含まれている化学物質の種類と量はその粉じんの有害性の程度を判断するうえで極めて重要である。

中毒を起こす化学物質が粉じんの形で身体に侵入する場合には吸入によることが多い。このような化学物質の例としては，鉛，カドミウム，マンガン等がある。

これらの特有の中毒を起こす化学物質の含有量が極めて少ない粉じんであっても，その粉じんを多量に，かつ長期間にわたって吸入した場合，「じん肺」を起こすことがある。

また，1.で述べたように，粉じんは無機粉じんと有機粉じんに大別でき，無機粉じんは一般に「じん肺」を起こすといわれている。有機粉じんについては，綿糸，コルク，線香等の粉じんを吸入したと考えられる労働者に「じん肺」が起こったとの報告がある。しかし，これらの有機粉じんが無機粉じんによる「じん肺」と同じような病変を起こすかどうかの医学界の合意は現時点では得られていない。有機粉じんと肺の障害との関連についてはいくつかの説があるが，Fraser らは表1-1のようにま

表1−1　有機粉じん吸入による疾患（Fraser ら）

	疾病	抗原
気管・気管支過敏症	外因性喘息	花粉，犬と猫の毛，チョウセンモダマの種子の粉，トウゴマの実，カビの胞子，コクゾウ虫
	アレルギー性アスペルギルス症	アスペルギルスの胞子
	綿肺症	綿花，柔らかくした亜麻，大麻の繊維
肺胞過敏症	農夫肺	Thermopolyspora polyspora
	キノコ労働者肺	テルモフィリン放線菌
	さとうきび肺	Micromonospora vulgaris
	ハト飼育者肺	ハトの羽毛，ハトのし尿，血清
	コルク肺	かびのはえたコルク粉じん（明確にされていない）
	カエデ樹皮病	樹皮の毛巣
	下垂体薬病	豚または牛の下垂体の粉状抽出物
	種痘取扱い者肺	天然痘ウイルス？
	シサル麻労働者肺	？
	麦芽労働者肺	Aspergillus clavatus
	米杉症	鋸断粉じん
	屋根ぶき慢性肺疾患	屋根の材料（ニューギニア）
	コクゾウ虫過敏症	コクゾウ虫の蛋白
	鶏肥過敏症	鶏肥抗原
	ホコリタケ症	ホコリタケ種の胞子

とめており，この表からわかるように，これらの粉じんによって呼吸器が過敏になるために障害が起こると考えられている。これらの過敏症には（4）に掲げる人体側の要因も関与していると考えられる。

(2) 粉じんの粒径

粉じんを吸入した場合，粉じんの粒径によって沈着する部位が異なっており，沈着する部位によって健康障害の質も異なってくると考えられている。

粉じんの粒径と沈着部位，沈着率および健康障害との関係については後述する。

(3)　粉じんの吸入量

健康障害を起こす有害因子の場合には，一般的にばく露量が増加するに従って健康障害の程度も重くなるといわれている（これは「量—反応関係」，「量—影響関係」と呼ばれている）。ただし，人間の側の感受性が強く影響するような健康障害（例えば，気管支喘息のようなアレルギーが関与しているもの）の場合には，このようなはっきりした関係は必ずしも明らかにされていない。

ばく露量は「ばく露濃度×ばく露時間」で表すことができる。このことから，同じばく露時間であればばく露濃度が高いほど，同じばく露濃度であればばく露時間が長いほど，一般により重篤な健康障害を起こすことになる。

一方，粉じんの種類にもよるが一般的にばく露量が非常に少ない場合には，はっきりした（医学的検査で発見することができる）健康障害を起こさないことも知られており，これを「無作用レベル」と呼ぶこともある。

特有の中毒を起こすような化学物質を含んだ粉じんの場合には，同じ粉じんばく露量であれば粉じん中の化学物質の含有量が多いほど，含有量が同じであれば粉じんばく露量が多いほど中毒になる危険性が大きくなり，重篤な中毒になる。

じん肺の場合も，一般に吸入した粉じんの量が多ければ多いほど重篤になるといわれているが，じん肺の1つである「けい肺（遊離けい酸の含有率の高い粉じんによって起こるじん肺で，典型的なじん肺として知られている）」の場合には，吸入した粉じん量だけでなく遊離けい酸の含有率が高いほど重篤化することが知られている。

(4)　人体側の要因

同じようなばく露条件下であっても，人体の側の要因によって健康障害の病像や程度が異なってくることが知られている。これらの要因としては，性，年齢，体質，習慣，健康状態等の種々の要因があげられる。

粉じんによる健康障害の中で人体側の要因が重要な役割を果たす例として「職業性喘息」があげられる。職業性喘息は，作業中に主に動物性，植物性の粉じんにばく露される労働者のうちで，粉じん中のある成分に感受性の高い者にのみ発症するものである。このような職業性喘息のうち，わが国で報告のあるものを城は表1-2のようにまとめており，原因となる因子（抗原）は主に粉じんの形で吸入される。

じん肺の場合でもその発症には前述の（1)～(3）のほかに人体側の要因が関与しているのではないかと考えられている。ほぼ同じようなばく露条件であっても，粉じん

表 1-2　わが国で報告された職業性喘息（城）

病　名			発生する職業	抗　原	皮内反応	結膜反応	吸入試験	P－K反応	赤血球凝集反応	実験喘息	減感作療法の効果	報　告　者
植物性抗原によるもの		こんにゃく喘息	こんにゃく芋の製粉	こんにゃく粉	＋	＋	＋	＋	＋	＋	±	七条ほか　1951
		そば喘息	そばやの調理士	そば粉	＋	＋	＋	＋	＋			中村ほか　1970
	花粉	てん菜花粉喘息	てん菜研究所員	てん菜花粉	＋	＋	＋	＋				松山ほか　1971
		かもがや花粉喘息	牧畜業	かもがや粉	＋		＋	＋			＋	中沢ほか　1971
		動物飼料による喘息	家畜業	Alfalfa	＋		＋	＋			＋	奥村ほか　1971
		小麦粉による喘息	パン菓子製造業	小麦粉	＋	＋	＋	＋			＋	城ほか　1971 中沢ほか　1972
	木材	リョウブ喘息	木工業	リョウブ材	＋	＋	＋	＋	＋		＋	勝谷，城，大塚　1966
		米スギ喘息	製材・木工業	いわゆる米スギ材	＋		＋	＋				関　1926
		ラワン材喘息	製材・木工業	ラワン材	＋		＋	＋			＋	青木　1963
		くわ材喘息	木工業	くわ材	＋		＋	＋			＋	中村　1969
		白檀喘息	木工業	白檀材	＋		＋	＋				中山　1965
		ほう喘息	木工業	ほう材	＋		＋	＋				和田ほか　1966
		ひかげのかずら胞子喘息	歯科技工士	ひかげのかずら胞子	＋		＋	＋				中村ほか　1969
		まこも喘息	鎌倉彫	まこも	＋						＋	岡本　1968
		しいたけ胞子喘息	しいたけ栽培業	しいたけ胞子	＋	＋	＋	＋				近藤　1968
		こうじ喘息	醸造業	こうじ	＋		＋				＋	久徳ほか，中村　1968
動物性抗原によるもの		ホヤ喘息	カキ・真珠養殖業	ホヤ	＋	＋	＋	＋	＋	＋	＋	光井，城，勝谷ほか　1964
	養蚕	まぶし喘息	養蚕	熟蚕尿	＋	＋	＋	＋	－	＋	＋	七条ほか　1953
		家蚕蛾リン毛喘息	養蚕	家蚕蛾のリン毛	＋	＋	＋	＋			＋	七条ほか　1966
		絹喘息	養蚕	絹	＋		＋				＋	小林ほか　1968
		蛹による喘息	養鯉業	蛹	＋			＋				田淵ほか，小林　1971
	獣毛	毛筆喘息	毛筆製造業	獣毛	＋	＋	＋	＋			＋	菊地，城ほか　1968
		動物飼育者の喘息	研究用動物飼育者	獣毛	＋	＋	＋	＋				小林ほか　1968
		ひよこ喘息	ふ化場勤務者	羽毛	＋	＋	＋	＋				根本ほか　1971
		夜光貝による喘息	貝殻細工	夜光貝殻粉	＋		＋					浜田ほか　1969
		羊毛による喘息	衣料販売，毛糸編物	羊毛	＋			＋			＋	城ほか　1970

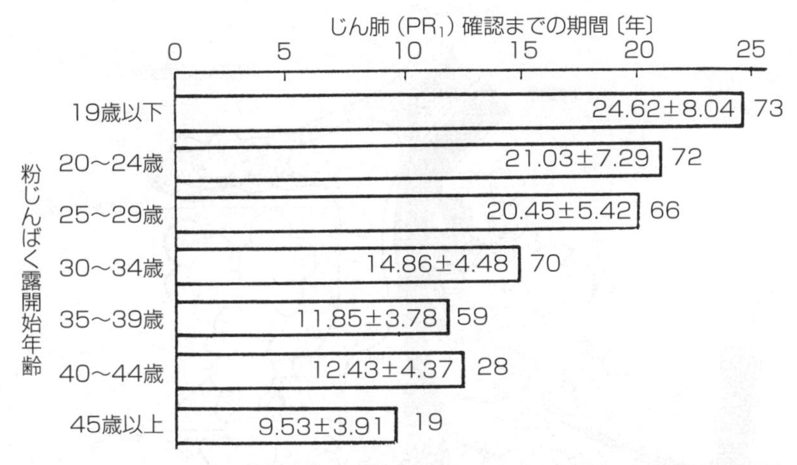

図1−2　粉じんばく露開始年齢とじん肺（PR_1）確認までの期間（島）

にばく露する年齢が高いほど，粉じんばく露開始からエックス線写真でじん肺の第1型（PR_1）の陰影を認めるまでの期間が短くなるという報告（島）もあり，じん肺発生と加齢との間に何らかの関連性があることを示唆しているといえる（図1−2）。

3.　粉じんによる疾病

一般に，有害な物質が身体の中に入ってくる経路を大別すると，経気道（呼吸によって肺から入ってくる），経口（消化器から入ってくる），経皮（皮膚を通して入ってくる）の3つがある。粉じんの侵入経路は主に経気道である。

粉じんの身体への侵入とそれによる疾病のあらましは次のとおりである。

(1)　粉じんの沈着

吸入された空気は，鼻腔→喉頭→気管→気管支→肺胞の順で入ってきて，肺胞で空気中の酸素と血液中の炭酸ガスが交換され（これを「ガス交換」という），逆の経路で空気は体外に吐き出される。粉じんが浮遊している空気を吸い込んだ場合，その粉じんが気道（鼻腔から気管支までの空気の通路）の壁または肺胞の壁にいったん接触するとそこに沈着する（肺の末梢の構造は図1−3に示すとおりである）。

前述したように，粉じんの沈着する部位は粉じんの粒径に左右され，その関連は図1−4に示すとおりである。粒径の大きい粉じんは大部分鼻腔に沈着して肺の中にまで到達しないことがわかる。肺の疾病に関連の深い肺組織への沈着率と粉じんの粒径との関係をみると，1 μm未満（空気力学径。以下同じ）で増加し，2 μm付近に沈

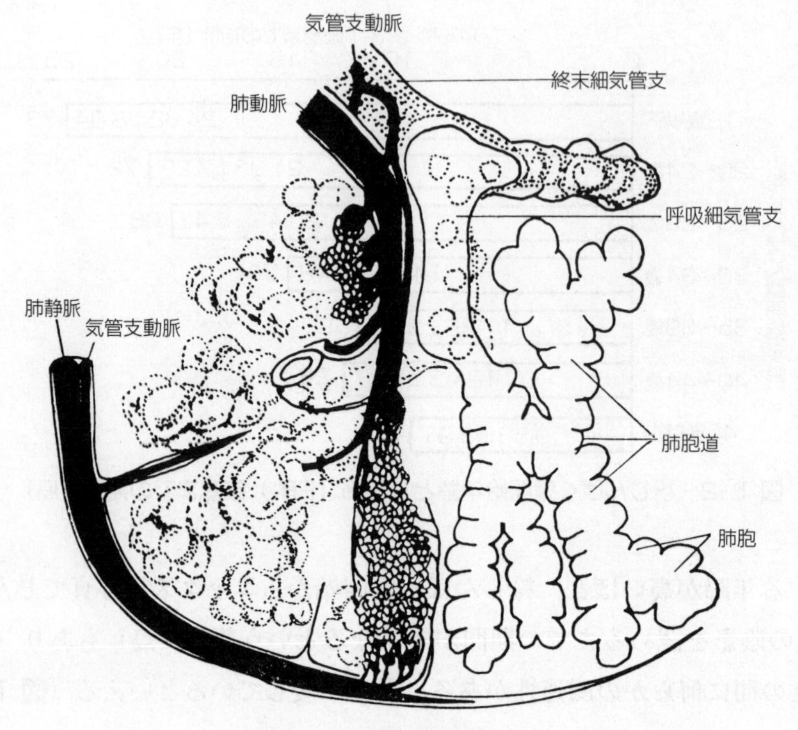

図1-3　肺の構造（影山）

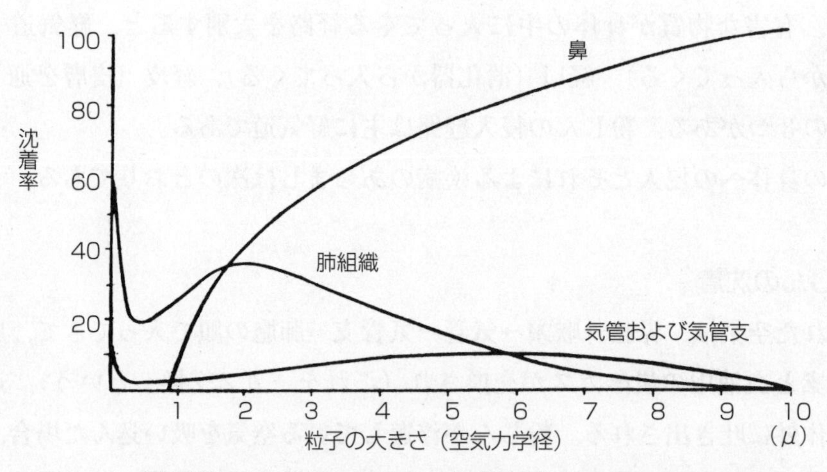

図1-4　部位別にみた粒子の大きさと沈着率（Morgan and Seaton）

着率のピークがみられる。

吸入された空気中の粉じんのうち，粒径の大きいものはまず鼻腔で取り除かれ，除去されなかった粉じんが気道を通って肺胞にまで入っていく。しかし，0.01 μmより小さい粒径のものについては未解決で，現在研究が進められている。

(2)　粉じんに対する身体の反応

吸入された粉じんの中で身体の血液等に溶けやすい成分は，気道，肺胞に沈着すると血液等の体液に溶け込み身体の各部に運ばれる。鉛等の化学物質を含んだ粉じんを多量に吸い込んだ場合にはこのようにして特有の中毒が起こる。

これに対して，血液等の体液に溶けやすい成分を含んでいない粉じんを吸い込んだ場合には，気道や肺胞の壁に沈着して障害を起こす。しかし，沈着した粉じんも身体の清浄作用により徐々に除かれていくことがわかっている。ある調査によれば，1年間で100～150gの粉じんを吸入した場合にはそのうち1～10gが肺胞に沈着するが，肺胞に永久に貯留するのは約0.5gであるといわれている。

吸入され気道や肺胞に沈着した粉じんを取り除く作用は大きく2つに分けられる。1つは「繊毛運動による除去」であり，もう1つは「肺胞での除去」である。

鼻腔から気管支までの気道の表面は粘液の層で覆われており，この層は「繊毛」という細かい毛によって体の外の方に押し出されていく。繊毛により送り出す速度は毎分15mm程度といわれている。正常な人では1日に約100mLの粘液が分泌されるが，吸入された粉じんが気道の壁に沈着するとこの粘液の層につかまえられて，そのうち80～90%の粉じんが2時間以内に繊毛運動によって咽頭部まで送り出されるといわれている。

もう1つの「肺胞での除去」の作用の詳細は必ずしも明らかにされていないが，食作用等によって肺胞に沈着した粉じんが取り除かれていくといわれている。

このようにいくつかの機序によって吸入され沈着した粉じんは除去されていくが，除去されなかった粉じんが主に呼吸細気管支や肺胞に貯留するとそれがもとになって疾病が発生してくる。

(3)　粉じんによる疾病の発生

粉じんの吸入によって起こる疾病の中で中毒を除いて最もよく知られている疾病は「じん肺」である。じん肺は古くから恐れられていた疾病であり，現代の医学によってもその病変を治すことのできない疾病である。

じん肺を起こす粉じんは主に肺胞や呼吸気管支に到達する5 μm以下の粒径の粉じんであると考えられている。ただし，石綿によって起こるじん肺（「石綿肺」と呼ばれている）の場合は5 μmを超える長さの繊維も関与していると考えられている。また，じん肺を起こす粉じんは無機粉じんであり，有機粉じんがじん肺を起こすか否かについては今日まで医学的な結論は得られていない。

石綿肺を除くじん肺の基本的病変は肺胞およびその周辺部の線維増殖性変化と考えられている。これは，貯留した粉じんが肺の組織に入りこんだり，粉じんを取り除くために粉じんを摂取した細胞が死んだりすることによって固い結節ができるためであると一般的には考えられているが，まだ未解明の部分も多い。肺が固くなるこのような線維増殖性変化とともに肺胞や細気管支がふくらんでしまう気腫性変化や気管支の慢性炎症性変化も起こってくる（じん肺の進展については後述する）。

石綿肺の場合には，終末細気管支および呼吸細気管支の壁に最初に線維増殖が起こり，この変化が次第に広がっていくと考えられている。線維化の起こり方については医学的に必ずしも明らかにされていないが，石綿繊維を摂取した細胞の死亡や石綿それ自体の毒性が関与していると考えられている。石綿肺では肺の変化のほかに胸膜（肺の表面と胸郭の表面を覆っている膜で「肋膜」と呼ばれていた）が肥厚したり，胸膜や横隔膜に白斑ができることがある。また，石綿粉じんは肺がんや中皮腫という悪性腫瘍の原因となる。

粒径の大きな粉じんによって肺の疾病が起こるとの指摘がなされているが，その詳細については十分解明されているとはいえない。

第２章　疾病の病像

ここでは前章で述べた粉じんによる疾病のうち特に重篤なじん肺についてそのあらましを述べる。

じん肺発生の機序はすでに述べたとおりであるが，このようにして起こった病変は不可逆性であり元の健康な組織に戻ることはない。このような病変がどのようにして進展するのか，どのような障害が現れてくるのかについてのあらましは次のとおりである。

1．じん肺の進展

肺胞やその周辺に起こった線維増殖性変化によりじん肺結節ができるが，周辺の間質やリンパ節の変化が進めばその後に吸入した粉じんは次第に肺胞内に蓄積され，周辺の病変も加わってじん肺結節はさらに大きくなり結節の数も増加してくる。それとともに，気腫性の変化や気道の慢性炎症性変化も進展してくる。じん肺結節が増えて

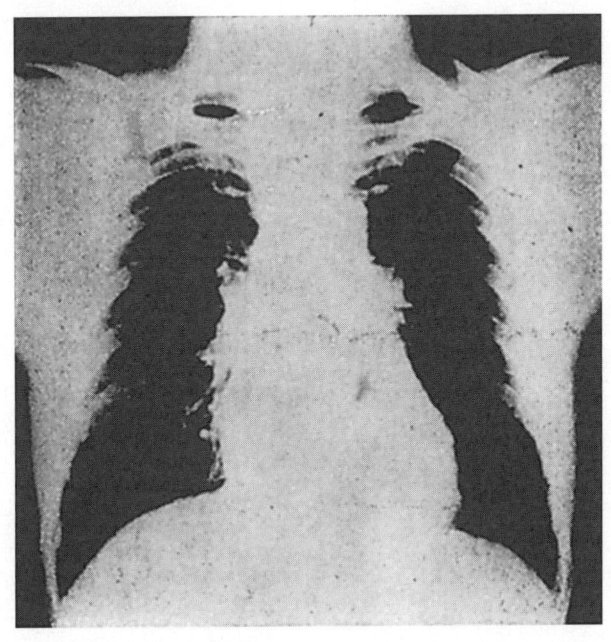

図１-５-１　けい肺のエックス線写真像―第１型

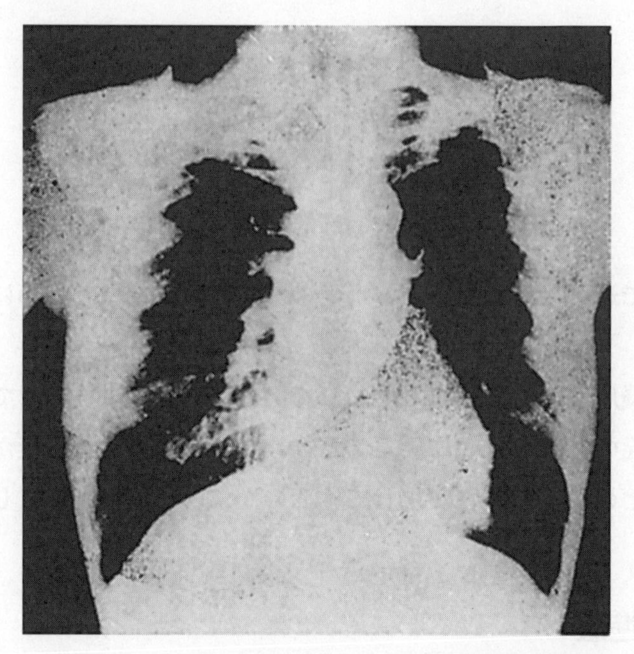

図１-５-２　けい肺のエックス線写真像―第２型

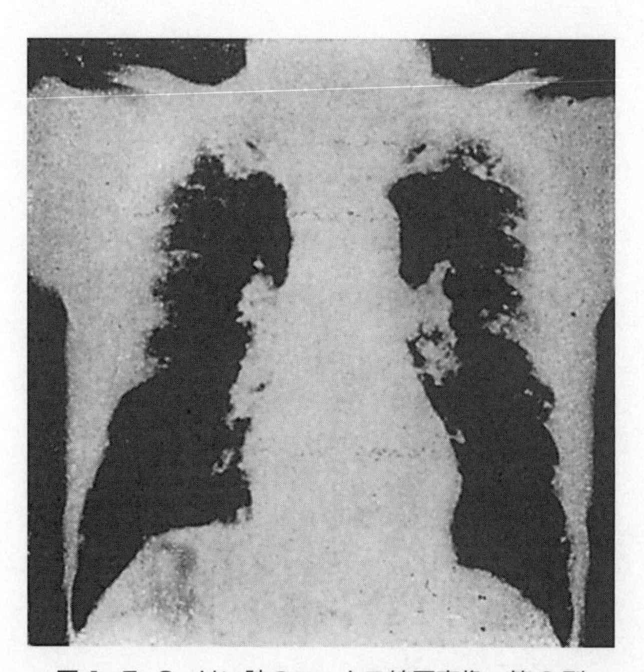

図１-５-３　けい肺のエックス線写真像―第３型

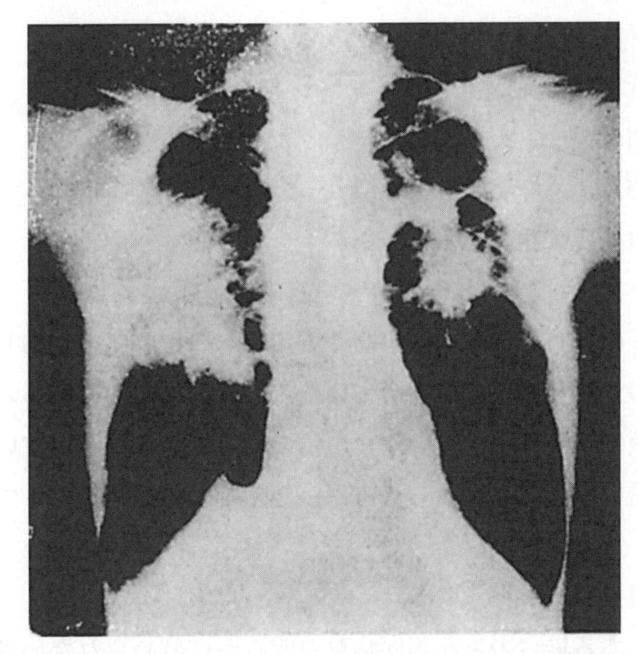

図 1-5-4　黒鉛肺のエックス線写真像—第４型（大陰影）

くるとエックス線写真で確認できるようになり，進展するとエックス線写真での結節の密度が増加してくる。図 1-5-1 ～ 3 はけい肺のエックス線写真像の進展を示しており，第1型から第2，第3型になるに従って結節の密度が増加しているのがうかがわれる。これらの変化が進行すると「息切れ」や「動悸」等の症状が現れてきて肺機能の障害も現れてくる。結節がゆ合すると大きな塊状の病巣ができることがある。図 1-5-4 は黒鉛の粉じんにばく露していた労働者にみられた大陰影を示している。

じん肺は粉じんを吸入しなくなっても進行することがある。

じん肺が進展すると肺機能の障害も進行し，ついには心臓の活動にまで影響を与え，「肺性心」という状態で不幸な転帰をとることがある。また，次に述べるような種々の合併症にかかりやすくなり，合併症によってさらに肺の働きが弱くなるだけでなく，合併症のために不幸な転帰をとることがある。

2. じん肺の合併症

じん肺にかかると種々の合併症にかかりやすくなるが，これらの中でも特にじん肺と密接な関係のある疾病は次の6つとされている。

① 肺結核

② 結核性胸膜炎

③　続発性気管支炎

④　続発性気管支拡張症

⑤　続発性気胸

⑥　原発性肺がん

これらの疾病の概要は次のとおりである。

①　肺結核

じん肺の合併症のうちで最も頻度が高く重篤なものは肺結核であり，以前はじん肺患者の死亡原因のかなりの部分を占めていた。じん肺にかかっている者はそうでない者に比べて肺結核にかかりやすく，かつ，治ゆしにくいといわれている。近年，抗結核剤が進歩して治ゆ率の向上がみられるが，じん肺結核は依然として十分な管理が必要な疾病である。

②　結核性胸膜炎

肺結核の病巣がある場合のみならず病巣が明らかに認められない場合にも結核菌による胸膜炎（従来「肋膜炎」とも呼ばれていた）が起こりやすい。発熱や胸痛等の症状がある。

③　続発性気管支炎

じん肺の病変の１つに気道の慢性炎症性変化があることはすでに述べたが，じん肺にかかっている者ではそうでない者に比べて慢性的なせきとたんが出やすいことが知られており，このような慢性炎症性変化に細菌感染等が加わると起こってくるものである。

④　続発性気管支拡張症

じん肺のある者では，じん肺の病変に伴って気管支拡張が起こりやすいことが知られている。このような変化に細菌感染等が加わると起こってくるものである。

⑤　続発性気胸

肺と胸郭との間に何らかの原因で空気が入ると肺が縮んで「気胸」という状態が起こる。じん肺の病変により気胸が起こりやすいことが知られている。

⑥　原発性肺がん

肺，気管，気管支の上皮細胞から発生する悪性腫瘍でじん肺にかかっている者は，そうでない者に比べて原発性肺がんにかかりやすいことが知られている。

第３章　健康管理

前述したようにじん肺は，いったんそれにり患すると現代の医学でも治すことができない疾病であり，粉じんを吸入し続けると，またはときには粉じん吸入がなくなっても進行する場合があり，加えて合併症にかかりやすくなる。したがって，じん肺にかからないようにするための諸方策が重要であり，後に述べる作業環境対策を的確に講ずるほか，呼吸用保護具等により吸入粉じん量を減らす等の措置が重要である。

しかし，じん肺にかかった場合であっても，健康管理を適切に行うことによりじん肺のより以上の進展を防ぐとともに，適切な医学的管理を行う必要がある。これらについては「じん肺法」に詳細に定められている。

以下，健康管理のためにとるべき措置について述べることとする。

1.　じん肺の予防

じん肺の発生を予防する原則は，労働者が吸入する粉じんの量を減らすことである。このためには，

①　粉じんにさらされない

②　粉じんの発生を抑える

③　発生した粉じんを取り除く

④　発生した粉じんを新鮮な外気で薄める

等の対策がある。

これらについては第２編で具体的に述べられているので，ここでは省略する。

2.　じん肺健康診断

粉じん作業に従事する労働者のじん肺を早期に発見するとともにじん肺にかかっている者のじん肺の進展程度を的確に把握し，じん肺の進展防止のための措置を適切に講じていくために健康診断を実施することは，じん肺の予防や進行の防止を図るうえで重要なことである。このため，「じん肺法」では，じん肺健康診断の方法，時期・頻度等が定められている。

（1）　じん肺健康診断の方法

じん肺健康診断は，じん肺法第３条により次の検査によって行うこととされている。

①　粉じん作業の職歴の調査

②　胸部エックス線直接撮影検査

③　胸部に関する臨床検査

ア　既往歴の調査

イ　せき，たん，呼吸困難等の自覚症状の調査

ウ　胸部臨床所見の有無の検査

④　肺機能検査

ア　スパイロメトリーによる検査

イ　フローボリューム曲線による検査

ウ　動脈血ガスを分析する検査

⑤　結核精密検査

ア　結核菌検査

イ　斜位撮影，断層撮影等のエックス線特殊撮影による検査

ウ　赤血球沈降速度検査

エ　ツベルクリン反応検査

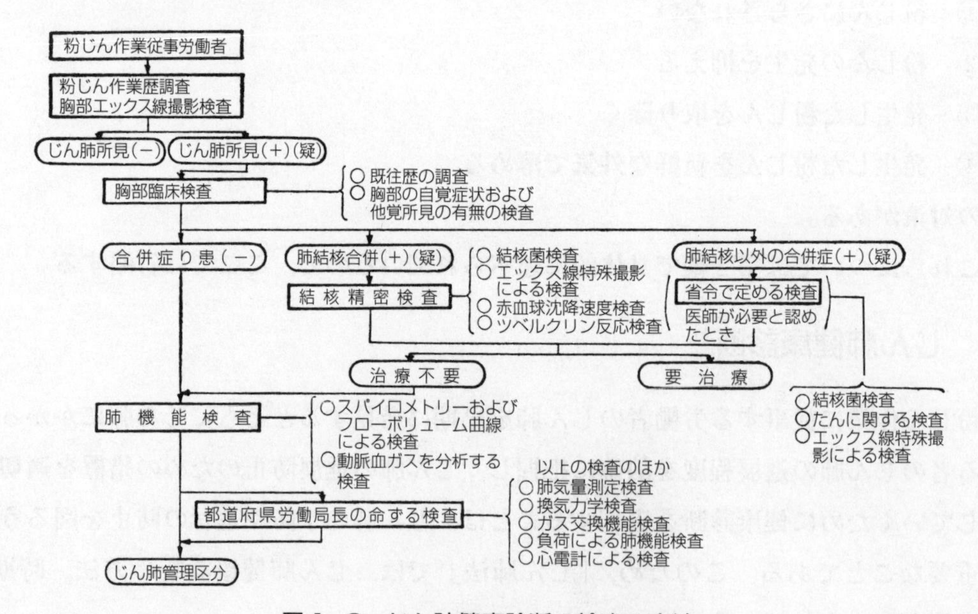

図１−６　じん肺健康診断の検査の方法

⑥　肺結核以外の合併症に関する検査

ア　結核菌検査

イ　たんの量，性状に関する検査

ウ　気管支造影等のエックス線特殊撮影検査

これらの検査は後に述べる「じん肺管理区分」を決定するための医学的な情報を得るために行われるものであり，検査の方法は図1-6に示すように行うこととされている。

(2)　じん肺健康診断の対象者

じん肺健康診断を受けなければならないとされている労働者は，「粉じん作業」に従事している労働者（じん肺所見の有無に関係ない）および「粉じん作業」に従事したことのあるじん肺有所見者であり，各々実施の頻度等が異なっている。

「粉じん作業」の範囲はじん肺法施行規則の別表に定められている。

(3)　じん肺健康診断の時期・頻度

事業者が行うべきじん肺健康診断には次のものがある。

①　就業時健康診断

②　定期健康診断

③　定期外健康診断

④　離職時健康診断

各健康診断を行うべき時期と頻度は次のとおりである。

①　就業時健康診断

新たに常時粉じん作業に従事する（雇入れまたは配置替え）労働者については雇入れまたは配置替えの日前後概ね3カ月のうちに行うこととされている。就業時健康診断の目的は，その労働者のじん肺り患の有無およびじん肺の程度を確認し適切な健康管理を行うことにあるため，あらかじめじん肺り患の有無およびじん肺の程度がわかっている者については実施しなくてもよいとされている。

②　定期健康診断

常時粉じん作業に従事している労働者および粉じん作業に従事したことがあって非粉じん作業に移った労働者については，じん肺の発見またはじん肺の経過の的確な把握に基づいて健康管理を行うために定期的にじん肺健康診断を行うこととされてい

表１-３　じん肺健康診断の実施の頻度

粉じん作業従事の有無	じん肺管理区分	頻　度
常時粉じん作業に従事	１	３年以内
	２，３	１年以内
常時粉じん作業に従事したことがあり現に粉じん作業以外の作業に従事	２	３年以内
	３	１年以内

る。その頻度は粉じん作業従事の有無とじん肺管理区分との関連で表１-３のように定められている。

③　定期外健康診断

じん肺の所見のなかった者が一般健康診断でじん肺の所見があるとされるかまたはその疑いがある場合や，じん肺の合併症により１年を超えて療養のため休業した労働者が医師により療養のため休業を要しなくなったと診断されたときには，じん肺健康診断を行うこととされている。

④　離職時健康診断

１年以上常時粉じん作業に従事しているかまたは従事したことのある労働者のうち，表１-４の要件に該当する労働者から離職の際に請求があった場合に行うこととされている。

離職時健康診断の目的は，離職後の健康管理のための指標を得ることができるようにすることにある。

以上のようなじん肺法に基づく健康診断のほかに，じん肺は粉じん作業を離れても進展するおそれがあるため，じん肺管理区分が管理２または管理３の者には離職の際または離職の後であっても「健康管理手帳」が交付され，この手帳を持っている者は１年に１回，国が行う健康診断（管理２の者については，肺がんに関する検査）を受けじん肺の程度をチェックすることができる。

表１-４　離職時健康診断の要件

粉じん作業従事との関連	じん肺管理区分	直前のじん肺健康診断から離職までの期間
常時粉じん作業に従事	１	１年６月以上
	２，３	６月以上
常時粉じん作業に従事したことがあり現に粉じん作業以外の作業に従事	２，３	６月以上

(4)　原発性肺がんに関する検査

じん肺健康診断の際に，じん肺の所見があると診断された者のうち，医師が必要であると認めた場合，肺結核以外の合併症に関する検査の1つとして，「胸部らせんCT検査」および「喀痰(かくたん)細胞診」を行う。

「管理3の者」と「常時粉じん作業に従事している管理2の者」は，事業者が実施する定期のじん肺健康診断などにおいて，1年に1回，「胸部らせんCT検査」および「喀痰細胞診」を受ける。

「現在は，粉じん作業に従事していない管理2の者」は，じん肺健康診断は，3年に1回であるため，定期のじん肺健康診断が行われない「あいだの2年間」については，毎年実施される労働安全衛生法に基づく一般健康診断の機会を捉えて，これらの検査を行う（図1−7）。

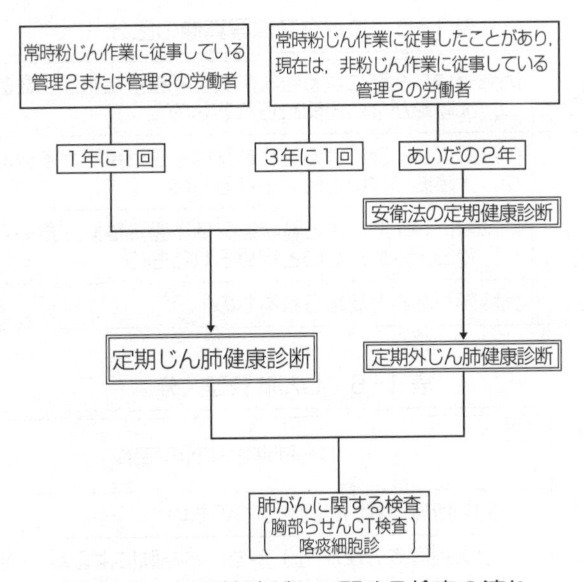

図1−7　原発性肺がんに関する検査の流れ

3.　じん肺管理区分

じん肺の健康管理を適切に進めるためには，じん肺の程度に応じた区分が必要である。このため，じん肺法ではエックス線写真像を基本として「じん肺管理区分」が定められている。エックス線写真像の区分およびじん肺管理区分は各々表 1-5，表 1-6 のとおりである。

じん肺管理区分は，地方じん肺診査医の調査に基づいて都道府県労働局長が決定することとなっている。2. で述べた健康診断で，じん肺の所見があるかまたはその疑いがあると診断された者については，事業者から都道府県労働局長にエックス線写真等が提出され，それによりじん肺管理区分が決定される。

また，労働者または労働者であった者はいつでもじん肺管理区分を決定するよう申請できるとされている。

表 1-5　エックス線写真像の区分

第１型	両肺野にじん肺による粒状影又は不整形陰影が少数あり，かつ，大陰影がないと認められるもの
第２型	両肺野にじん肺による粒状影又は不整形陰影が多数あり，かつ，大陰影がないと認められるもの
第３型	両肺野にじん肺による粒状影又は不整形陰影が極めて多数あり，かつ大陰影がないと認められるもの
第４型	大陰影があると認められるもの

表 1-6　じん肺管理区分

<table>
<tr><th colspan="2">じん肺管理区分</th><th>じん肺健康診断の結果</th></tr>
<tr><td colspan="2">管　理　１</td><td>じん肺の所見がないと認められるもの</td></tr>
<tr><td colspan="2">管　理　２</td><td>エックス線写真の像が第１型で，じん肺による著しい肺機能の障害がないと認められるもの</td></tr>
<tr><td rowspan="2">管理３</td><td>イ</td><td>エックス線写真の像が第２型で，じん肺による著しい肺機能の障害がないと認められるもの</td></tr>
<tr><td>ロ</td><td>エックス線写真の像が第３型又は第４型（大陰影の大きさが一側の肺野の３分の１以下のものに限る。）で，じん肺による著しい肺機能の障害がないと認められるもの</td></tr>
<tr><td colspan="2">管　理　４</td><td>(1)　エックス線写真の像が第４型（大陰影の大きさが一側の肺野の３分の１を超えるものに限る。）と認められるもの
(2)　エックス線写真の像が第１型，第２型，第３型又は第４型（大陰影の大きさが一側の肺野の３分の１以下のものに限る。）で，じん肺による著しい肺機能の障害があると認められるもの</td></tr>
</table>

4.　健康管理のための措置

労働者の健康を保持するためにはじん肺の程度に応じた適切な就業上の措置と同時に種々の健康管理が必要である。じん肺の進展防止のための措置はじん肺管理区分に応じて図１−８のように定められている。

このほかに次のような方策がある。

①　健康相談

自分の健康上の問題について専門的な立場からの指導・助言を受けたい場合に医師や保健師等に相談することを「健康相談」といっている。

粉じん作業に従事する労働者の場合，じん肺の予防や進展防止のための注意，合併症の予防や治ゆ後の注意，健康の維持・増進等について積極的に健康相談の窓口を利用することが望ましい。

常時50人以上の労働者を使用している事業場では産業医が選任されているので機

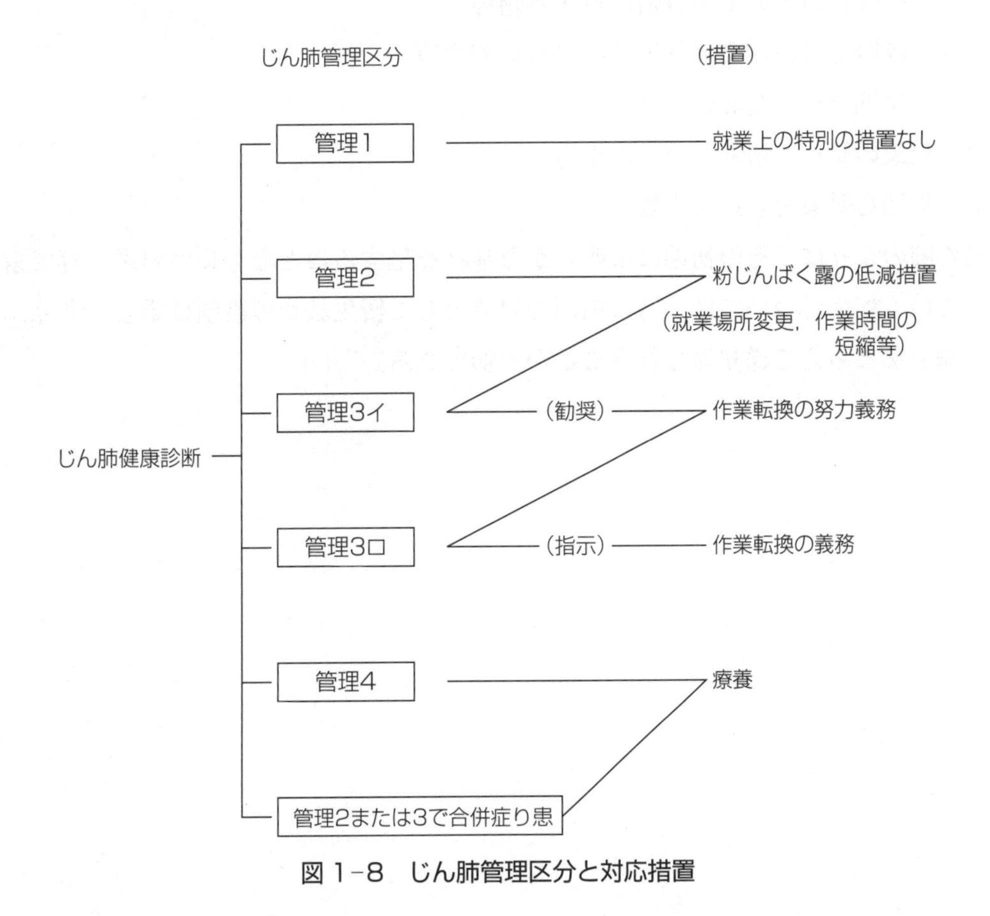

図１−８　じん肺管理区分と対応措置

会をとらえて産業医に相談することが望ましい。また，産業医の選任義務のない事業場の場合には，かかりつけの医師等に相談するとよいであろう。

②　保健指導

医師や保健師等のスタッフが労働者の健康状態に応じて個別に指導・助言を行うことを「保健指導」という。したがって，前述の「健康相談」とは異なって，労働者の希望が必ずしも第一義的なものではない。

粉じん作業に従事する労働者に対する保健指導の一般的な内容としては次のようなものがあげられる。

ア　じん肺の予防，進展防止のための指導

㈠　作業方法，作業場所，作業時間等についての指導

㈡　受診勧奨等の指導

イ　合併症等のり患防止のための指導

㈠　作業場における粉じん以外の有害因子へのばく露防止のための指導

㈡　喫煙習慣等の生活習慣に対する指導

㈢　呼吸器系の感染症り患防止のための指導

㈣　早期発見，受診勧奨等の指導

ウ　健康の維持，増進のための指導

③　集団を対象とした衛生教育

じん肺のように，その初期には明らかな症状を呈することなく長い経過を経て重篤化していく疾病については，特に集団を対象とした衛生教育の役割は重要であり，かつ，機会をとらえて繰り返し行うことが大切である。

第２編
粉じんによる疾病の防止

「粉じん作業特別教育規程」科目および教習時間

科目	範囲	時間
粉じんの発散防止及び作業場の換気の方法	粉じんの発散防止対策の種類及び概要 ［第１章］ 換気の種類及び概要 ［第１章，第２章］	１時間

各章のまとめ

［第１章］

□**粉じんばく露減少のための基本的な方法は，生産工程や作業方法および原材料の変更である**

□**粉じん作業を行う屋内作業場では，粉じんが積もりにくい建屋の構造とする，粉じんの発生する箇所を少なくする工夫をする，粉じんの発生する作業と発生しない作業との建屋を隔離する等の措置をとることが望ましい**

□**屋内作業場の粉じん対策としては，一般的に全体換気が用いられている。装置によるもののほか，熱気流によるものがある**

□**坑内の換気方法には自然換気法と風管換気法がある。ずい道等の建設工事など粉じん作業を行う坑内作業場においては，換気装置による換気を行うことが粉じん則により義務づけられている**

［第２章］

□**粉じんが飛散しないようにするには，発生源を密閉化することに加え，局所排気装置との組合せにより効果が上がることも多い**

□**局所排気装置とは，空気中に発生した粉じんを発生源に設置したフードで空気を吸引することにより除去する装置である**

□**プッシュプル型換気装置とは一様な捕捉気流により，発生源からの有害物質を捕捉し吸込み側フードに取り込んで排出する装置であり，密閉式と開放式がある**

□**除じん装置は除じんの方式により，①重力，②慣性力，③遠心力，④洗浄，⑤ろ過，⑥電気，に分類される**

□**最も古くから用いられている粉じん発生防止方法として，水その他液体を用いる湿式化があり，作業や工程によって①散水，②噴霧，③与湿などさまざまな形態がある**

粉じんによる疾病は第1編で明らかなように，粉じん作業中等に粉じんを吸入することによって起こる。したがって，この疾病を防止するためには，粉じんを吸入しないように職場の環境を改善し，職場から粉じんをなくすことが基本である。粉じんの発散の仕方は，土石や岩石の破砕やふるい分けの際の発じん，粉状のものの袋詰めの際の発じん，床や設備などに堆積した粉じんが再び飛散する等さまざまであることから，その対策も実際の現場に最も適した対策を講じなければ，十分な効果をあげることは難しい。以下，このような粉じん対策について述べることとする。

第１章　粉じんの発散および粉じんへのばく露の減少

粉じんが発生している作業場で，その粉じんの飛散や粉じんのばく露を減少させるためには，生産工程，作業方法および原材料の変更，建屋の構造や生産設備の配置等の改善，全体換気の実施などを考えなければならない。

1.　生産工程，作業方法および原材料の変更

(1)　生産工程や作業方法の変更

労働者の粉じんばく露を減少させる基本的な方法としては，まず，粉じん発生の多い生産工程や作業方法を粉じん発生の少ない工程や方法に変更したり，工程を自動化したりすることが考えられる。

粉じんが発生している生産工程を自動化したり，遠隔操作にすることは，労働者が直接粉じんが発生する作業に従事しなくてもよいので最も効果のある方法である。さらにこのような工程を完全に密閉し除じん（集じん）すれば，工程の周辺や他の作業場等へ粉じんが飛散しなくなるので，粉じんの及ぼす影響をほとんどなくすことができる。

たとえば，セメントや粉状の土石を袋詰めする作業は発じん量が多いので，自動包装機を使用し，遠隔操作にすれば粉じんばく露を減少させることができる。また，アーク溶接作業においても，金属ヒュームが発生するが，遠隔操作の自動溶接にすれば，ばく露を減少させることができる。

作業方法の改善としては，たとえば，自動車の車体や部品に付着した粉じんを取り

除く作業を考えてみると，圧縮空気により粉じんを吹きとばせば，作業している労働者の粉じんばく露量が多くなるが，高圧水を使用すれば粉じんの発生を抑えることができる。削岩機の場合にも，湿式にすればはるかに粉じんの発生が少なくなる。また，鋳物の製造工程において，サンドブラストやスチールショットブラストを水を用いるハイドロブラストに変更すれば粉じんの発生は減少する。

(2)　原材料の変更

生産工程や作業方法の変更以外に，使用原材料を変更することにより粉じんの発生を減少させたり，発生した粉じんの有害性をより少なくすることも重要な対策の1つである。しかし，有害性の少ない粉じんだからといってそのまま放置するのではなく，労働者の粉じんばく露をできるだけ減少させるための措置を講ずべきことはいうまでもない。

例えば，ゴム製品，原料ゴムの保存・取扱いにはゴムどうしがくっつかないための打粉として一般にタルク（滑石）が用いられているが，タルクの粉じんは重症のじん肺を起こすおそれのある粉じんであるため，これを炭酸カルシウムに変えれば有害性をより少なくすることができる。

また，鋳物の仕上げに行うサンドブラストを砂を用いないで鉄の粒子を用いるスチールショットブラストに変えれば，発生する粉じんは遊離けい酸を全く含んでいないため，有害性をより少なくすることができる。

なお，粉状の原料を使用する場合には，できるだけ粒径の大きなペレット状のものに変え，またできるだけ含水率の高いものに変えることにより粉じんの発生を減少させることができる。

2.　建屋の構造や生産設備の配置等の改善

粉じん作業を行う作業場では，粉じんが建屋のはり，壁などに積もりにくい構造であることが望ましい。

また，ベルトコンベヤーで粉状のものを運ぶ場合，運搬する距離が長かったり，短いベルトコンベヤーを多く組み合わせたりすると粉じんの発生する箇所が多くなるので設備を適切に配置し，運搬経路をできる限り短く簡単にし，コンベヤーの継目もできる限り少なくしなければならない。

(1)　粉じんが堆積しにくい建屋の構造

屋内の作業場については，第２章で述べるような粉じんの発生源に対する対策の１つまたはいくつかの組合せによって，粉じんの発生を最小限に抑えなければならない。しかし，実際には，ある程度の粉じんの発生は避けられず，これらは作業環境中の気流によって作業場内へ拡がり，その一部ははり，壁面，窓枠，機械・設備，床面等に堆積する。一般に，はり，さん等の高い所に堆積する粉じんは細かいものが多い。これらは，半永久的に堆積したままであるならば，作業場を汚染することはない。しかしながら，実際には，はりの上や床に堆積した粉じんは，機械の振動や労働者の歩行，風などによって再び作業場内に飛散する。この２次発じんによる粉じんの濃度は，作業に伴って発生する１次発じんによる粉じんの濃度よりはるかに高い濃度である場合もあるので，堆積させないようにすることが大切である。

このようなことから，粉じんの発生する作業が行われる屋内作業場では，はり，壁面，窓枠等を粉じんの堆積しにくい構造，例えば，粉じんの堆積しやすい窓枠等に傾斜をつけたり，はり等の上部を曲面にしたり，天井板で覆う等の構造とすることが望ましい。また，床面と壁面との接合部も直角とせず適当な丸味を設け，粉じんが堆積しにくく，かつ，掃除がしやすいような構造とするのがよい。

粉じんの発生が特に多く，作業場の床面等に短期間のうちに多量の粉じんが堆積するような場合の対策としては，床面を格子構造とし，その格子面から排気装置によって排出する構造や，流水や溜水によって落下粉じんを処理するような構造がある。

(2)　機械・設備の配置

作業環境における機械・設備の配置は粉じん対策に大きな影響を及ぼす。機械や設備の配置が整然としていて，労働者の作業空間が十分あり，通路の大きさが適当であるなど，作業場の機械・設備の配置が適正であれば粉じん対策も実施しやすいが，機械・設備の配置が複雑で交錯しているときは，粉じん対策を実施することが難しい。

設備の拡張工事を行った場合等，新旧の工程が交錯して工程が複雑化し，必要以上に粉じんを発生させる箇所が増大することがある。たとえば，ベルトコンベヤーにより粉状の原料などを運搬する場合，運搬段数（ベルトコンベヤーの数）が増加するごとにその積み込み，積み卸ろしによる粉じんの発生する箇所が多くなるし，ベルトコンベヤーが長い場合にも粉じんの発生する箇所が多くなる。また，粉状の原料等をベルトコンベヤーへの積み換え等の際に上から落下させるとき，落下する距離が長いと粉じんの発生が多くなる。したがって，機械・設備の配置については，新しく機械・設備を設置する場合はもちろん，設備の拡張や変更の場合にもできるだけ配置の単純化をはかり，粉じんの発生する箇所をより少なくするように工夫すべきである。このことは屋内作業場のみならず，屋外作業場や坑内作業場にもいえることである。

(3)　隔　離

同じ工程中に粉じんの発生する作業と粉じんの発生しない作業がある場合や，一連の粉じんを発生する工程とは別に一連の粉じんを発生しない工程が近接している場合には，できる限り粉じんの発生する工程（作業）と粉じんの発生しない工程（作業）とを別の建屋に設ける，床から天井までを仕切壁によって完全に隔離する等の措置を講じることが望ましい。

このように隔離することによって，粉じんの発生しない工程（作業）に従事する労働者に粉じんの発生する工程（作業）から粉じんが及ぶのを防止できるとともに，粉じんの発生する工程における局所排気装置その他の粉じん対策を効率よく実施できるようになる。また，隔離した工程（作業）の自動化，遠隔操作等も実施しやすくなる。

このように発生する粉じんにばく露される範囲をできるだけ小さくし，他の作業環境への影響を最小限にすることが隔離の目的である。

(4)　粉じんの固着

空気中に置いておくと空気中の水分に潮解する性質をもつ物質やその溶液を散布して堆積した粉じんを固着させ，または飛散する粉じんを捕捉して固着させることにより，粉じんが再び飛散するのを防止することができる。

たとえば，塩化カルシウム，塩化マグネシウム等の溶液に，粉じんの濡れを良くするため界面活性剤を加えて散布するとよい。この溶液は空気中の湿気と平衡を保って常に湿潤な状態を保つので，堆積した粉じんが強い風を受けたり，衝撃を受けても再び飛散するようなことはない。また，そこに飛散してきて堆積する粉じんも，溶液の能力の許す限りこれを捕捉して湿潤にさせ，固着する。この方法は，鉱山の坑道，屋内作業場の粉じんの発生が多い舗装されていない道路等の発じんの防止に用いられている。

(5) その他

粉じんの発生する作業を労働者の最も少ない時間帯に移すことにより粉じんにさらされる労働者を減らすことができる。例えば，鋳物工場においては，型ばらし作業や，窓枠やはりに堆積した粉じんの清掃を労働者の人数が最も少ない時間帯等に行うことはこの例である。

3.　全体換気等

全体換気は，屋内作業場において一般的に用いられている対策であり，適切な換気なくしては他の諸対策も生きてこないことが多い。以下，全体換気等の換気について述べることとする。

(1)　全体換気

全体換気とは，建屋内に新鮮な大気を定常的に流入させ建屋内の空気を入れかえる換気法で，これにより粉じんなどの濃度を低下させる。全体換気は表2-1に示すような各種の方法がある。

本来，粉じん対策は，粉じんの発生源に対する対策を講じることにより粉じんの発生自体を抑えることが望ましいが，次のような場合には，全体換気を用いてもよい。

①　発生源における粉じん発生量があまり多量でない場合。

②　発生する粉じんの有害性が低い場合（例えば，遊離けい酸等の含有率が低いこと）。

③　発生源が不特定多数であること，発生源が当該屋内作業場内で移動すること等により局所排気装置の設置等の粉じんの発生源に対する措置を講じるのが難しい場合。なお，粉じんばく露が多いと考えられる作業においてはあわせて有効な呼吸用保護具を着用する必要がある。

表2-1　全体換気法の種類

給気	排気	換気量	室内圧	設備
機　械	機　械	任意・一定	任　意	ファン
〃	自　然	〃　〃	正　圧	〃
自　然	機　械	〃　〃	負　圧	〃
〃	自然・補助	有限・不定	負　圧	エアモニタ
〃	自　然	〃　〃	不　定	窓・隙間

全体換気は，空気中の粉じんを稀釈するとともに発生源より風下方向へ拡散させるので，風下側の労働者が粉じんにばく露されるおそれがある。したがって，そのときの濃度が許容濃度に比べて十分低くなる場合でなければ全体換気のみに頼るのは適当でない。なお，自然換気による換気は自然条件によりかなり変動するため，補助的な手段としてしか用いるべきではない。ただし，全体換気は粉じん濃度を下げるためだけでなく他の目的も兼ねて行っていることがあるので，局所排気を行っている場合でも全体換気を行う必要があることは多い。このような場合には，全体換気により生じる気流が局所排気装置の効果を減少させることがないように配慮しなければならない。

全体換気の実施にあたっては，一般的に次のようなことに注意する。

ア　給気のための開口部（給気口）と排気のための開口部（排気口）は，作業場全体の空気が換気されるように配置しなければならない。できるだけ空気のよどみを少なくするため，給気口と排気口はなるべく多くし，かつ，給気と排気とが短絡しないように配慮すべきである。こうすれば，給気の際の気流の速さが速くなりすぎて，堆積した粉じんが飛散するのを防ぐことができる。

イ　粉じんを発生する設備・機械類は，できるだけ排気口の近くに設けるとともに，労働者は粉じんを含んだ気流中で作業しないように注意すべきである。また，粉じんが作業場内全体に飛散して不必要に多くの労働者が粉じんにばく露されないように配慮しなければならない。

ウ　粉じんのように汚染物質が空気より重い場合は，空気を上方より供給し，下方から排気すべきである。

エ　建屋内に流入した空気は，そのまま気流として流さずに作業場所に到達する前に建屋内の空気と十分混合させるべきである。

オ　風圧や温度差によって生じる自然気流のほかに，機械の稼働や運搬物の移動によって生ずる空気の動きにも配慮しなければならない。

なお，空気調和を行っている建屋内の換気については特別の注意が必要である。空気調和では，熱経済のため処理空気量の70～80％は再循環し，20～30％のみを新鮮空気と交換している。再循環空気には，粉じんその他の有害物質の分離除去に注意し，有害物質が増加，蓄積しないようにしなければならない。

①　全体換気装置による全体換気

一般的に全体換気の能力は，1時間当たり作業場の気積の何倍の空気を入れ換えら

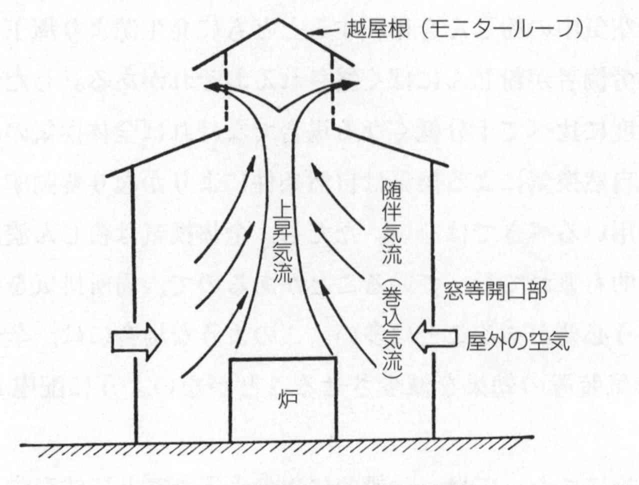

図2−1 熱気流による全体換気

れるかということで表され，これを換気回数という。

一般に粉じん作業場では，粉じんに着目すると，換気回数は概ね10回あればよいといわれている。

② 熱気流による全体換気

熱せられた空気が上方に昇ることを利用して全体換気を行うことができる。例えば，建屋の中に焼成炉，溶融炉等の炉がある場合，炉の周囲は高温に達し，屋根に向って上昇気流が発生するため，屋根に開口部を設ければ，その上昇気流を利用して屋内の粉じんを含んだ空気を屋外に出すことができる（図2−1）。

炉等の熱源と屋根周囲との温度差が大きいほど大きな上昇気流が発生し，それに伴って周囲の空気が巻き込まれ，随伴気流（巻込気流）が発生する。これによって部屋全体の空気を換気することができ，全体換気装置により行う全体換気と同様の効果が期待できる。

また，熱気流により粉じんが上方に運ばれる場合のように，汚染物質が空気より軽い場合には空気は下方から給気し，上方へ排気すべきである。

(2) 坑内の換気

坑内の換気方法には坑内と坑外の温度差等による自然換気法と，風管による風管換気法とがある。なお，平成20年施行の粉じん障害防止規則（以下「粉じん則」という。）の改正により，ずい道等の建設工事など粉じん作業を行う坑内作業場において

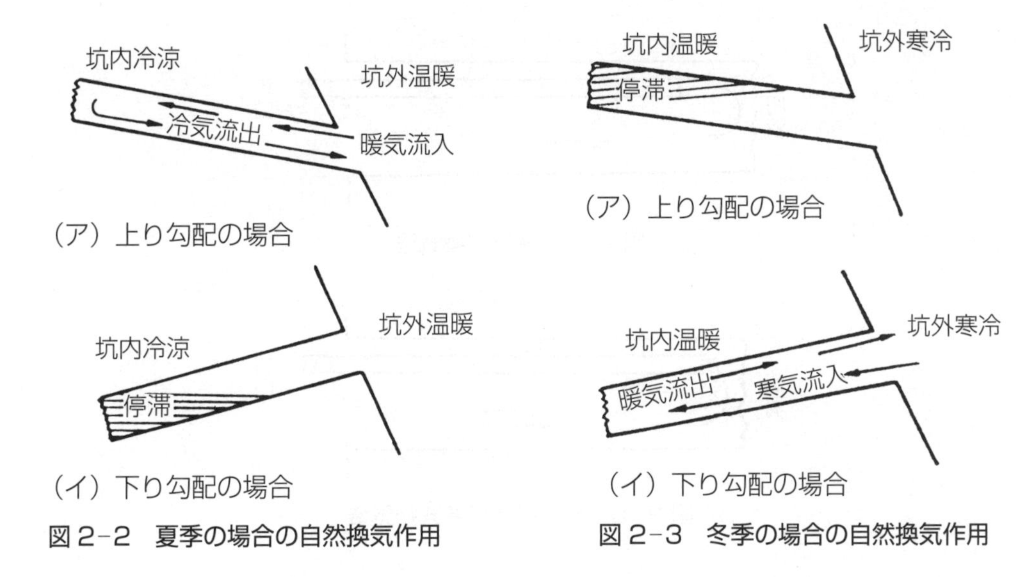

図２−２　夏季の場合の自然換気作用

図２−３　冬季の場合の自然換気作用

は，原則として換気装置による換気を行うことが義務づけられた。

① 自然換気法

自然換気は，自然現象を利用するものであり，昼夜，季節等の自然条件によりかなり変動するため，坑内の換気を自然換気のみに頼ることは好ましくなく，補助的な手段としてしか用いるべきでない（図２−２，図２−３）。

② 風管換気法

坑内の換気はふつう風管とファンにより行い，このような風管による換気は空気の流れる方向により次の４種類の方法に大別される。

ア　排気式換気法

切羽の汚染空気を風管で吸引し坑外に排出する方式で，坑内の他の部分を汚染しないが，坑外の新鮮な空気が坑道を経て切羽に達する間に高温高湿となり，途中で発生する粉じんも切羽に運ぶおそれがある（図２−４）。

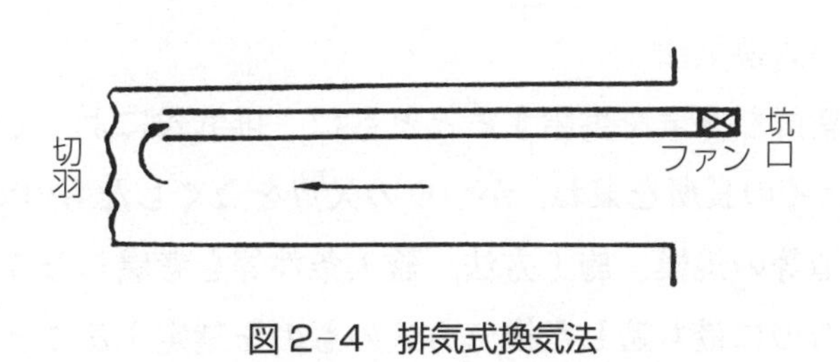

図２−４　排気式換気法

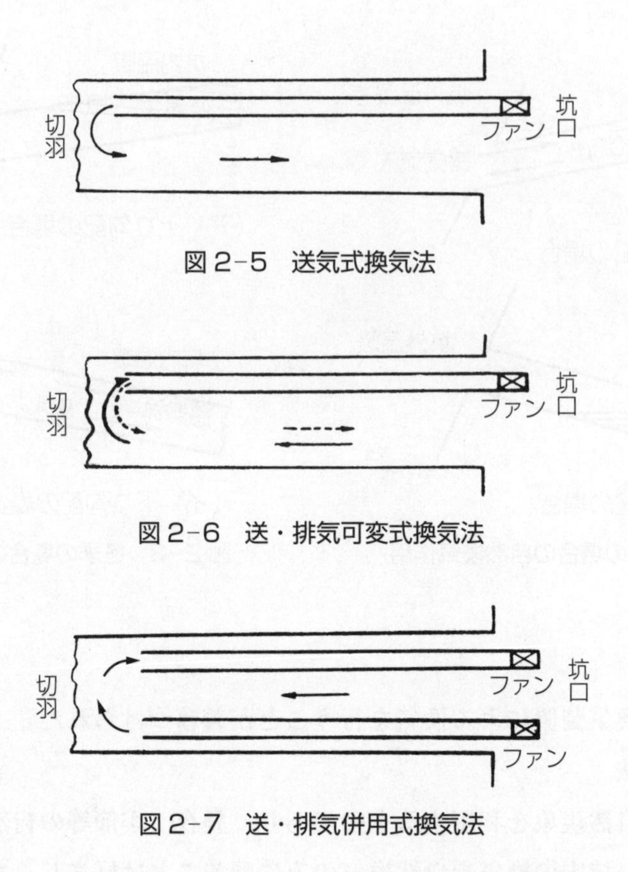

図２−５　送気式換気法

図２−６　送・排気可変式換気法

図２−７　送・排気併用式換気法

イ　送気式換気法

坑外の新鮮な空気を送風機により風管を通して送り，切羽近くで放出する方式である（図２−５）。この方式は，作業員の集中する箇所に新鮮な空気を供給できるが，切羽で生じた汚染空気が坑道を通って坑口に向かうため，坑内が全般的に汚染される。

ウ　送・排気可変式換気法

発破直後は15～30分間くらい排気式換気を行い，切羽の汚染空気を排出し，次に風向を逆転し送風管として用い送気式換気を行う方式である（図２−６）。ア，イの両方式の長所を兼ねているが，送風方向を切り換えた後しばらくの間は坑内が無風となり，汚染空気が滞留する。

エ　送・排気併用式換気法

送気式によって新鮮な空気を供給するとともに，排気式によって汚染空気を排除する方式であり，アとイの長所を兼ね，かつウの欠点をなくしたものである（図２−７）。

換気装置はずい道等の規模，施工方法，施工条件等を考慮したうえで，坑内の空気を強制的に換気するのに最も適した換気方式のものを選定することとされている。

第２章　粉じんの発生源に対する対策

作業場全体に粉じんを拡散させないためには，粉じんの発生源（以下「発生源」という。）において粉じんを除去し，あるいは発散を抑制することが必要である。この発生源対策により，作業環境を改善し，適切に管理してゆくことが粉じん対策の基本である。以下，発生源対策について述べることとする。

1.　発生源の密閉

発生源を密閉し，粉じんが作業場に飛散しないようにするのは，基本的な発生源対策の一つであり，このためにはできるかぎり密閉することが望ましい。

しかし，実際の作業場においては，定期的に原材料を投入したり，製品または半製品を取り出したりする必要がある場合や，手作業を伴う場合のように，発生源を密閉化することが難しいことも多い。このような場合には，投入口を難燃性材質のカバーで覆うとか蓋をつけるといった工夫をすることにより，粉じんの発散を防止することができる。また，原材料の投入口や製品の取出口に局所排気装置を取り付けるといった他の方法と組み合わせることにより，いっそう効果が上がることも多い。発生源を密閉した場合においても，継ぎ目等から粉じんが漏れることがあるので定期的に点検するとともに，そのようなおそれのある場合には，密閉した内部の空気を吸引して負圧にしておくことが望ましい。

2.　局所排気装置等の設置

(1)　局所排気装置の構造

局所排気装置とは，空気中に発生した粉じんを発生源に設置したフードで空気を吸引することにより除去する装置であり，図２−８のような構造をしている。

このように局所排気装置は，フード，ダクト，除じん装置，ファン（排風機），排気口から構成されており，以下これらについて述べることとする。

①　フード

フードとは，発生源に設置して，空気を吸引する吸引口（(2)　フードの型式参照）

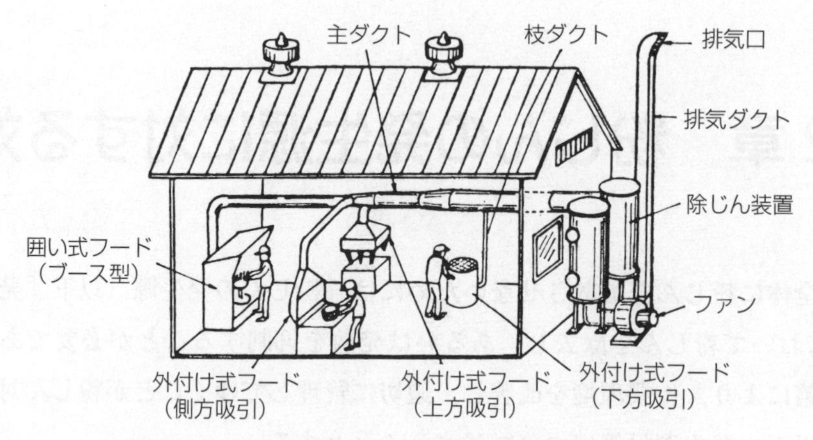

図2-8　局所排気装置（沼野雄志氏作成図による）

であり，ここから空気を吸引して発生した粉じんを捕捉する。フードを設ける場合には，次の4つの原則が基本である。

ア　労働者が粉じんにさらされないように，作業位置が発生源よりも風上になるように設置すること。

イ　粉じんの飛散方向が一定の場合には，その方向をカバーするように設置すること。

ウ　発生源にできる限り近づけて設置すること。

エ　発生源をできる限り囲うように設置すること。

②　ダクト

ダクトとは，フードで吸引した空気を運ぶ管であり，フード，除じん装置，ファン，排気口をつないでいる。ダクトのうち，フードからファンまで吸引した空気を導く部分を吸い込みダクト，ファンから排気口まで空気を導く部分を排気ダクトと呼ぶ。

ダクトを設置するに当たっては，次の点に留意する必要がある。

ア　ダクトの長さは，できるだけ短くし，曲がり部分（ベンド）の数はできるだけ少なくすること。

イ　適当な位置に掃除口を設ける等により，掃除しやすい構造とすること。

③　除じん装置

除じん装置とは，フードで吸引した空気中の粉じんを除去し，空気を清浄化する装置である。なお，除じん装置は，ファンに粉じんが当たることにより傷ついたり摩耗したりしないようにファンの前に設置すること。

④　ファン（排風機）

ファン（排風機）とは，空気を吸引し，排出する動力源である。

⑤　排気口

吸引した空気を排出するための開口部であり，原則として屋外に設置しなければならない。この場合には少なくとも建物の軒よりも高くし，窓や扉からできるかぎり離すことが望ましい。また，雨水等が入らないように雨よけを設置する必要がある。

(2)　局所排気装置のフードの型式

粉じんの発生の態様は作業の種類等により非常に多様であるため，それに用いられるフードの種類もさまざまであり，研削盤（グラインダ）のように回転するものから

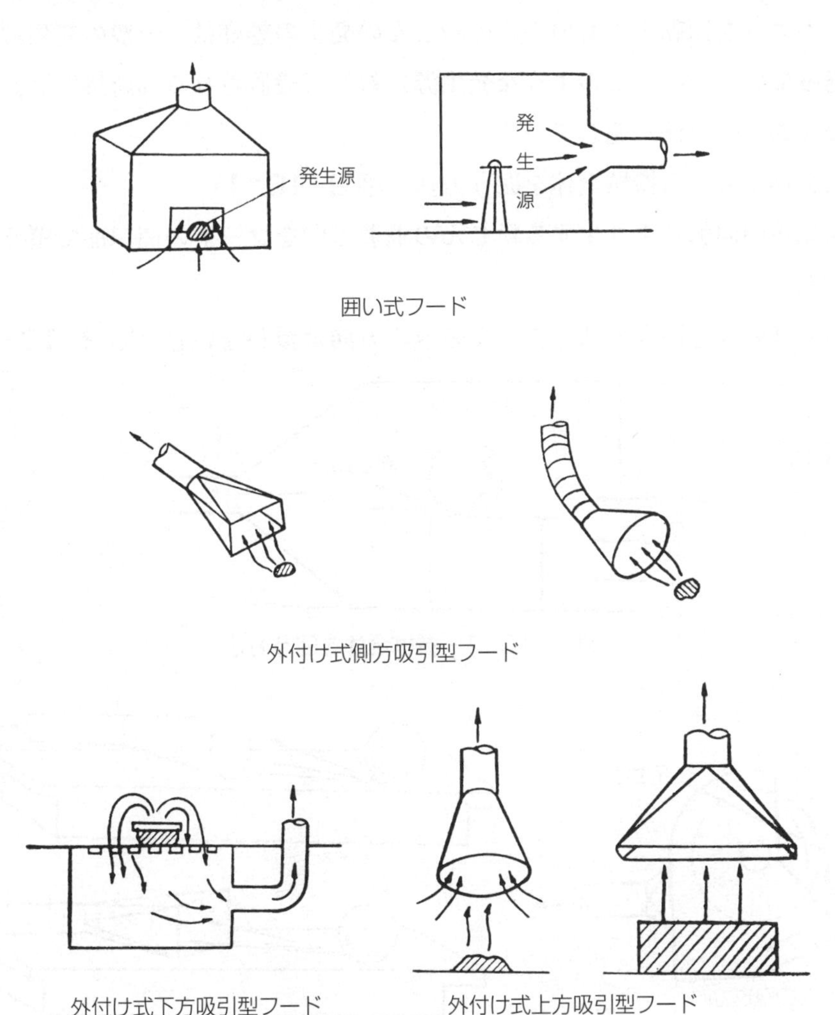

図2-9　捕捉フードの代表例

発生する粉じんに対して設置される場合と，一般の発生源に対して設置される場合とに大別される。

① 一般の発生源に対して設置される場合

一般の発生源に対して設置される捕捉フードは，発生源を囲む囲い式フードと発生源の外側に設置される外付け式フードに分類され，外付け式フードは，さらにその設けられる位置により，発生源の側方から吸引する側方吸引型フード，下方から吸引する下方吸引型，上方から吸引する上方吸引型に分類される。これらのフードの代表例を図2-9に示す。

② 研削盤（グラインダ）のような回転するものから発生する粉じんに対して設置される場合

研削盤のような回転するものからの粉じんの発生の態様は，一般の発生源の場合と大きく違っているため，このような発生源に対して設置される局所排気装置には，次のような3通りの方法が適している。

ア　回転体を有する機械全体を囲う方法（図2-10-1）

イ　回転体の回転により生ずる粉じんの飛散方向をフードの開口面で覆う方法（図2-10-2）

ウ　回転体のみを囲う方法（粉じんの飛ぶ方向は覆わない。）（図2-10-3）

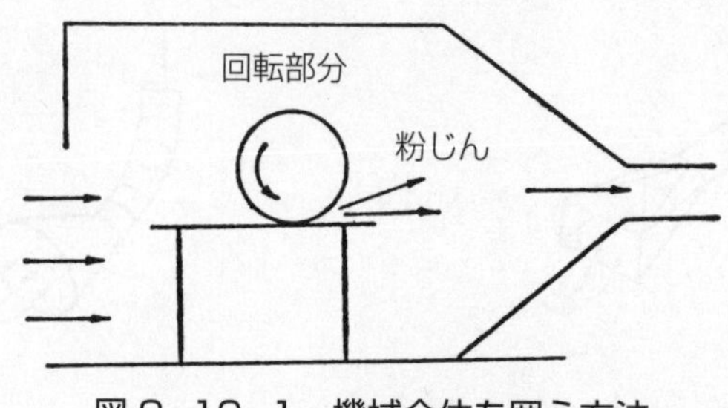

図2-10-1　機械全体を囲う方法

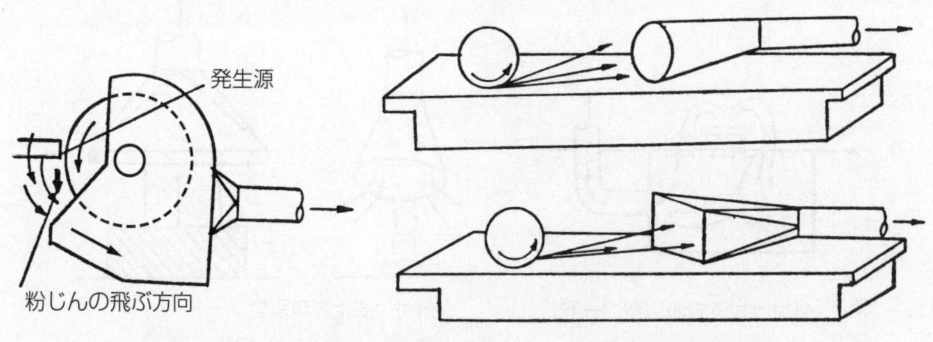

図2-10-2　粉じん飛散方向をフードの開口面で覆う方法

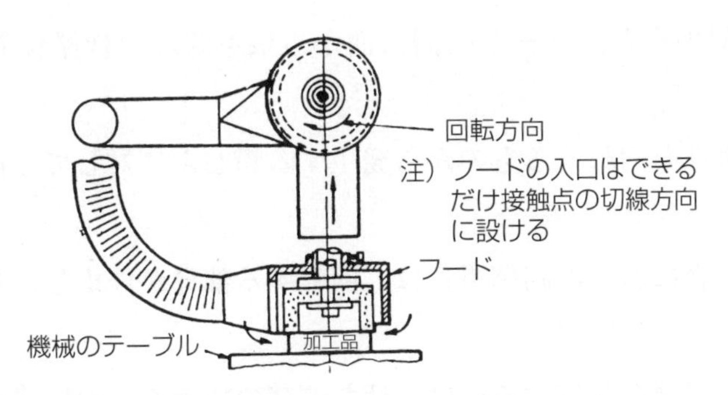

図２-10-3　回転体のみを囲う方法（椀型砥石用の排気フード）

(3)　局所排気装置の性能

局所排気装置の性能は，粉じんの制御点におけるフードに吸引される空気の風速で表す。このような局所排気装置の性能を表す風速を制御風速といい，粉じん作業の種類とフードの種類ごとに制御風速を測定する位置が決められている。

ア　囲い式フード

囲い式フードの制御風速とは，開口面において測定した風速のうち最小のものをいい，開口面における測定点のとり方は，次のとおりである（図２-11）。

開口面が四辺形である場合は，原則として開口面を16以上の，辺の長さが50cm以下の等面積の四辺形に分け，その各々の中心点において測定する。ただし，開口面が小さい場合には，測定点の数は等分した四辺形の辺の長さが50cm以下，5cm以上になるように適当に決める。なお，開口面が四辺形でない場合についても，四辺形の場合に準じて測定点を決めればよい。

イ　外付け式フード

外付け式フードの制御風速は，粉じんを吸引しようとする範囲内における発生源

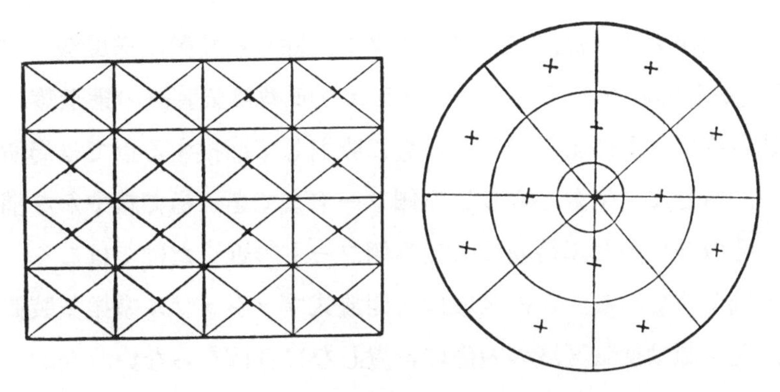

図２-11　フードの開口面における制御風速の測定点

に係る作業位置のうち，フードの開口面から最も離れた作業位置において測定する。

ウ　研削盤のような回転するものから発生する粉じんに対して設置される局所排気装置のフード

このような場合における制御風速は，回転する部分が停止した状態におけるフードの開口面での最小風速である。

このような制御風速を測定するには，持ち運びのできる熱線風速計がよく用いられている。

粉じん則に基づき，発生源ごとに適当なフードの型式とその場合に必要な制御風速が定められている（「第5編　関係法令」参照）。

(4)　プッシュプル型換気装置

プッシュプル型換気装置とは，一様な捕捉気流（有害物質の発生源またはその付近を通り吸込み側フードに向かう気流であって，捕捉面での気流の方向および風速が一様であるもの）を形成させ，当該気流によって発生源から発散する有害物質を捕捉し吸込み側フードに取り込んで排出する装置であり，天井，壁および床が密閉されているブースを有する密閉式プッシュプル型換気装置と，それ以外の開放式プッシュプル型換気装置とがある。密閉式プッシュプル型換気装置には，一様な気流を形成するために送風機により空気をブース内に供給するものと，送風機の代わりに開口部を有し，排風機によりブース内の空気が吸引されることを利用して開口部からブース内へ空気を供給するものの2種類があるが，開放式プッシュプル型換気装置は，送風機によりブース内に空気を供給するものでなければならない。それぞれ代表的な例を図2-12に示す。

プッシュプル型換気装置は，フード，ダクト，除じん装置，送風機，ファン（排風機），排気口等から構成されている。プッシュプル型換気装置の構造等は，発生した粉じんを吸込み側フードにより空気とともに吸引して捕捉する点では局所排気装置と同様であるが，粉じん発生源から吸込み側フードまでを一様で緩やかな捕捉気流で包み込むため，その効果の及ぶ範囲は吸込み側フードの近くだけではなく，一様な気流が発生する区域全体である。この区域は，開放式プッシュプル型換気装置では換気区域と呼ばれ，発生源は換気区域の内部に位置しなければならない。なお，密閉式プッシュプル型換気装置では，一様な気流がブース全体で発生している。

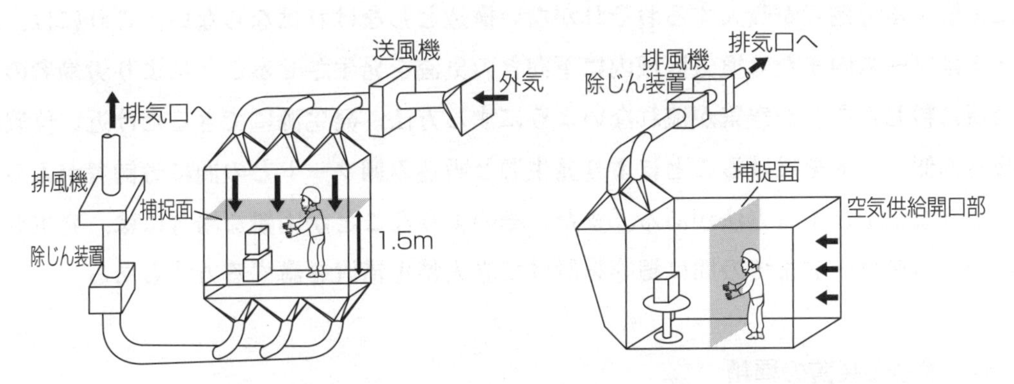

（1）密閉式プッシュプル型換気装置
（下降流・送風機あり）

（4）密閉式プッシュプル型換気装置
（水平流・送風機なし）
（密閉式プッシュプル型換気装置の空気を供給するための開口部を含む）

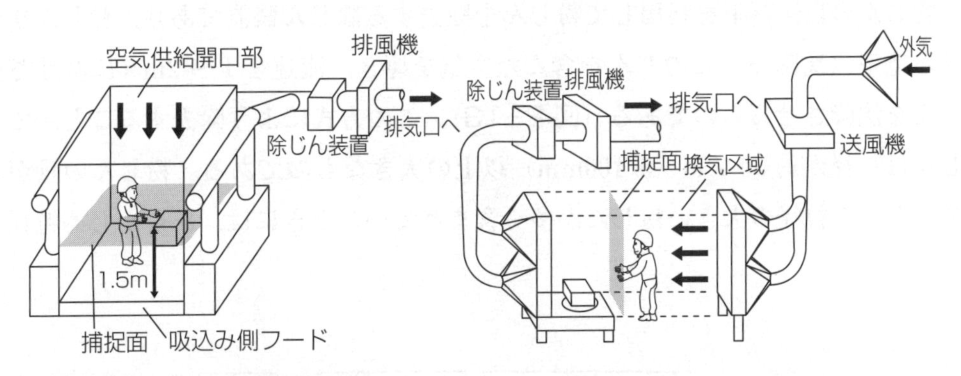

（2）密閉式プッシュプル型換気装置
（下降流・送風機なし）
（密閉式プッシュプル型換気装置の空気を供給するための開口部を含む）

（5）開放式プッシュプル型換気装置
（水平流・立ち入る構造）

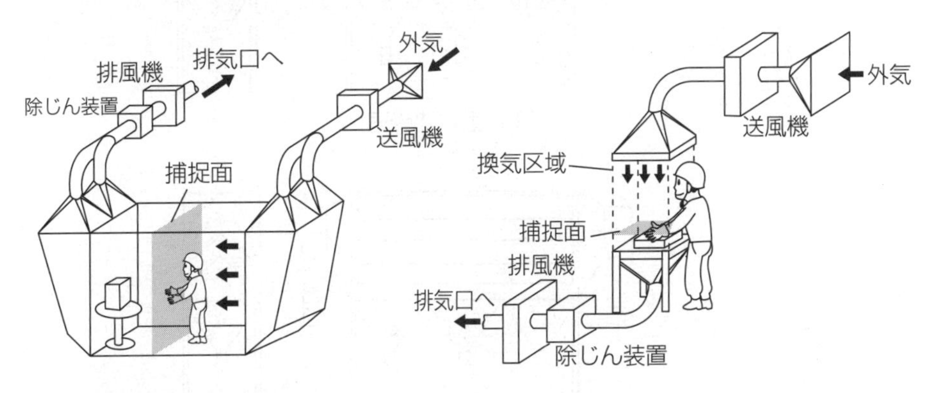

（3）密閉式プッシュプル型換気装置
（水平流・送風機あり）

（6）開放式プッシュプル型換気装置
（下降流・立ち入らない構造）

図2-12　プッシュプル型換気装置の代表例

一方，発生源から吸込み側フードへ流れる空気は，粉じんを含むため，粉じん作業に従事する労働者が吸入するおそれがない構造としなければならない。これには，たとえばブース内または換気区域内に下向きの気流を発生させることにより労働者の呼吸域に粉じんを含む空気が流れないようにする方法，発生源にできるだけ近い位置に吸込み側フードを設けることにより発生源と吸込み側フードとの間に労働者が入らないような構造とする方法がある。また，そのようなことが困難な場合には，発生源から吸込み側フードまでの間に柵等を設けて立入禁止措置を講ずる方法もある。

(5)　除じん装置の種類

除じん装置は，除じんの方式により次のように分類される。

①　重力除じん装置

粉じんの自然落下を利用して粉じんを除去する除じん装置であり，粉じんを沈降させる空室（沈降室）に粉じんを含んだ空気を導き，流速を1～2m/sに減速させて粉じんを沈降させるものである（図2−13）。この方式により除去することができる粉じんは粒径が約50 μm（5/100mm）以上の大きなものである。粉じんの量が非常に多いときや粒径の大きい粉じんが多く含まれているときには，あらかじめ粒径の大き

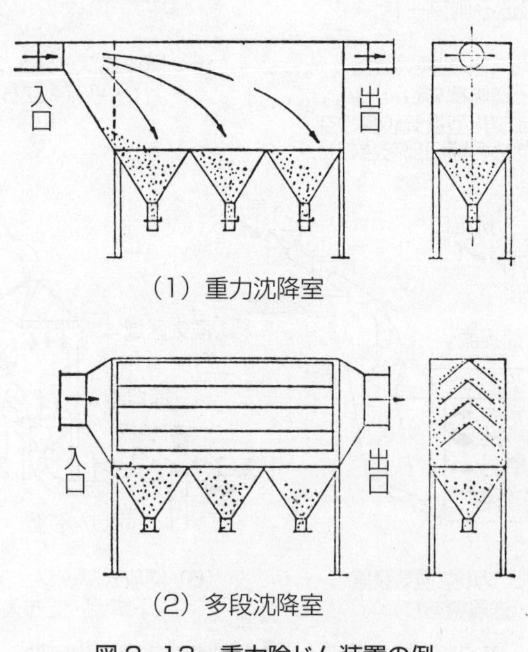

（1）重力沈降室

（2）多段沈降室

図2−13　重力除じん装置の例

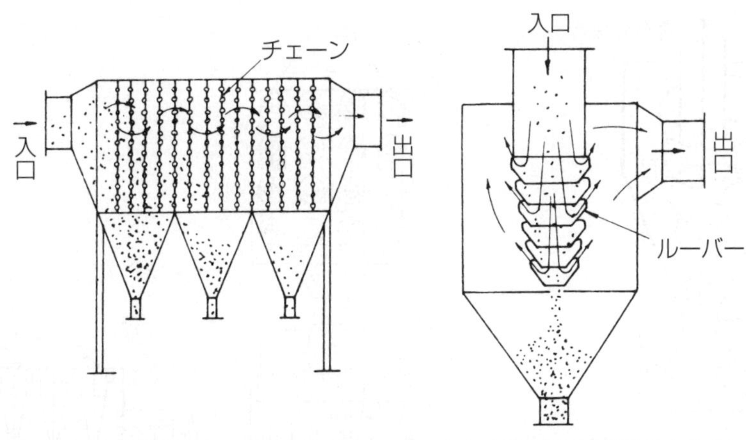

（1）衝突式慣性力除じん装置　（2）反転式慣性力除じん装置

図2-14　慣性力除じん装置の例

な粉じんを除去してからさらに除じんする必要があるが，重力除じん装置はこのようにあらかじめ粒径の大きい粉じんを取り除くために用いられることが多い。このような用途に用いられるものは前置き除じん装置といわれている。重力除じん装置のうち，沈降室の中の空気の流れる経路をいくつかに区切ったものを多段沈降室という。

②　慣性力除じん装置

じゃま板等に粉じんを含んだ空気を衝突させることにより，粉じんだけを除去する方式の除じん装置である（図2-14）。この方式によって除去することができる粉じんは粒径が約20 μm（2/100mm）以上の大きなもので，重力除じん装置と同じく前置き除じん装置として用いられることが多い。

③　遠心力除じん装置

遠心力を利用して粉じんを除去するのが遠心力除じん装置であり，空気を回転運動させ，含まれている粉じんを外側へはじき出す。遠心力除じん装置も，広い意味での慣性力除じん装置の一種である。この方式の代表的なものは図2-15に示すサイクロンであり，サイクロンを多数並列でつないだものをマルチサイクロン（図2-16）という。また，処理する空気に水を噴霧して含まれている粉じんの粒径を大きくし，粉じんの除去効率をあげたものをサイクロンスクラバという。

サイクロンは粒径が約5 μm（5/1,000mm）以上の粉じんを除去するものが一般的であり，前置き除じん装置として用いられることが多く，マルチサイクロンやサイクロンスクラバは主除じん装置として用いられることが多い。

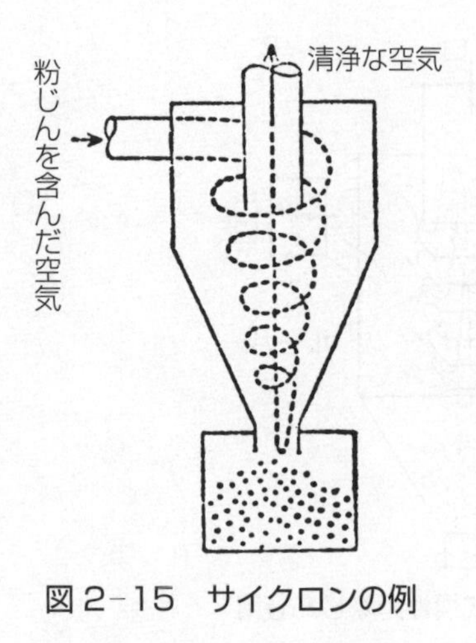

図２-15　サイクロンの例

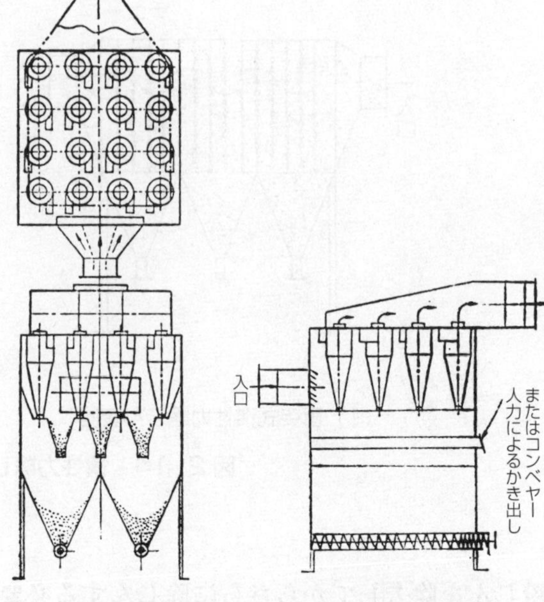

図２-16　マルチサイクロンの例

④　洗浄除じん装置

水等の液体を利用して粉じんを除去する方式の除じん装置であり，粉じんの種類や使用する水量等により除去することのできる粉じんの大きさは異なるが，装置によっては１ μm（1/1,000mm）程度のものまで除去することができるものがある（図２-

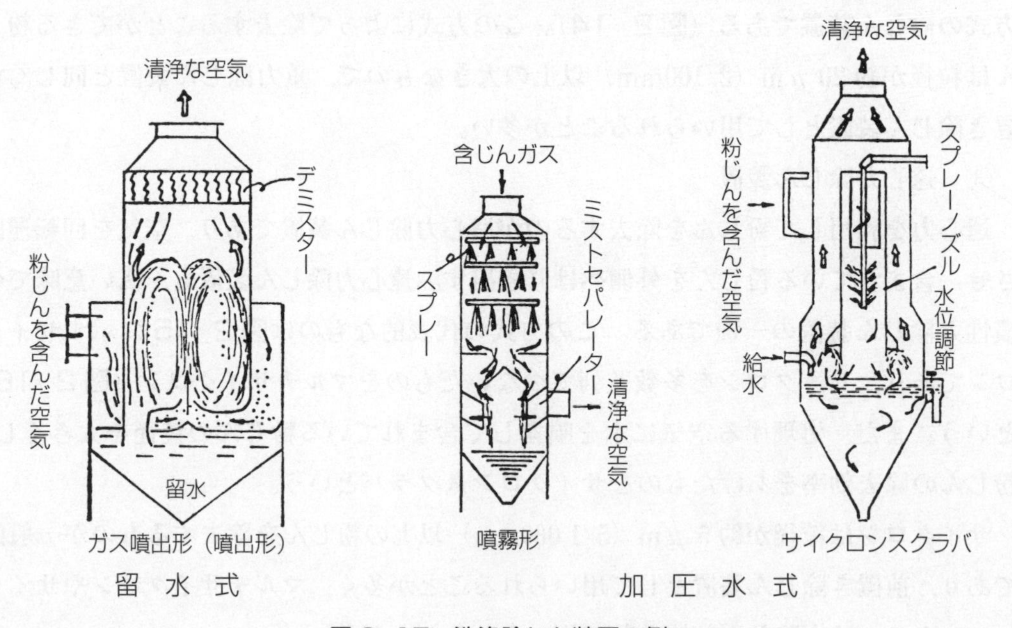

図２-17　洗浄除じん装置の例

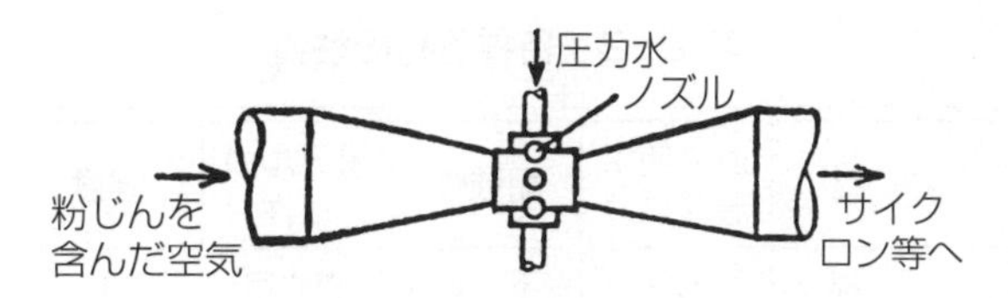

図２−18　ベンチュリ・スクラバ

17)。洗浄除じん装置は，単に粉じんだけを除去するだけでなく，水に溶けやすい有害なガスも除去することができる。

洗浄除じん装置の代表的なものはベンチュリ・スクラバ（図２−18）であり，これは霧ふきの原理と同じように粉じんを含む空気を管の細くなった部分を通過させ，その際に水を噴霧させることにより水滴で含まれている粉じんを凝集させてサイクロンなどの除じん装置により粉じんを除去するものである。

⑤　ろ過除じん装置

布，紙等のろ材でろ過することにより粉じんを除去する除じん装置であり，袋状の布によりろ過するバグフィルターが代表的なものである。

バグフィルターは，図２−19に示すように，粉じんがある程度ろ布に付着して表面に層ができると，1 μm（1/1,000mm）程度の小さな粉じんも除去することができるようになる。一般的に用いられるバグフィルターは，径 15 〜 50cm，長さ 100 〜 500cm の円筒形の袋を数本から十数本ならべてつるし，処理する空気を下の方から袋の中に送り込むようになっている。

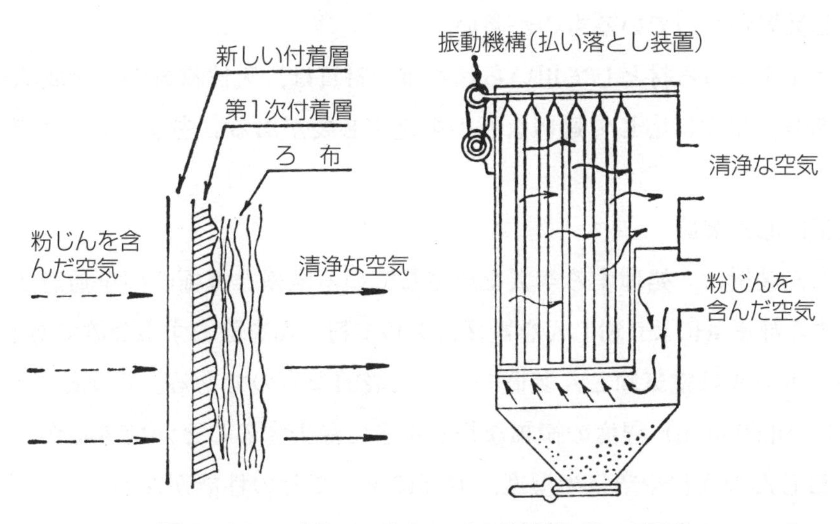

図２−19　バグフィルター（上部振動式）の原理

表 2-2　各種ろ材の性質

ろ布材	最高使用温度(℃)	耐酸性	耐アルカリ性	強度	吸湿性	価格比
木綿	80	不可	やや良	1	8	1
羊毛	〃	やや良	不可	0.4	1.6	6
ポリ塩化ビニリデン系繊維（サラシ）	〃	〃	〃	0.6	0	4
ポリ塩化ビニル系〃（テビロン）	95	良	良	1	0.04	2.2
ポリビニルアルコール系〃（ビニロン）	100	〃	〃	1.5	5	1.5
ポリアクリロニトリル系〃（カネカロン）	〃	〃	〃	1.1	0.5	5
ポリアクリロニトリル系〃（オーロン）	150	〃	不良	1.6	0.4	6
ポリアミド系〃（ナイロン）	110	やや良	良	2.5	4	4.2
ポリエステル系〃（テリロン）	150	良	不良	1.6	0.4	6.5
ポリエステル系〃（テトロン）	〃	〃	〃	〃	〃	〃
グラスファイバ	250	〃	〃	1	0	7

バグフィルターは，布の表面に粉じんが付着しすぎると空気が通りにくくなるため，定期的に粉じんを払い落とす必要がある。このようなことから，自動の粉じんの払い落とし装置がついているものが多い。

バグフィルターのろ材として用いられる布の材質は，天然繊維から合成繊維までさまざまであり，用途に応じて適切なものを選ぶ必要がある。主なろ材の性質を表2-2に示す。

⑥　電気除じん装置

電気除じん装置は，処理する空気を放電している電極と電極の間を通過させ，その際に発生する静電気により粉じんを電極に集めて粉じんを除去する装置である（図2-20）。コットレルは電気除じん装置の最も代表的なものである。電気除じん装置は，0.1 μm（1/10,000mm）程度の微細な粉じんまで除去することができるが，一般に対象とする粉じんの性状や空気の湿度，温度によってその性能が左右されやすいので，これらの条件を十分検討しておかなければならない。

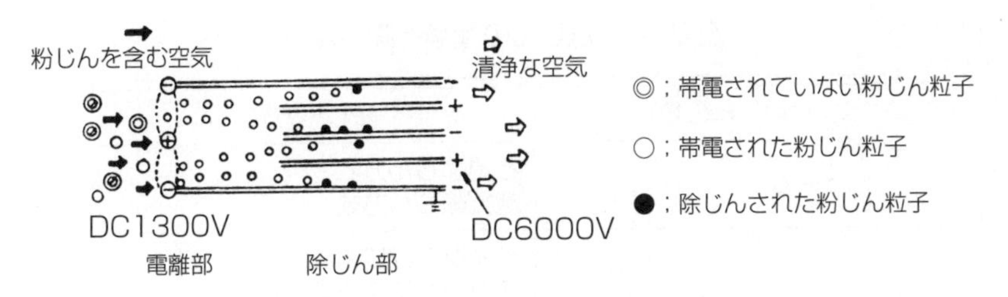

図2-20　電気除じん装置の原理

これらの他に音波や熱を利用して粉じんを除去する方式もあるが，あまり用いられていない。

表2-3に代表的な除じん装置の比較表を示す。

表2-3　各種除じん装置比較表

型　式	原　理	分離粒径（必要除じん粒子径）μm	除じん効率（%）	圧力損失 hPa	設備費	運転費	適用粉じん濃度（g/m^3）	適用条件
重力沈降室	重力沈降	＞50		0.5～2	小	小	－	前置き除じん装置として用いる
慣性力除じん装置	慣性衝突	＞20		3.5～5	小	小	－	前置き除じん装置として用いる
サイクロン	遠心力	＞10（大型） ＞5（小型）	5～10 μ （大型）40～75 （小型）75～95	10～20	中	中	乾式 1～20 湿式 2～20	付着性の強い粉じんは不可
マルチサイクロン	遠心力	＞2.5	95	10～20	中	中	1～20	付着性の強い粉じんは不可
ベンチュリ・スクラバ（洗浄除じん装置）	加　湿	＞1	90～99	50～100	中	大	10以下	湿式サイクロンと併用の必要あり
バグフィルター（ろ過除じん装置）	ろ　過	＞5（粗　布） ＞1（極細布）	90～99	10～20	中	中以上	0.2～70 0.2～20	付着性の強い粉じん，水分の多い粉じんは不可
電気除じん装置	静電気	＞0.1	90～99	0.5～2.5	大	小～中	2以下	種類に制限あり

（注）　除じん効率とは，粉じんを取り除く割合をいう。

表２−４　粉じんの種類と除じん方式

粉じんの種類	除じん方式
ヒューム	ろ過除じん方式 電気除じん方式
ヒューム以外の粉じん	サイクロンによる除じん方式 スクラバによる除じん方式 ろ過除じん方式 電気除じん方式

(6)　除じん装置の選定

除じん装置は，対象とする粉じんの種類・粒径・性質，除去しなければならない粉じんの量・濃度等の必要な条件を十分に検討したうえで適当なものを選定しなければならない。その実際の選定にあたっては，特に次のような事項に留意する必要がある。

①　粉じんの粒径分布を十分考慮すること。

②　処理する粉じんの粒径が数マイクロメートル以下の場合には，洗浄，ろ過または電気による除じん装置を選ぶこと。

③　水の使用が制限される場合は，湿式の方式の装置をさけ，やむをえない場合には，循環方式のものを考慮すること。

④　洗浄した水が強酸性，強アルカリ性となり，汚水の処理，機器の腐食等の不都合が起こると思われるときには，乾式の方式のものを選ぶことが望ましい。

⑤　洗浄除じん装置については，使用したあとの水の処理もあわせて考慮すること。

⑥　粒子が比較的粗く，粉じん量の多いものを処理する場合には，慣性力除じん，遠心力除じんなどの方式の前置き除じん装置を併置すること。

溶融した金属が空気中に蒸発し，空気中で冷却され凝集して固体になることによりできる微細な粉じん（ヒューム）とそれ以外の粉じんについての除じんの方式は，粉じん則では表２−４に示す方式かそれと同等以上の性能のある除じん装置を設置するように規定されている。

(7)　送排風機の選定

送排風機は，処理する空気の量，ダクトを通じて排気口または吹出し口まで送るために必要な圧力に応じて適当なものを選ぶ必要がある。ファンは大別すると扇風機の

ような羽根により空気を送る軸流式と，羽根を回転させるときの遠心力により空気を送る遠心式に大別される。主な送排風機の特徴を表 2–5 に示す。

表 2–5　送排風機の種類と特徴

種類・型式			断面	ファン効率（全圧）	ファン静圧範囲	特　徴
				%	hPa	
軸流式	アキシャル型（ガイド・ベーンなし）		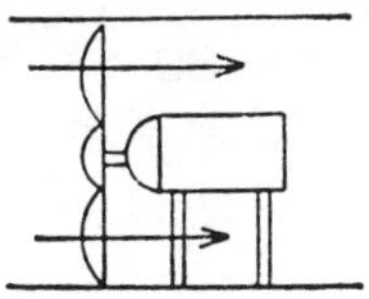	45 ～ 60	0.5 ～ 3	軸流ファンは排風量が多く，かつ静圧の低い場合に使用され全体的には形態が小さく，またダクト間に簡単に挿入できるので，据付スペースは小さくてすむ。短い管内でプロペラを回転させ，低静圧でよい場合に使用される。
軸流式	アキシャル型（ガイド・ベーン付き）		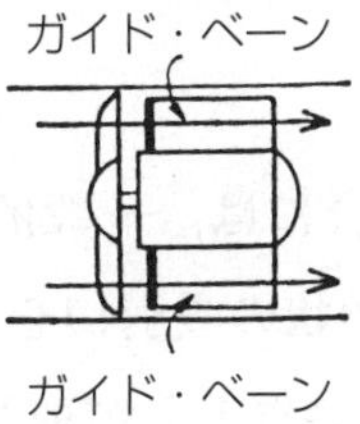	70 ～ 85	0.5 ～ 10	多少静圧を大きく要するところに使用される。
遠心式	放射羽根型	ラジアル型	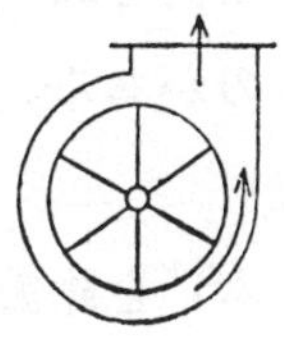	50 ～ 65	5 ～ 50	6 ～ 12 枚の放射状の直線羽根を持つもので，汚染空気による摩耗の場合取替えが容易なように，鋼板製羽根をリベット締めしている。
遠心式	前曲羽根型	多翼型（シロッコ）	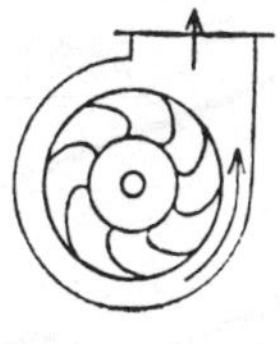	45 ～ 60	1 ～ 10	羽根車の構造から高速回転ができないので普通のもので静圧は，10hPa 程度である。しかし羽根が前向きであるので，同じ大きさの他のファンに比べ，多い排風量を出すことができる。
遠心式	後曲羽根型	ターボ型	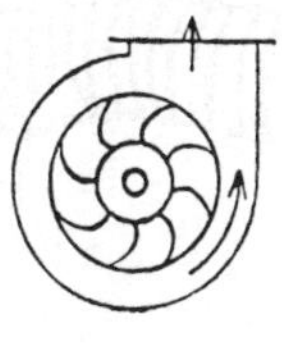	70 ～ 80	10 ～ 100	高風圧を出すことができるし，また圧力損失の変動に適しており，効率が良いので広く使用される。

遠心式	前曲後曲併用型	リミットロード型		55～65	2～30	シロッコファンと比べると，形がやや大きくなるが，効率はよく圧力曲線や動力曲線も安定しているので，低風圧，大排風量で，しかも風量が広範囲に変動する用途に適している。性能，大きさは多翼型，ターボ型の中間的な傾向を持っている。
	後曲翼形羽根型	エアホイル型		70～85	2～30	効率がよく大風量で低風圧に適しているので，最近広く使用されるが，粉じん濃度が多い場合には適しない。

(8)　特定の機器や作業についての発生源対策

特定の機器や作業について局所排気を行う場合には，一般的に使用される形状のフードを設置するのは困難であるため，特殊な形状の吸引口を使用することがある。粉じん則においては，このようなものを局所排気装置として取り扱わずに（したがって性能要件も課していない。），局所排気装置の設置と同等以上の措置として取り扱っている。このようなものには，例えば次のようなものがある。

①　**可搬形ろ過式除じん装置（ヒューム除去装置）**

溶接作業や溶断作業から発生する粉じん（ヒューム）を除去するための装置で，吸

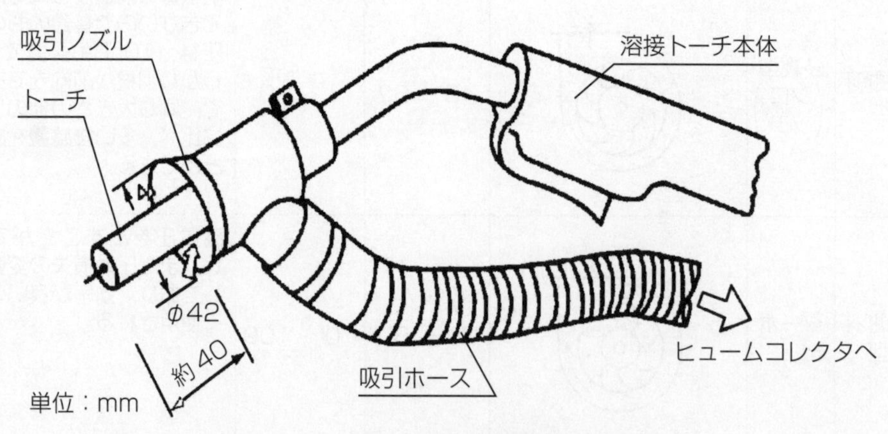

図2-21　吸引ノズルの構造と取付け例
（出典：岩崎　毅他：溶接ヒュームコレクター，作業環境，Vol. 24，No. 6（2003））

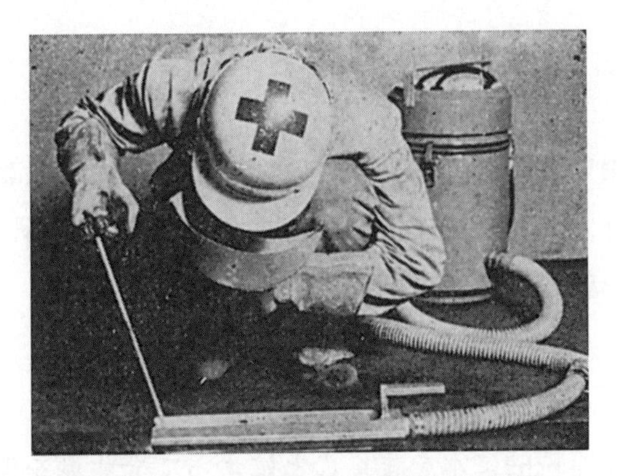

写真2－1　可搬形ろ過式除じん装置

表2－6　可搬形ろ過式除じん装置の仕様

	A　社	B　社	B　社
種　類	3種　手溶接用 半自動溶接用	1種　手溶接用	2種　半自動溶接用
電　源	AC 100 V 50/60 Hz	100 V 単相 50/60 Hz	同
消費電力	1kW	1kW	同
処理風量	1～2m^3/min	10 m^3/min	3.5 m^3/min
粉じん捕集効率	99.7%以上	99%	99%
質　量	12 kg	18 kg	20 kg
寸　法	直径 292 × 高さ 524 mm	長さ 390 ×幅 320 × 高さ 490 バグフィルター高さ 500 mm	直径 320 × 高さ 780 mm

（注）1種，2種，3種は処理風量がそれぞれ　10 m^3/min 以上，3～10 m^3/min，0.5～3m^3/min であることを示す。

引口をトーチに取り付けたり（図2－21参照），対象となる鉄板等に磁石で取り付けたりされ，自由に曲げることのできるダクトにより小型の移動式のろ過式除じん装置につながれている（写真2－1，表2－6参照）。例えば，グラインダの安全カバーのような通常のフードにつないで局所排気装置として使用することもできる。

②　乾式削岩機用除じん装置

衝撃式削岩機を使用して岩石にせん孔する場合には，原則として湿式削岩機を使用しなければならないが，水の供給が著しく困難な場合には，ドリフター（大型ドリル）に円錐型の吸引口を有する削岩機用除じん装置を取り付けて粉じんを除去する必要がある。

3. 湿 式 化

水その他の液体を用いて粉じんが発生するのを防止することは，最も古くから用いられている方法であり，これらをまとめて湿式化と呼んでいる。湿式化は作業や工程によってさまざまな形態があるが，次のように大別される。

(1) 散　水

散水とは，対象物に連続的に水をまくことによって発生源を湿潤に保ち，粉じんの発生を防止することをいい，その中でも，対象物の表面が常に水層で覆われる状態に保つことを特に区別して注水と呼んでいる。散水に用いられる設備としては，次に示すようにシャワー，スプリンクラー，散水車等がある。

① シャワー，スプレー

シャワーとは，水その他の液体を比較的大粒の水滴または連続した水流の状態にしてノズルから供給する装置をいい，スプレーとは，ノズルから細かい水滴を吹き出して対象物を湿潤にするとともに空気中に浮かんでいる粉じんをたたき落とすことによって粉じんの発生を防止するものをいうが，実用上は厳密に区別する必要はない。

このような装置は，例えば砕石工場における岩石の破砕機や粉砕機，ベルトコンベヤーの落下点，鉱石の積込場等に用いられて効果を上げている。

② スプリンクラー

スプリンクラーとは，回転するノズルから圧力水を噴射し，広い範囲に散水する装

表2-7　スプリンクラーの種類の例

型　式	ノズル口径(mm)	作業圧力(kPa)	散水直径(m)	散水量(L/min)	散水強度(mm/h)
TS－35N	3.6	205.9	23.2	11.80	4.9～ 5.9
	4.4	205.9	24.2	17.40	7.3～ 8.7
散布範囲	4.8	240.3	26.1	22.20	9.3～10.7
調 整 型	5.6	240.3	28.1	28.90	9.6～13.9
TS－40N	5.6×4.8	318.7	37.0	62.5	7.5～ 8.7
	6.4×5.6	343.2	38.4	85.3	8.9～11.8
全回転型	7.9×5.6	392.3	42.0	118.1	11.3～13.4
	9.5×6.4	441.3	45.3	166.8	11.6～16.0
TS－105NU	12×6.4×4.0	490.3	61.5	269.0	7.6～ 8.7
	14×7.2×4.8	588.4	69.5	372.0	8.2～ 9.3
散布範囲	18×9×4.8	686.5	78.6	707.0	12.7～14.0
調 整 型	22×10×6	784.5	89.2	994.0	13.3～15.5

置である。これには多くの種類があり，十分な効果を上げるには，使用場所の広さ，必要な散水量等に応じて適切な型式・能力のものを選定し，適切な場所に配置することが必要である（表2-7）。

スプリンクラーは，露天採掘場や粉状物の堆積場等の粉じん発生を防止するために用いられることが多い。

③　レインガン

レインガンとは，半径数十メートルの範囲にわたり強力な散水を行う装置であり，露天採掘場において広範囲に強力な散水を必要とする場合に用いられる。

④　散　水　車

露天採掘場や屋外の堆積粉じん対策として散水車が用いられることがある。また，排水管を設置しなくてもよいことから，スプリンクラーを設けるかわりに散水車にレインガンを取り付けて散水を行うこともある。

(2)　噴　　霧

噴霧とは，空気中に霧状の微細な水滴を吹き出し，空気中に浮かんでいる粉じんをその水滴で捕捉して沈降させる方法であり，その効果は粉じんの粒径と水滴の粒径により変わる。一般に水滴の粒径が 80 ～ 200 μm（8/100 ～ 2/10mm）の範囲にあるときに，その効果が最大になることが多い。噴霧を行うに当たっては，対象とする粉じんに適したノズルを選定することが大切である。

(3)　与　　湿

与湿とは，粉じん発生の原因となる原材料に，あらかじめあるいは作業中に湿分を与えることにより粉じんの発生を抑制することであり，粉状の原材料の場合，数パーセントの水分を与えておくだけでも粉じんの発生を大きく抑制させることができる。

参考として表2-8に砕石場における岩石の破砕・粉砕，ふるい分け，トラックへの積込み時における粉じん排出係数（岩石 1t 当たり何グラムの粉じんが発生するかを表したもの）を示す。

(4)　そ　の　他

以上のほかにも湿式化の種類は非常に多いが，そのうちのいくつかを紹介する。

表2-8　乾燥状態と湿潤状態における粉じん排出係数

作　業	乾燥状態				湿潤状態			
	最大	最小	測定数	平均	最大	最小	測定数	平均
破砕・粉砕	657	176	5	368	80	7	10	29
	1,128	665	3	886	93	11	15	31
	739	131	4	426	93	25	8	70
							1	26
					175	32	6	96
ふるい分け	263	65	5	153	12	4	4	8
	190	93	2	142	74	5	6	22
	256	223	2	240	134	22	4	92
	2,120	614	5	1,121	252	31	4	138
積込み	770	126	4	439	12	0.7	6	4.1

（注）　与湿後の欄は，取扱い材料の表面付着水分が2～3％である。
単位：グラム／トン

①　**湿式削岩機**

衝撃式削岩機により岩石に穴をうがつ場合，圧縮空気により穴の中の繰粉（岩石の切りくず）を排出する方式の乾式削岩機を使用すると非常に高濃度の粉じんが発生するが，圧力水により繰粉を排出する湿式のものを使用すると粉じんの発生を著しく減少させることができる。

湿式削岩機の給水量は機種により違いがあるが，一般に水圧0.3～0.5MPa，給水量1～3L/minである。水圧が高く，給水量が大きいほど繰粉の排出が速やかに行われ，粉じんの発生を抑制する効果も高いという傾向がある。

②　**水力採掘**

高圧で水を水噴射機から吹き出して採掘する方法であり，堆積層の砂鉄鉱床，露天掘鉱山の表土掘削，石炭採掘等で用いられることがある。作業中における粉じんの発生はほとんどないが，多量の水が必要なので給水や排水処理について十分検討しておく必要がある。

③　**炭壁注水**

炭壁注水とは，炭鉱において採炭前の炭壁に深さ3～5mの小さな穴をあけ，水を圧力により注ぎ込むことをいい，これにより粉じんの発生は約30％くらいに減少する。

④　**水　　袋**

水袋とは，発破を行う際に発破孔に爆薬とともに適量の水を入れた袋をつめておくことにより発破時の粉じんの発生と硝煙の発生を減少させる方法である。

第３編
粉じん作業の管理

「粉じん作業特別教育規程」科目および教習時間

科目	範囲	時間
作業場の管理	粉じんの発散防止対策に係る設備及び換気のための設備の保守点検の方法　[第２章] 作業環境の点検の方法　[第４章] 清掃の方法　[第３章]	１時間

各章のまとめ

[第１章]

□常時特定粉じん作業に従事する労働者に対し，特別教育を行うことが労働安全衛生法により規定されている

[第２章]

□局所排気装置，プッシュプル型換気装置，除じん装置は法令により１年以内ごとに１回，定期自主検査を行わなければならない

□フード，ダクト，除じん装置等は定期自主検査に加えて，日常定期的に点検し，常に有効に稼働するよう維持されているかを確認することが望ましい

[第３章]

□屋内作業場においては，堆積粉じんによる二次的な粉じんの発散を防ぐことからも，毎日１回以上の清掃の励行が大切である

□粉じん作業場および休憩設備では日常の清掃に加え，１カ月以内ごとに１回以上，定期的に清掃をしなければならない

□清掃の方法は労働者ができるだけ少ない時を選び，できる限り真空掃除機，水洗によることとし，粉じんを再飛散させないようにする

[第４章]

□作業環境を把握する方法は，定期的に行う作業環境測定と，日常的に行う簡便な方法による点検に大別される

□常時特定粉じん作業を行う屋内作業場については，６カ月以内ごとに１回，定期的に粉じん濃度の測定を行い，その結果を７年間保存しなければならない

□作業環境測定の方法は作業環境測定基準により定められており，一定の資格を持っている者が実施しなければならない

□作業環境測定結果の評価は，第１管理区分，第２管理区分，第３管理区分の３つに分けられ，それぞれ講ずべき措置が決められている

[第５章]

□粉じんが堆積しやすい通路，出入口等は常に清掃する

□粉じん作業の作業衣は，粉じんが付着しにくい生地にして常に清潔に保つよう心掛ける

粉じん対策を効果的に進めるためには，これまで述べたような粉じん発生源に対する諸対策が適切に講じられており，また，粉じんを極力発生させないような正しい作業方法が守られていなければならないが，これらの措置が十分な効果を上げるためには粉じん対策としての日常の管理は欠くことができない。

第１章　特別の教育

じん肺を予防するには労働者が粉じんの有害性等を認識することが不可欠であり，そのための教育が必要である。

土石，岩石または鉱物等の粉じんを吸入することによって起こるじん肺は，すでに述べたように長期間にわたって進行するうえ，労働者自身の有害性に関する知識が一般に薄いので，中毒等を起こすような化学物質に比べ，その予防と健康管理がおろそかになりがちである。

また，じん肺は，現時点では一般に有効な治療方法がない疾病であることから，症状を発見したときに適切な措置を講じないと10年，20年後に悲劇的な結末に至ることが多く，適切な予防対策と健康管理の実施が重要である。

これらの対策を効果的に進めるためには，事業者による予防対策や健康管理の実施に加えて，労働者個人個人がその重要性を認識し協力することが不可欠である。

このようなことから，労働安全衛生法第59条第3項に基づき，粉じん則第22条により，事業者は，常時特定粉じん作業に従事する労働者に対して

①　粉じん発散防止および作業場の換気の方法

②　作業場の管理

③　呼吸用保護具の使用の方法

④　粉じんに係る疾病および健康管理

⑤　関係法令

について，特別の教育を行わなければならないことが規定されている（詳細については「第５編　関係法令」参照）。

第２章　設備等の点検

局所排気装置，粉じん発生源を密閉する設備，散水のための設備等は１週間に１回程度定期的に点検し，常にこれが有効に稼働するように維持されているかどうかを確認することが大切である。それには責任者を定め，かつ点検表を用いることが望ましい。

1.　局所排気装置，プッシュプル型換気装置および除じん装置の点検

特定粉じん発生源等に設置される局所排気装置，プッシュプル型換気装置および除じん装置については，法令では１年以内ごとに１回，定期自主検査を行わなければならないことが規定されており，定期自主検査を適切かつ有効に実施するためにそれぞれの定期自主検査指針が示されている。また，第８次粉じん障害防止総合対策（平成25年２月19日付け基発0219第２号）において，金属等の研磨作業を行う事業場の事業者に対し，局所排気装置等の定期自主検査者講習を修了した者から「検査・点検責任者」を選任して定期自主検査および点検を行わせること，検査・点検の結果に基づく補修等の必要な措置を講ずることを求めている。なお，これらの設備を毎日有効に稼働させるためには，このような定期自主検査に加えて，日常次の事項について点検をすることが望ましい。

(1)　フード等の点検

局所排気装置のフードの吸込み気流およびプッシュプル型換気装置により形成される気流の状態を調べるには，スモークテスターによるスモークテストを行ってフードへの白煙の流入状況を確認するのが最も簡便である。このスモークテストの結果，白煙の一部しか吸い込まれないような場合や開放式プッシュプル型換気装置の換気区域に発生源が含まれないような場合には，できれば熱線風速計等による排気フードへの吸引気流等の風速を測定したり，場合によってはデジタル粉じん計等を用いてフードの外側の粉じん濃度を測定することが必要である。

また，稼働している局所排気装置のフード開口面等に強いライトを照射し，粉じんの動きを観察することによって吸込みの良否を判定することもできる。

このような結果に基づいて，有効に稼働しているか否かを判定し，もし不良であれば，次のような事項について点検を行う。

①　フードのごく近くに障害物はないか

②　粉じんの発生源から局所排気装置のフードの開口面までの距離が遠すぎないか

③　窓等からの外気の流入等の影響で，フードの開口面や発生源近くの吸引気流に影響はないか

④　粉じんの飛散速度が大きく，局所排気装置のフードまたはプッシュプル型換気装置により形成される気流の外側へ飛び出していないか，また飛散方向に開口面が正しく向いているか

⑤　ダクトの途中に漏れがあり，空気が途中から流入したり流出したりしていないか

⑥　ダンパーの調節が不適当で送排気量のバランスがくずれていないか

⑦　ダクト内や除じん装置内に粉じんが堆積していないか

⑧　送排風機の風量，全圧が不足していないか

(2)　ダクトの点検

ダクトに破損（摩耗，または腐食による穴あき，損傷），接続箇所のゆるみ（フランジ面，はんだ付け部），粉じん堆積の有無（軽くたたいてみると堆積していれば鈍い音がする）等がないかどうかを外部から調べる。また，必要に応じダクト内の風速の測定，摩耗または腐食の程度の調査，堆積粉じんの調査，除去等を行う。

(3)　除じん装置の点検

除じん装置も有効に稼働することが肝心である。除じん能力が低下したままで作業していると，局所排気装置およびプッシュプル型換気装置の性能をはじめいろいろなところに影響があるので，定期的に点検する必要がある。

ここでは除じん装置として代表的なバグフィルターおよびサイクロンの点検について述べることとする。

①　バグフィルター（ろ過除じん）

ア　ろ材に破損している箇所はないか

イ　ろ材取付け部がゆるんだり外れたりしていないか

ウ　ダストチャンバーおよび取出し口から空気が漏れていないか

エ　粉じんがダストチャンバーに充満していないか

オ　ろ材が目詰まりしていないか

② サイクロン

ア　外筒上部および円錐下部に摩耗等による穴があいていないか

イ　ダストチャンバーおよびダスト取出し口から空気が流入していないか

ウ　内部に渦気流に逆らうような突起や凹凸がないか

エ　円錐下部に粉じんが堆積していないか

オ　粉じんがダストチャンバーに充満していないか

2.　その他の設備の点検

以上述べたほか，日常点検を必要とするものは，粉じん発生源を密閉する設備の密閉の状態，散水のための設備等の稼働状態，その他粉じん作業に係る設備が正常に稼働しているか否か等がある。

(1)　発生源を密閉する設備の点検

発生源を密閉する設備については，内部を吸引している場合には内部が負圧に保たれているか否かを，また，内部を吸引していない場合には内部の空気が漏出していないかどうかを，継手や継目部分について，先に述べたスモークテスターにより点検する必要がある。

(2)　散水のための設備などの点検

粉じん発生源対策として水を使用することは粉じん作業場のシャワー，スプレー，散水車等により古くから広く行われており，衝撃式削岩機の湿式化もよく知られた対策である。

土石，岩石または鉱物の発生源対策としては，水の使用が最も簡便で効果もあるので可能な限り水を使用することを考える必要がある。ただし，粉じんの性状によっては注水・散水等により発生する排水について，所要の処理方法が定められているので，注意する必要がある。

散水のための設備等の性能，能力は，粉じん作業の種類や粉じんの種類，粒径等に応じて一律に決めることは困難であるが，発じん抑制のために必要な量の水を適正な圧力のもとで供給することが大切であり，日常の点検では，粉じんの発散面全体が湿潤に保たれているかどうかを確認することが必要である。

第3章　清　掃

粉じん作業が行われている屋内作業場においては，堆積粉じんによる2次的な粉じんの発散が作業環境に悪影響を与えていることが多いことから，清掃は毎日1回以上行わなければならない。このほか定期的に大清掃を行い，日常の清掃によっては除去できないような堆積粉じんを除去する必要がある。

第8次粉じん障害防止総合対策（平成25年2月19日付け基発0219第2号）では，金属等の研磨作業を行う事業場の事業者は「堆積粉じん清掃責任者」を選任し，その指揮の下で毎日の清掃および1月に1回以上，定期に，堆積粉じん除去のための清掃を行わせることとされている。

1.　整理整頓と日常の清掃

どのような作業環境でも，作業が円滑に行われるよう整理整頓が行き届いていなければならないのは当然である。粉じん作業場は，堆積粉じんのために不潔乱雑になりやすく，作業環境中の粉じん濃度が高くなりやすい。たえず整理整頓を心掛け，日常の清掃を励行することが大切である。

整理整頓が行き届いている作業場では粉じんの清掃は容易で，適切な清掃ができるために職場は清潔となり，また粉じん対策も徹底しやすくなる。粉じん職場は汚れているのが当然であるという考え方のもとでは，職場から粉じんを追放することはできない。

日常の清掃を行う場所としては，粉じん作業を行う屋内の作業場所が対象となり，床，作業者の通路，作業者の身の回りの作業台や棚等を中心として行い，清掃の方法はできる限り真空掃除機，水洗によることとし，ほうきを用いる場合には新聞紙，茶がら，おが屑（のこ屑）等に水を含ませて散布した後掃くようにすると，粉じんを発生させないで清掃ができる。また，作業台，棚等の清掃は，濡れたモップや雑巾で拭き取る，刷毛（はけ）を用いて粉じんをちり取り等で受けながら払う等粉じんを再飛散させないようにしなければならない。

清掃の時期は作業場内に労働者ができるだけ少ないときを選ぶことが望ましい。

2.　堆積した粉じんの除去

作業環境に堆積した粉じんは，1カ月以内ごとに1回以上，定期に清掃しなければならない。粉じん発生源に対し適切な粉じん対策が講じられていれば，作業環境中には眼に見えるほどの粉じんの飛散はないが，しばらくすると窓，壁面，機械設備の表面等に細かい粉じんが堆積したり付着したりするため，照明器具等も光度を減ずることがある。

粉じんの付着した床等の表面に指先を触れてみることで，粉じんの種類や堆積の程度がわかる。例えば，普通の粉じんは灰色，煤（すす），油分は黒色，クレー，タルク等の粉じんは白色等である。

堆積量が少なければ濡れたモップなどで拭き取ることもできるが，多量に，かつ広範囲に粉じんが堆積している場合には掃除機を用いる必要がある。堆積粉じんの清掃には高圧空気等による吹き飛ばしは厳禁で，真空掃除機によるか，または水洗等の湿式によらなければならない。このような方法で行うことが困難である場合には，労働者は防じんマスク等の保護具を着用して清掃を行う必要がある。

掃除機には，定置式の中央除じん装置から配管された吸引パイプの接続口に吸引ノズル付のホースを接続し，必要な箇所で堆積粉じんを吸引除去するもの，可搬型の真空掃除機（**写真3-1**），自走式掃除機（清掃車）等がある。作業環境の実情に応じてこれらのうちのいずれかのもので，十分な能力を有するものを備えておく必要がある。

写真3-1　真空掃除機

また，水洗をする場合には水道の配管，散水用ホース等の清掃用具を整備しておく必要がある。

3.　休憩設備の管理

常時粉じん作業に労働者を従事させるときには，粉じん作業場以外の場所に休憩設備を設けなければならない。

粉じん作業場以外の場所に休憩設備を設置するのは，粉じん作業に従事している時間以外の休憩時間における粉じんばく露をできる限り少なくすることが目的である。したがって，せっかく粉じん作業場以外の場所に休憩設備が設けられていても，それを使用しなかったり，管理を十分にしていないとその目的が達せられないことになる。

管理にあたっては，屋内の休憩設備の床等は，粉じん作業場と同様に１カ月以内ごとに１回，定期に，真空掃除機または水洗のような湿式の方法により堆積粉じんを除去するための清掃を行うようにすることが大切である。

また，休憩設備を利用する場合に注意すべき事項として，作業帽，作業衣，作業靴等に付着している粉じんを除去したのち利用することが大切である。そのためにブラシ等粉じんを除去する用具を備え付けておくこととされており，休憩設備を利用する前には必ずこれらを用いて粉じんを除去し，休憩設備に粉じんを持ち込まない習慣をつけることである。

第４章　作業環境の状態の把握

作業環境の状態を把握することは，作業環境を改善するための措置が必要であるかどうか，必要であるとすればどのような対策を講じなければならないか，これまでの対策は適切であったか等を判断してゆくために不可欠なことがらであり，適切に作業環境を管理してゆくための第一歩であるといえる。作業環境の状態を的確に把握できれば，作業環境がどのくらい労働者の健康に影響を及ぼすか，問題点がどこにあるのか，作業環境の管理・改善のポイントは何か等をつかむことができる。

作業環境を把握する方法は，定期的に，一定の基準に従って空気環境その他について行う作業環境測定と，日常的に作業環境を簡便な方法でチェックする作業環境の点検とに大別される。

1．作業環境測定

（1）作業環境測定の意義

粉じんについての作業環境測定とは，空気中の粉じんの濃度を一定の方法に従って測定することにより，その濃度の高低，ばらつきを把握し，その結果を評価して作業環境状態を客観的に把握することをいうものである。

この作業環境測定を定期的に行うことにより，これまでの粉じん対策の効果や問題点を見つけだすことができ，より効果的な粉じん対策を講ずることができる。

（2）作業環境測定の概要

常時特定粉じん作業を行う屋内作業場については，6カ月以内ごとに1回，定期的に空気中の粉じん濃度の測定を行い，その結果を記録して7年間保存しなければならない。また，そのうち土石，岩石または鉱物の粉じんについては，粉じん中に含まれている遊離けい酸の含有率によって有害な程度が異なるので，遊離けい酸の含有率もあわせて測定しなければならない。

作業環境測定はできる限り正確，かつ，客観的に行う必要があるため，作業環境測定基準によりその方法が定められている。

また，作業環境測定を的確に行うためには，高度な知識と技術が必要であることから，自社に厚生労働大臣の登録を受けた作業環境測定士をおき，この者に測定を行わせるか，または厚生労働大臣の登録か都道府県労働局長の登録を受けた作業環境測定機関に測定を委託して行わせるかのいずれかの方法によらなければならない。このように粉じんについて作業環境測定を行う場合には，一定の資格を持っている者が実施しなければならないが，測定の実施にあたっては，実際の作業方法，作業者の行動範囲，機械等の運転の状態等の現場の実情を知ったうえで，作業環境測定のデザイン，サンプリングを行う必要がある。

以下，粉じんについての作業環境測定の概要について述べることとする。

①　作業環境測定のデザインの概要

デザインとは，測定を行う予定の作業場の諸条件をもとにして測定計画をたてることをいい，具体的には生産工程，作業方法，作業場の形状，機械・設備の配管等作業環境を左右する種々の要因について検討し，測定点の位置，サンプリングの時間，分析の方法等を決定することである。

デザインに当たっては，対象作業場のうち労働者が作業中に行動する範囲や粉じんの分布等を考慮して，作業環境測定を行う区域（これを「単位作業場所」という）を決めなければならない。この単位作業場所は，そこで作業している労働者がどの程度粉じんにさらされているかを推定する根拠となるような範囲であり，作業環境測定を行う際の基本となる範囲である。

測定点は，このような単位作業場所ごとに少なくとも5点以上，縦横6m以内の等間隔にとらなければならない。

②　サンプリング・分析方法の概要

ア　ろ過捕集―重量分析方法

空気中の粉じんをろ過捕集装置（サンプラー）で吸引し（この際，分粒装置（セパレーター）により大きな粉じん（約4 μm以上の粉じん）は除去しておく），ろ紙に捕集する。捕集した粉じんの重量を計り，吸引した空気の量で除して濃度を求める。濃度は，mg/m^3で表す。代表的なろ過捕集装置であるローボリューム・エアサンプラーを写真3-2に示す。

イ　相対濃度指示方法

前述のろ過捕集―重量分析方法は，粉じんの捕集に時間がかかるため，短い時間で簡便に粉じんの濃度を測定することのできる相対濃度指示方法がよく用いられて

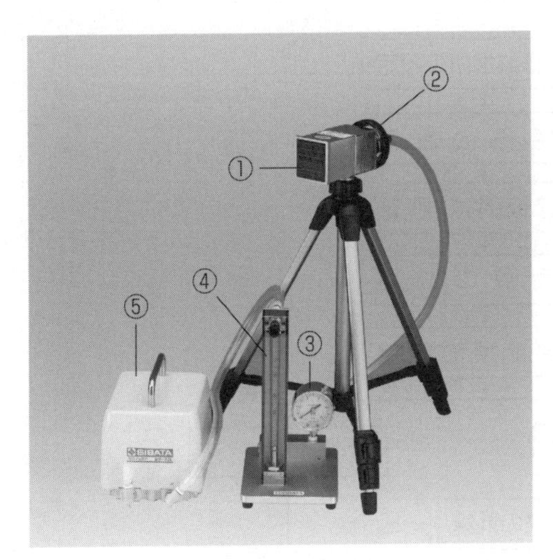

①　分粒装置
②　ろ過材保持器（ホルダー）
③　圧力計
④　流量計
⑤　ポンプ

写真３-２　ローボリューム・エアサンプラー

いる。ただし，この方法の場合，直接質量濃度を測定することができないため，１ないし数測定点において同時にろ過捕集—重量分析方法により質量濃度を測定して，相対濃度指示方法による測定値との間の換算係数を求めておき，質量濃度に換算しなければならない。

このような相対濃度指示方法用の測定器としては，捕集した空気を暗箱の中に導き，光（レーザー光）を照射して粉じんによる散乱光の強さを計るデジタル粉じん計，ろ紙上に粉じんを捕集して光の透過率の低下を測定する労研式ろ紙じんあい計，振動している水晶板に粉じんを付着させ振動数の変化を計るピエゾバランス粉じん計が用いられる。

２.　作業環境測定結果の評価と事後措置

（1）　作業環境測定結果の評価

作業環境測定結果の評価は，作業環境評価基準に従って，作業環境の状態を第１管理区分，第２管理区分および第３管理区分の３つに区分することによって行う。この作業環境評価基準は，作業場における作業環境管理の良否を判断するための基準を示したものである。

作業環境測定およびその結果に基づく評価については，図３-１の手順により行われる。

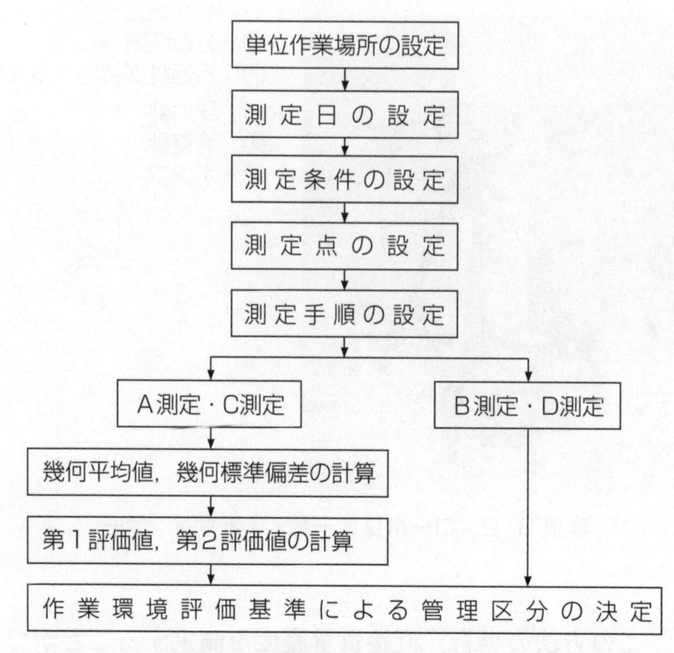

図３−１　作業環境測定結果に基づく評価のフローシート

(2)　作業環境測定結果の評価に基づく事後措置

作業環境測定結果の評価により決定される各管理区分における作業場の状態と講ずべき措置の内容は**表３−１**のとおりである。

作業環境測定結果の評価が第２管理区分または第３管理区分に区分された場合に作業環境を点検する場合の主なチェックポイントとしては，次のような事項がある。

①　密閉，局所排気装置の設置，湿式化等の対策が講じられていない発生源はないか

②　密閉部分からの粉じんの漏れ，局所排気装置のフードの形状の不適や吸引能力の不足，湿式化の場合の水量の不足，全体換気装置の換気量の不足等作業環境対策に不備はないか

③　粉じんの発生を伴う機械・設備の処理量，原材料の含水率や粒径等粉じんの発生量に影響を及ぼす事項に変化はないか

④　粉じんが堆積している箇所はないか

このような事項について点検し，問題点があれば早急に改善しなければならない。第３管理区分に区分された場合には，このような事項について講じられた改善措置の効果を確認するため，当該作業場について粉じん濃度の測定を行い，その結果の評価

表 3-1　A 測定（C 測定）のみを実施した場合の管理区分と管理区分に応じて講ずべき措置

管理区分	作業場の状態	講ずべき措置
第 1 管理区分	当該単位作業場所のほとんど（95%以上）の場所で気中有害物質の濃度が管理濃度を超えない状態	現在の管理の継続的維持に努める
第 2 管理区分	当該単位作業場所の気中有害物質の濃度の平均が管理濃度を超えない状態	施設，設備，作業工程または作業方法の点検を行い，その結果に基づき，作業環境を改善するため必要な措置を講ずるよう努める
第 3 管理区分	当該単位作業場所の気中有害物質の濃度の平均が管理濃度を超える状態	①　施設，設備，作業工程または作業方法の点検を行い，その結果に基づき，作業環境を改善するため必要な措置を講ずる ②　有効な呼吸用保護具の使用 ③　（産業医等が必要と認める場合には）健康診断の実施その他労働者の健康の保持を図るため必要な措置を講ずる

を行わなければならない。このような改善が実施され，作業環境が適切な状態になったことが確認されるまでの間は，労働者に有効な呼吸用保護具を着用させること等，労働者の健康の保持を図るため必要な措置を講じなければならない。

なお，常時 50 人以上の労働者を使用する事業場では，衛生委員会を設けなければならないが，この衛生委員会においては，作業環境測定結果およびその結果の評価に基づいて講ずべき対策について検討しなければならない。

また，作業環境測定結果の評価および事後措置の概要については，測定結果と同様，これを記録して 7 年間保存しなければならない。

3.　日常の作業環境のチェック

6 カ月以内ごとに 1 回，定期的に作業環境測定を実施するとともに，日常的に作業環境の状態をチェックし，日頃行っている作業環境の管理が適切であるかどうか，局所排気装置等が有効に稼働しているかなどを確かめ，問題点が見つかればその都度改善に心掛けてゆかなければならない。

このような日常的な作業環境のチェックには，デジタル粉じん計がよく用いられている。このような簡易な測定器は，使用方法も比較的やさしく，測定に大きな労力や長い時間を要しないものであるので，使用担当者を定めて時々作業環境をチェックする習慣をつけることが望ましい。また，作業場内の機械・設備の配置を変えたり(注)，作業方法や作業位置を変えたりしたときには，必ず作業環境をチェックしなければならない。

作業環境のチェックをする際には，デジタル粉じん計による測定とともに，粉じんの発生を伴う機械・設備の状態，局所排気装置の吸引状態，プッシュプル型換気装置により形成される気流の状態，密閉部分からの粉じんの漏れ，粉じんの堆積状況等もあわせて調べるとともに，各作業場ごとに，あらかじめ最低限チェックしなければならない事項を定めておくことが望ましい。

なお，この結果は，講じられた環境改善措置と照合して記録し，保存しておけば，個々の環境改善措置の効果とともに，作業場全体の環境管理の適否を把握することができる。

(注)　労働安全衛生法第88条により，「粉じん則別表第2第6号及び第8号に掲げる特定粉じん発生源を有する機械又は設備並びに同表第14号の型ばらし装置」または「粉じん則第4条又は第27条第1項ただし書の規定により設ける局所排気装置又はプッシュプル型換気装置」を設置し，もしくは移転しまたは主要構造部分を変更しようとするときは，その計画を当該工事の開始の日の30日前までに，厚生労働省令で定めるところにより，所轄労働基準監督署長に届け出なければならない。

4.　坑内作業場における粉じん濃度測定

ずい道等の建設工事など粉じん作業を行う坑内作業場においては，半月以内ごとに1回，定期に，空気中の粉じんの濃度を測定することが義務づけられている。測定や評価は「ずい道等建設工事における粉じん対策に関するガイドライン」(平成12年12月26日付け基発第768号の2) に示された方法により行い，その結果に応じて必要な粉じん濃度低減措置を講じなければならない (巻末：参考10参照)。

第５章　その他の管理

1.　通路，出入口の管理

粉じん作業場に至る通路や粉じん作業場の出入口は，粉じん作業場からの粉じんが堆積し汚染されることが多い。

粉じん作業従事者以外の者が多く通る通路は，できる限り粉じん作業場を避けるようにすることが望ましい。また，粉じん作業場からの粉じんが通路へ飛散しないようにするとともに，通路へ飛散した粉じんは常に清掃により取り除くことが必要である。

2.　作業衣の管理

粉じん作業に従事する労働者の着用する作業衣は，粉じんが付着しやすい襞（ひだ）や折目がないほうがよい。また布地も粉じんの付着しやすい毛ばだったものは適当でなく，滑らかな生地がよい。粉じんが付着しやすい作業衣は，粉じんが付着すれば，これらの粉じんが再び飛散することになる。

作業衣は常に清潔に保つよう心掛け，粉じんが付着した状態のままで着用しないように注意する必要がある。

第4編
呼吸用保護具

「粉じん作業特別教育規程」科目および教習時間

科目	範囲	時間
呼吸用保護具の使用の方法	呼吸用保護具の種類，性能，使用方法及び管理 [第1章～第6章]	30分

各章のまとめ

[第1章]

□呼吸用保護具にはさまざまな種類があるため，適正な選択をする必要がある。大きく分けてろ過式と給気式に分けられる

[第2章]

□防じんマスクは型式検定に合格したものでなければ使用してはならない

□取替え式と使い捨て式に区分され，面体の形状により全面形，半面形に区分される

□保護具着用管理責任者を選任し適正な保守管理に当たるほか，作業の種類に応じて適当なものを選ぶことが大切である

[第3章]

□防じん機能を有する電動ファン付き呼吸用保護具（P-PAPR）は，型式検定に合格したものでなければ使用してはならない

□ P-PAPRは，有害物質を除去した空気を着用者へ供給する呼吸用保護具であり，防じんマスクに比べて楽に呼吸できる

□電池の消耗などにより電動ファンによる送風量が低下すると防護性能が発揮されないため，電池の管理等は十分に行う

[第4章]

□送気マスクは一定の場所での長時間の作業に適している

□ホースマスクは自然の大気を空気源とするのに対し，エアラインマスクは圧縮空気を空気源とする

[第5章]

□自給式呼吸器の一種である空気呼吸器は，災害時の救急作業用に用いられる。防じんマスクなどに比べて使用方法，保守管理方法が複雑であるので，十分訓練を行い習熟しておく必要がある

[第6章]

□金属アーク溶接等作業を継続して屋内作業場で行う場合，溶接ヒュームの濃度を測定し，その結果に応じて，使用する呼吸用保護具を選定しなければならない。また，面体を有する呼吸用保護具を使用する場合は，1年以内ごとに1回，フィットテストを実施しなくてはならない

□作業環境測定の結果が第3管理区分に区分された場合も同様である

第１章　呼吸用保護具の種類

粉じんによる疾病を防止するには，第一に作業環境の改善を行い，作業環境の改善が困難である場合や臨時の作業等を行う場合に，呼吸用保護具を使用する。

呼吸用保護具はその種類によって，使用できる環境条件や対象物質，使用可能時間等が異なるため，これらを十分に考慮して適正な選択をする必要がある。

呼吸用保護具は大きく分けて，ろ過式と給気式に分けられる。ろ過式には，防じんマスク，防じん機能を有する電動ファン付き呼吸用保護具（以下「P-PAPR」という。），防毒機能を有する電動ファン付き呼吸用保護具（以下「G-PAPR」という。）および防毒マスクがあり，給気式には送気マスク，自給式呼吸器がある（図４-１）。

防じんマスクは，着用者の肺力によって吸引した環境空気中の粉じん，ヒューム，

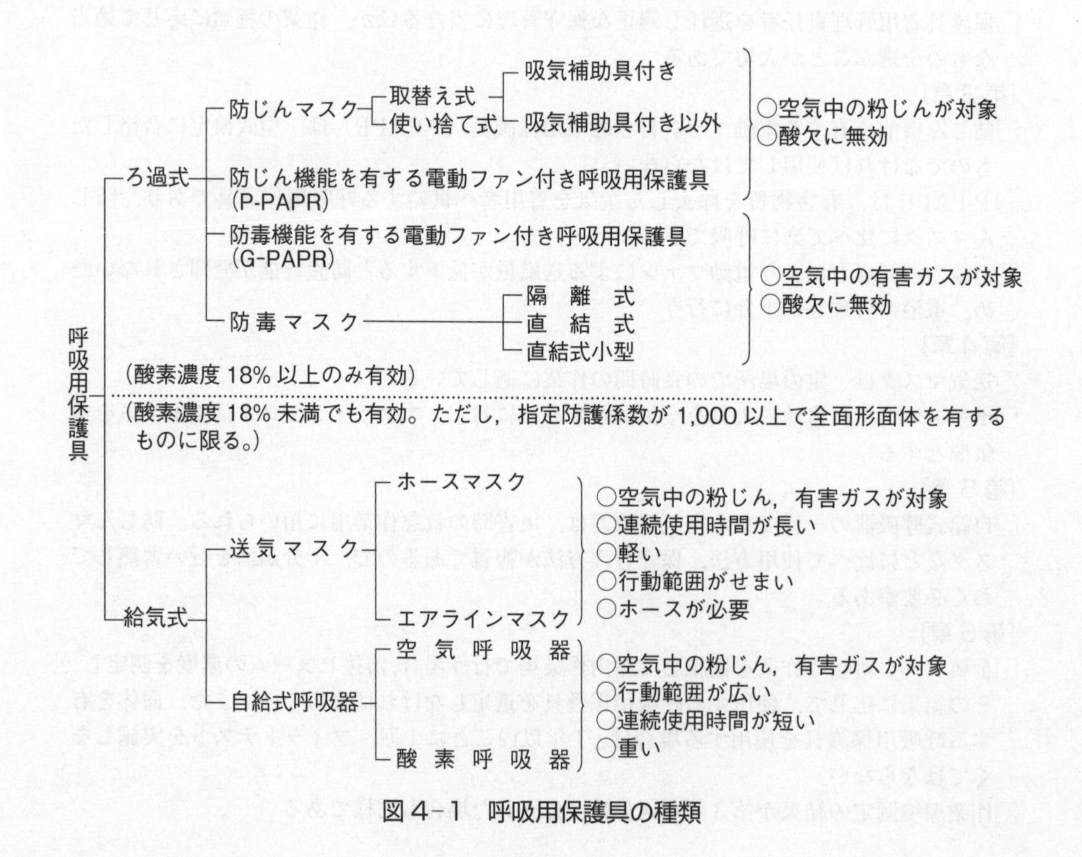

図４-１　呼吸用保護具の種類

ミストなどの粒子状物質をろ過材によって除去する呼吸用保護具である。着用者が吸気したときに面体内が陰圧になるため，面体と顔面との接触部のわずかな隙間から，有害物を含む外気が面体内に漏れ込む可能性がある。また，着用者はろ過材を通して呼吸するので，このとき生じる吸気抵抗のため，息苦しさを感じる。

P-PAPRは，電動ファン，フィルタ，面体，その他からなり，環境空気中の粉じん等をろ過材で除去した空気を着用者へ供給する呼吸用保護具である。電動ファンの送気により面体等の内部を陽圧に保つため，粉じん等を含む外気が面体等の内部に漏れ込む可能性は極めて低くなる。また，送られてくる清浄な空気で呼吸をするため，息苦しさはほとんど感じない。

G-PAPRは，P-PAPRのろ過材を有毒ガスを除去する吸収缶に替えたものである。

防毒マスクは，着用者の肺力で吸収缶を通して吸引する方法で，環境空気中の有害ガスなどを吸収缶によって除去する呼吸用保護具である。有毒ガスを除去することはできるが，粉じんを除去することはできない。有毒ガスと粉じんが混在する場合は，防じん機能付き防毒マスクを使用する必要がある。

ろ過式の呼吸用保護具は酸素欠乏空気には使用できない。

給気式の呼吸用保護具には送気マスクと自給式呼吸器がある。送気マスクは，ホースを通して新鮮な空気を送気する。また，自給式呼吸器は，背中に背負ったボンベの空気または酸素を使用する。これらは，作業環境中の空気を使用しないため，酸素欠乏空気の環境下でも使用できる（ただし，指定防護係数が1,000以上で全面形面体を有するものに限る。）。自給式呼吸器は災害発生時等の緊急作業に使用することがほとんどであり，通常の粉じん作業に使用されることはまれである。

令和２年４月，特定化学物質障害予防規則が改定され，溶接ヒュームが特定化学物質に加わり，適切な呼吸用保護具を使用することとされた。

第2章　防じんマスク

粉じん作業に用いられる呼吸用保護具のうち，防じんマスクについては，厚生労働省で構造規格を定めており，厚生労働大臣の登録を受けた者が行う型式検定に合格したものでなければ使用してはならないことになっている。検定に合格したものには図４-２に示す型式検定合格標章が付けられている。

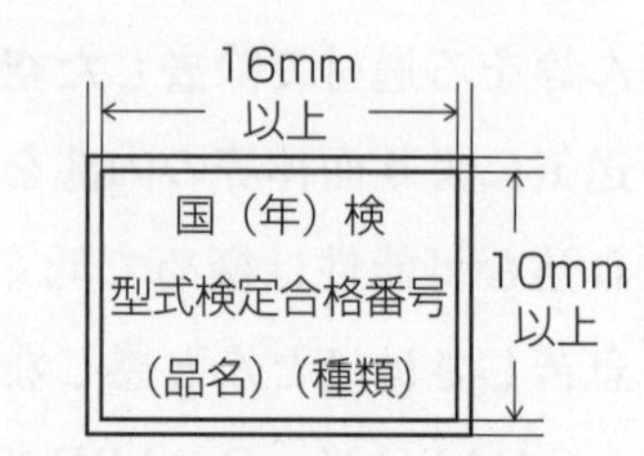

縁の幅は 0.1mm 以上 1mm 以下

図４-２　防じんマスク用
型式検定合格標章

1.　防じんマスク

防じんマスクは，その形状により取替え式防じんマスク（吸気補助具付きおよびそれ以外），使い捨て式防じんマスクに区分され，さらに面体は，その形状により全面形，半面形に区分される。写真４-１に防じんマスクの例を示す。また，防じんマスクの性能により表４-１に示すように区分される。

取替え式防じんマスクにあっては，ろ過材，吸気弁，排気弁，しめひもは容易に取替えできる構造でなければならない。図４-３に取替え式防じんマスクの構造例を示す。

（1）取替え式
（吸気補助具付き）
（半面形）

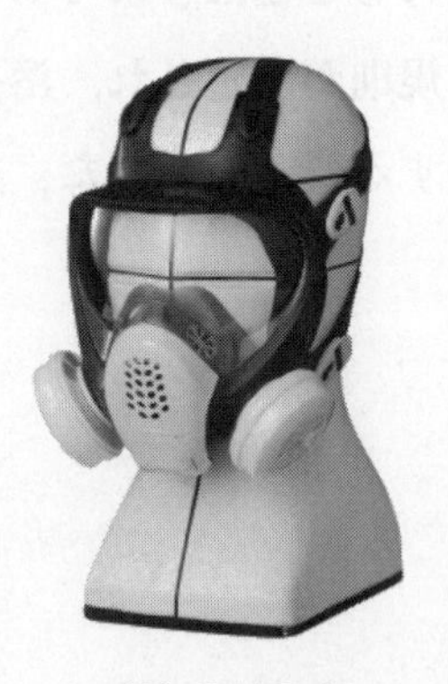

（2）取替え式
（吸気補助具付き以外）
（全面形）

（3）取替え式
（吸気補助具付き以外）
（半面形）

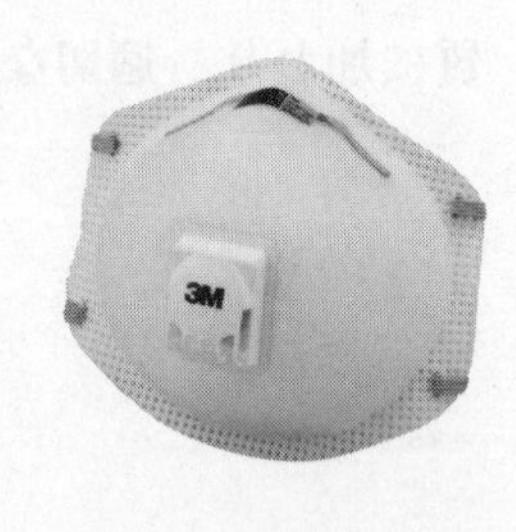

（4）使い捨て式

写真４-１　防じんマスクの例

表４−１　防じんマスクの性能による区分

種　類	等級別記号		粒子捕集効率（％）	吸気抵抗（パスカル）		排気抵抗（パスカル）	
	DOP粒子による試験	NaCl粒子による試験		吸気補助具		吸気補助具	
				あり	なし	あり	なし
取替え式防じんマスク	RL1	RS1	80.0以上	160以下	70以下	80以下	70以下
	RL2	RS2	95.0以上		80以下		70以下
	RL3	RS3	99.9以上		160以下		80以下
使い捨て式防じんマスク	DL1	DS1	80.0以上	60以下（排気弁を有していないものは45以下）		60以下（排気弁を有していないものは45以下）	
	DL2	DS2	95.0以上	70以下（排気弁を有していないものは50以下）		70以下（排気弁を有していないものは50以下）	
	DL3	DS3	99.9以上	150以下（排気弁を有していないものは100以下）		80以下（排気弁を有していないものは100以下）	

（等級別記号の意味）R：取替え式防じんマスク　　D：使い捨て式防じんマスク
L：液体粒子による試験に合格している
S：固体粒子による試験に合格している

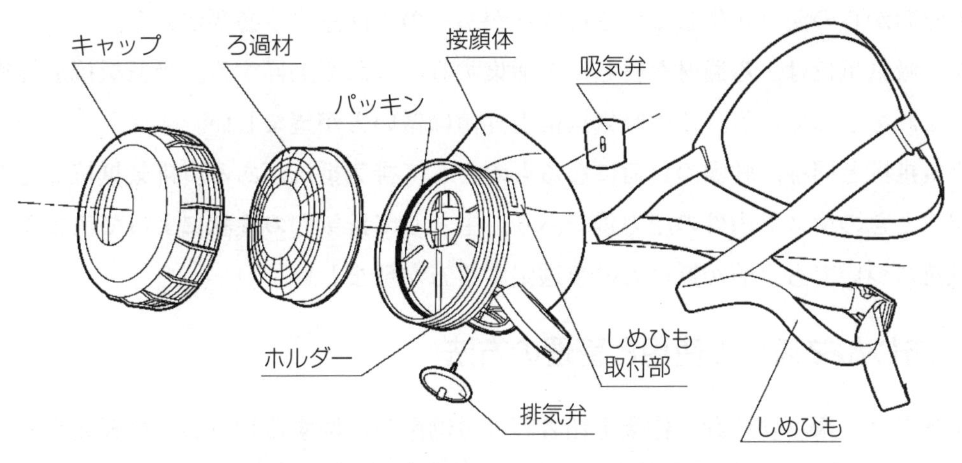

図４−３　取替え式防じんマスクの構造例

2.　防じんマスクの規格と性能

防じんマスクを選定するには，**表４−２**にあげられた条件を考えて，作業の種類に

表4-2　防じんマスクの選定基準

項　　目	必　要　条　件
粒子捕集効率	高いものほどよい
吸気・排気抵抗	低いものほどよい
吸気抵抗上昇値	低いものほどよい
重　　量	軽いものほどよい
視　　野	広いものほどよい

応じて適当なものを選ぶことが大切である

実際の体内への吸入量は，**表4-1**に示す粒子捕集効率から推定される吸入量よりも顔面からの漏れの分だけ増加する。したがって，粒子捕集効率と同様，防じんマスクを選定する場合に重要なことは顔面への密着性で，選定にあたっては顔面との密着性が良好なものを選ぶようにしなければならない。

吸気抵抗とは，マスクをつけて息を吸う時のマスクの内外の圧力差のことをいい，マスクをつけて吸入した時の息苦しさの目安となる。通常，空気を毎分 40 L の流量で通じたときのマスクの内外の圧力差を示すものである。防じんマスクのろ過材は，必ず吸気抵抗を持っているので，防じんマスクをつけて息を吸うと息苦しさを感じることになる。吸気抵抗は少ない方がよいが，息苦しさをあまり感じないときは，顔面との隙間からの漏れが生じている可能性があるので注意する必要がある。

また吸気抵抗は，ろ過材が粉じんを捕集するにつれて上昇する。吸気抵抗上昇率の値がこれを示している。この吸気抵抗上昇値は低い方が望ましい。

吸気抵抗と同様，呼吸の負荷になるものとして排気抵抗がある。排気抵抗は息を吐き出すときのマスク内外の圧力差であり，主として排気弁の性状によって決まる。排気抵抗についても，値が低いものを選定する方が望ましい。

3.　防じんマスクの使用と管理の方法

事業者は，衛生管理者，作業主任者等の労働衛生に関する知識および経験を有する者のうちから，作業場ごとに防じんマスクを管理する保護具着用管理責任者を選任し，防じんマスクの適正な選択，着用および取扱方法について必要な指導を行わせるとともに，防じんマスクの適正な保守管理に当たらせなければならない。

また，防じんマスクを着用する労働者に対し，作業に適した防じんマスクを選択し，当該防じんマスクの取扱説明書，ガイドブック，パンフレット等（以下「取扱説明書等」という。）に基づき，防じんマスクの適正な装着方法，使用方法および顔面と面体の密着性の確認方法について十分な教育や訓練を行うことが必要である。

（1）　防じんマスクの選択に当たっての留意点

防じんマスクの選択に当たっては，次の事項に留意すること。

① 防じんマスクは，機械等検定規則（昭和47年労働省令第45号）第14条の規定に基づき面体およびろ過材ごと（使い捨て式防じんマスクにあっては面体ごと）に付されている検定合格標章により型式検定合格品であることを確認すること。

② 次の事項について留意のうえ，防じんマスクの性能が記載されている取扱説明書等を参考に，それぞれの作業に適した防じんマスクを選ぶこと。

ア　作業環境中の粉じん等の種類，作業内容，粉じん等の発散状況，作業時のばく露の危険性の程度等を考慮したうえで，適切な区分の防じんマスクを選ぶこと（92ページ表4-6参照）。

特に，顔面とマスクの面体の高い密着性が要求される有害性の高い物質を取り扱う作業については，取替え式の防じんマスクを選ぶこと。

イ　作業環境中に粉じん等に混じってオイルミスト等が存在する場合にあっては，液体の試験粒子を用いた粒子捕集効率試験に合格した防じんマスク（RL1，RL2，RL3，DL1，DL2およびDL3）を選ぶこと。

ウ　作業内容，作業強度等を考慮し，防じんマスクの重量，吸気抵抗，排気抵抗等が当該作業に適したものを選ぶこと。具体的には，吸気抵抗および排気抵抗が低いほど呼吸が楽にできることから，作業強度が強い場合にあっては，吸気抵抗および排気抵抗ができるだけ低いものを選ぶこと。

エ　ろ過材を有効に使用することのできる時間は，作業環境中の粉じん等の種類，粒径，発散状況および濃度の影響を受けるため，これらの要因を考慮して選択すること。

吸気抵抗上昇値が高いものほど目詰まりが早く，より短時間で息苦しくなることから，有効に使用することのできる時間は短くなる。

また，防じんマスクは一般に粉じん等を捕集するに従って吸気抵抗が高くなるが，RS1，RS2，RS3，DS1，DS2またはDS3の防じんマスクでは，オイルミスト等の堆積により吸気抵抗が変化せずに急激に粒子捕集効率が低下するもの，また，RL1，RL2，RL3，DL1，DL2またはDL3の防じんマスクでも多量のオイルミスト等の堆積により粒子捕集効率が低下するものがあるので，吸気抵抗の上昇のみを使用限度の判断基準にしないこと。

③　防じんマスクの顔面への密着性の確認（シールチェック）

粒子捕集効率の高い防じんマスクであっても，着用者の顔面と防じんマスクの面体との密着が十分でなく漏れがあると，粉じんの吸入を防ぐ効果が低下するため，防じんマスクの面体は，着用者の顔面に合った形状および寸法の接顔部を有するものを選択すること。特に，ろ過材の粒子捕集効率が高くなるほど，粉じんの吸入を防ぐ効果を上げるためには，密着性を確保する必要がある。そのため，次に示す方法またはこれと同等以上の方法により，各着用者に顔面への密着性の良否を確認させること。

ア　陰圧法（取替え式防じんマスク）

防じんマスクの面体を顔面に押しつけないように，フィットチェッカー等を用いて吸気口をふさぐ。息をゆっくり吸って，防じんマスクの面体と顔面の隙間から空気が面体内に漏れ込まず，苦しくなり，面体が顔面に吸いつけられるかどうかを確認する（図4-4）。

あるいは，防じんマスクを装着したときに，作業者の手で吸気口を遮断して，吸気したとき苦しくなり，面体が吸いつく（密着する）ことを確認する（図4-5）。吸気口を手でふさいで吸ったとき漏れ込みを感じたら，もう一度正しく装

吸気口にフィットチェッカーを取り付けて2～3秒の時間をかけてゆっくりと息を吸い，面体が顔面に吸いつけば密着していると判断できる。

図4-4　フィットチェッカーを用いたシールチェック

吸気口を手でふさぎ，息を吸い，面体が顔面に吸いつけば密着していると判断できる。

図4-5　手を用いたシールチェック

着して再度漏れチェックする。面体を顔面に強く押しつけないように注意する。

イ　陽圧法

㈠　取替え式防じんマスク

防じんマスクの面体を顔に押しつけないように，フィットチェッカー等を用いて排気口をふさぐ。息を吐いて，空気が面体内から流出せず，面体内に呼気が滞留することによって面体が膨張するかどうかを確認する。

㈡　使い捨て式防じんマスク

使い捨て式防じんマスク全体を両手で覆い，息を吐く。使い捨て式防じんマスクと顔の接触部分から息が漏れていないか確認する。

(2)　防じんマスクの使用に当たっての留意点

防じんマスクの使用に当たっては，次の事項に留意すること。

①　防じんマスクは，酸素濃度18%未満の場所では使用してはならない。このような場所では，指定防護係数が1,000以上で全面形面体を有する給気式呼吸用保護具を使用させること。

防じんマスク（防臭の機能を有しているものを含む）は，有害なガスが存在する場所においては使用させてはならない。このような場所では防毒マスクまたは給気式呼吸用保護具を使用させること。

②　取替え式防じんマスクを適正に使用するため，取替え式防じんマスクを着用する前には，その都度，着用者に次の事項について点検を行わせること。

ア　面体，吸気弁，排気弁，しめひも等に破損，き裂または著しい変形がないこと。

イ　吸気弁，排気弁および弁座に粉じん等が付着していないこと。

なお，排気弁に粉じん等が付着している場合には，相当の漏れ込みが考えられるので，陰圧法により密着性，排気弁の気密性等を十分に確認すること。

ウ　吸気弁および排気弁が弁座に適切に固定され，排気弁の気密性が保たれていること。

エ　ろ過材が適切に取り付けられていること。

オ　ろ過材が破損したり，穴が開いていないこと。

カ　ろ過材から異臭が出ていないこと。

キ　予備の防じんマスクおよびろ過材を用意していること。

③　防じんマスクを適正に使用させるため，顔面と面体の接顔部の位置，しめひもの位置および締め方等を適切にさせること。また，しめひもについては，耳にかけることなく，後頭部において固定させること。

ヘルメット等を装着して防じんマスクを使用する場合は，しめひもはヘルメット等の上から装着するのではなく，直接頭に装着すること。

④　取替え式防じんマスクを着用後，取替え式防じんマスクの内部への空気の漏れ込みがないことをフィットチェッカー等を用いて確認させること。

なお，取替え式防じんマスクに係る密着性の確認方法は，上記（1）の③に記載したいずれかの方法によること。

⑤　次のような防じんマスクの着用は，粉じん等が面体の接顔部から面体内へ漏れ込むおそれがあるため，行わせないこと。

ア　タオル等を当てた上から防じんマスクを使用すること。

イ　面体の接顔部に「接顔メリヤス」等を使用すること。ただし，防じんマスクの着用により皮膚に湿しん等を起こすおそれがある場合で，かつ，面体と顔面との密着性が良好であるときは，この限りではない。

ウ　着用者のひげ，もみあげ，前髪等が面体の接顔部と顔面の間に入り込んだり，排気弁の作動を妨害するような状態で防じんマスクを使用すること。

⑥　取替え式防じんマスクの使用中に息苦しさを感じた場合には，ろ過材を交換すること。

なお，使い捨て式防じんマスクにあっては，当該マスクに表示されている使用限度時間に達した場合または使用限度時間内であっても，息苦しさを感じたり，著しい型くずれを生じた場合には廃棄すること。

(3)　防じんマスクの保守管理上の留意点

防じんマスクの保守管理に当たっては，次の事項に留意すること。

①　予備の防じんマスク，ろ過材その他の部品を常時備え付け，適時交換して使用できるようにすること。

②　防じんマスクを常に有効かつ清潔に保持するため，使用後は粉じん等および湿気の少ない場所で，面体，吸気弁，排気弁，しめひも等の破損，き裂，変形等の状況およびろ過材の固定不良，破損等の状況を点検するとともに，防じんマスクの各部を次の方法により手入れを行うこと。ただし，取扱説明書等に特別な手入

れ方法が記載されている場合は，その方法に従うこと。

ア　面体，吸気弁，排気弁，しめひも等については，乾燥した布片または軽く水で湿らせた布片で，付着した粉じん，汗等を取り除くこと。

また，汚れの著しいときは，ろ過材を取り外したうえで面体を中性洗剤等により水洗すること。

イ　ろ過材については，よく乾燥させ，ろ過材上に付着した粉じん等が飛散しない程度に軽くたたいて粉じん等を払い落とすこと。

ただし，ひ素，クロム等の有害性が高い粉じん等に対して使用したろ過材については，1回使用するごとに廃棄すること。

なお，ろ過材上に付着した粉じん等を圧搾空気等で吹き飛ばしたり，ろ過材を強くたたくなどの方法によるろ過材の手入れは，ろ過材を破損させるほか，粉じん等を再飛散させることとなるので行わないこと。

また，ろ過材には水洗して再使用できるものと，水洗すると性能が低下したり破損したりするものがあるので，取扱説明書等の記載内容を確認し，水洗が可能な旨の記載のあるもの以外は水洗してはならない。

ウ　水洗して再使用する場合は，新品時より粒子捕集効率が低下していないことおよび吸気抵抗が上昇していないことを確認して使用すること。

③　次のいずれかに該当する場合には，防じんマスクの部品を交換し，または防じんマスクを廃棄すること。

ア　ろ過材について，破損した場合，穴が開いた場合または著しい変形を生じた場合

イ　面体，吸気弁，排気弁等について，破損，き裂もしくは著しい変形を生じた場合または粘着性が認められた場合

ウ　しめひもについて，破損した場合または弾性が失われ，伸縮不良の状態が認められた場合

エ　使い捨て式防じんマスクにあっては，使用限度時間に達した場合または使用限度時間内であっても，作業に支障をきたすような息苦しさを感じたり著しい型くずれを生じた場合，異味・異臭を感じた場合

④　点検後，直射日光の当たらない，湿気の少ない清潔な場所に専用の保管場所を設け，管理状況が容易に確認できるように保管すること。なお，保管に当たっては，積み重ね，折り曲げ等により面体，連結管，しめひも等について，き裂，変

形等の異常を生じないようにすること。

⑤　使用済みのろ過材および使い捨て式防じんマスクは，付着した粉じん等が再飛散しないように容器または袋に詰めた状態で廃棄すること。

第3章　防じん機能を有する電動ファン付き呼吸用保護具(P-PAPR)

P-PAPRは，環境空気中の有害物質を除去した空気を着用者へ供給する呼吸用保護具で，通常の防じんマスクに比べて吸気抵抗が小さく，楽に呼吸をすることができる。また，P-PAPRでは面体等の内部は常に陽圧となっているので，有害物質に対する防護性能も高くなっている。

ずい道作業において動力を用いて鉱物を掘削し，積み込み，積み卸しまたはコンクリートを吹き付ける作業等では，型式検定に合格したP-PAPRを使用する必要がある。

1.　P-PAPRの構造と種類

P-PAPRは，面体等，ろ過材，電動ファン，電池により構成されており，面体等の形により，①面体形，②ルーズフィット形の2種類に分類される（**写真4-2**）。また「電動ファン付き呼吸用保護具の規格」（平成26年11月28日付け厚生労働省告示第455号）では，電動ファンや漏れ率に係る性能，ろ過材の捕集効率により**表4-3**，**表4-4**のように区分している。

2.　P-PAPR使用の際の注意事項

万が一電動ファンが停止してしまったり，ろ過材の目詰まりや電池の消耗により電動ファンによる送風量が低下すると，粉じんを含む環境空気がマスク内に漏れ込み，本来の高い防護性能が発揮されない。このため，ろ過材，電池の管理を十分に行う必要がある。ルーズフィット形では，防護性能を維持できる最低必要風量が規定されているので，使用前にはそれ以上の送風量であることを確認する必要がある（**表4-5**）。送風量低下警報装置が付いたP-PAPRが販売されているので，これを使用することが望ましい。電圧低下警報装置が付いたP-PAPRも販売されている。なお，面体形は，万が一送風量がゼロになっても，自己肺力によってろ過材で浄化された清浄空気を供給することができる。

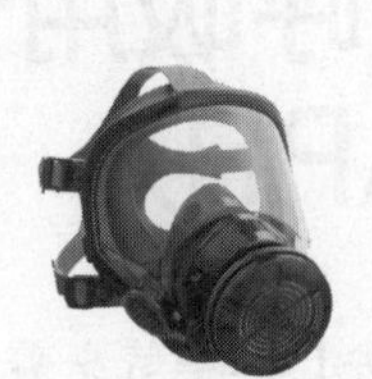
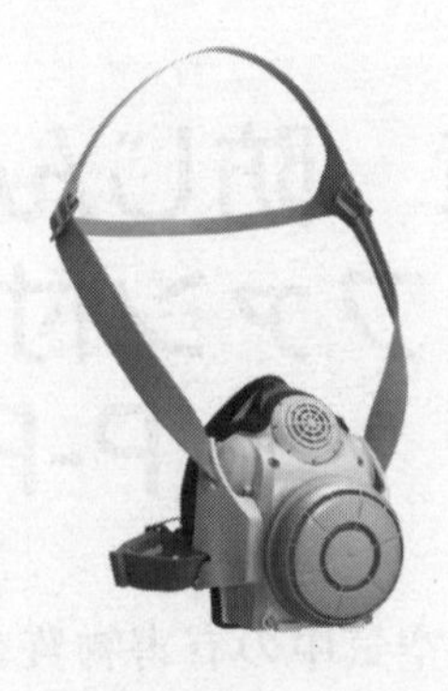

（1）面体形

ルーズフィット形
（フード）

ルーズフィット形
（フェイスシールド）

（2）ルーズフィット形

写真4－2　P-PAPRの例

表4－3　P-PAPRの性能による区分

（1）　電動ファンの性能による区分

区分	呼吸模擬装置の作動条件
通常風量形	1.5 ± 0.075L/回 20回/分
大風量形	1.6 ± 0.08L/回 25回/分

（呼吸波形：正弦波，面体内圧（Pa）：$0<P_F<200$）

（2）　漏れ率に係る性能による区分

区分	漏れ率
S級	0.1%以下
A級	1.0%以下
B級	5.0%以下

表4－4　ろ過材の性能による区分

区分		粒子捕集効率
試験粒子 DOP （フタル酸ジオクチル）	PL3	99.97%以上
	PL2	99.0%以上
	PL1	95.0%以上
試験粒子 NaCl （塩化ナトリウム）	PS3	99.97%以上
	PS2	99.0%以上
	PS1	95.0%以上

表4－5　ルーズフィット形P-PAPRの最低必要風量

電動ファンの性能区分	最低必要風量
通常風量形	104L/分
大風量形	138L/分

粉じん則でP-PAPRを使用することと定められた作業以外でP-PAPRを使用する場合も想定されるが，例えばずい道工事などで，電気雷管の運搬や電気雷管を取り付けた薬包の装填，電気雷管の結線の作業などを行う際にP-PAPRを使用すると，漏電による爆発等の危険が考えられる。このような場合は電池を使用しない普通の防じんマスクを使用する。もしくは，爆発等の危険のない安全な場所で電池を取り外したうえで，面体形のP-PAPR（電動ファンを停止しても型式検定に合格した防じんマスクと同等以上の防じん機能を有するものに限る）を使用してもよい。

表4-6　粉じん等の種類及び作業内容に応じて選択可能な防じんマスク及び防じん機能を有する電動ファン付き呼吸用保護具

粉じん等の種類及び作業内容	オイルミストの有無	防じんマスク			防じん機能を有する電動ファン付き呼吸用保護具			
		種類	呼吸用インタフェースの種類	ろ過材の種類	種類	呼吸用インタフェースの種類	漏れ率の区分	ろ過材の種類
○安衛則第592条の5　廃棄物の焼却施設に係る作業で、ダイオキシン類の粉じんばく露のおそれのある作業において使用する防じんマスク及び防じん機能を有する電動ファン付き呼吸用保護具	混在しない	取替え式	全面形面体	RS3, RL3	面体形	全面形面体	S級	PS3, PL3
			半面形面体	RS3, RL3		半面形面体	S級	PS3, PL3
					ルーズフィット形	フード	S級	PS3, PL3
						フェイスシールド	S級	PS3, PL3
	混在する	取替え式	全面形面体	RL3	面体形	全面形面体	S級	PL3
			半面形面体	RL3		半面形面体	S級	PL3
					ルーズフィット形	フード	S級	PL3
						フェイスシールド	S級	PL3
○電離則第38条　放射性物質がこぼれたとき等による汚染のおそれがある区域内の作業又は緊急作業において使用する防じんマスク及び防じん機能を有する電動ファン付き呼吸用保護具	混在しない	取替え式	全面形面体	RS3, RL3	面体形	全面形面体	S級	PS3, PL3
			半面形面体	RS3, RL3		半面形面体	S級	PS3, PL3
					ルーズフィット形	フード	S級	PS3, PL3
						フェイスシールド	S級	PS3, PL3
	混在する	取替え式	全面形面体	RL3	面体形	全面形面体	S級	PL3
			半面形面体	RL3		半面形面体	S級	PL3
					ルーズフィット形	フード	S級	PL3
						フェイスシールド	S級	PL3
○鉛則第58条, 特化則第38条の21, 特化則第43条及び粉じん則第27条　金属ヒューム（溶接ヒュームを含む。）を発散する場所における作業において使用する防じんマスク及び防じん機能を有する電動ファン付き呼吸用保護具（※1）	混在しない	取替え式	全面形面体	RS3, RL3, RS2, RL2				
			半面形面体	RS3, RL3, RS2, RL2				
		使い捨て式		DS3, DL3, DS2, DL2				
	混在する	取替え式	全面形面体	RL3, RL2				
			半面形面体	RL3, RL2				
		使い捨て式		DL3, DL2				
○鉛則第58条及び特化則第43条　管理濃度が0.1mg/m^{3}以下の物質の粉じんを発散する場所における作業において使用する防じんマスク及び防じん機能を有する電動ファン付き呼吸用保護具（※1）	混在しない	取替え式	全面形面体	RS3, RL3, RS2, RL2				
			半面形面体	RS3, RL3, RS2, RL2				
		使い捨て式		DS3, DL3, DS2, DL2				
	混在する	取替え式	全面形面体	RL3, RL2				
			半面形面体	RL3, RL2				
		使い捨て式		DL3, DL2				

作業	混在	防じんマスク			電動ファン付き呼吸用保護具			
○石綿則第14条 負圧隔離養生及び隔離養生（負圧不要）の内部で，石綿等の除去等を行う作業〈吹き付けられた石綿等の除去，石綿含有保温材等の除去，石綿等の封じ込めもしくは囲い込み，石綿含有成形板等の除去，石綿含有仕上塗材の除去〉において使用する防じん機能を有する電動ファン付き呼吸用保護具	混在しない				面体形	全面形面体	S級	PS3，PL3
						半面形面体	S級	PS3，PL3
					ルーズフィット形	フード	S級	PS3，PL3
						フェイスシールド	S級	PS3，PL3
	混在する				面体形	全面形面体	S級	PL3
						半面形面体	S級	PL3
					ルーズフィット形	フード	S級	PL3
						フェイスシールド	S級	PL3
○石綿則第14条 負圧隔離養生及び隔離養生（負圧不要）の外部（又は負圧隔離及び隔離養生措置を必要としない石綿等の除去等を行う作業場）で，石綿等の除去等を行う作業〈吹き付けられた石綿等の除去，石綿含有保温材等の除去，石綿等の封じ込めもしくは囲い込み，石綿含有成形板等の除去，石綿含有仕上塗材の除去〉において使用する防じんマスク及び防じん機能を有する電動ファン付き呼吸用保護具（※3）	混在しない	取替え式	全面形面体	RS3，RL3	面体形	全面形面体	S級	PS3，PL3
			半面形面体	RS3，RL3		半面形面体	S級	PS3，PL3
					ルーズフィット形	フード	S級	PS3，PL3
						フェイスシールド	S級	PS3，PL3
	混在する	取替え式	全面形面体	RL3	面体形	全面形面体	S級	PL3
			半面形面体	RL3		半面形面体	S級	PL3
					ルーズフィット形	フード	S級	PL3
						フェイスシールド	S級	PL3
○石綿則第14条 負圧隔離養生及び隔離養生（負圧不要）の外部（又は負圧隔離及び隔離養生措置を必要としない石綿等の除去等を行う作業場）で，石綿等の切断等を伴わない囲い込み／石綿含有形板等の切断等を伴わずに除去する作業において使用する防じんマスク	混在しない	取替え式	全面形面体	RS3，RL3，RS2，RL2				
			半面形面体	RS3，RL3，RS2，RL2				
	混在する	取替え式	全面形面体	RL3，RL2				
			半面形面体	RL3，RL2				
○石綿則第14条 石綿含有成形板等及び石綿含有仕上塗材の除去等作業を行う作業場で，石綿等の除去等以外の作業を行う場合において使用する防じんマスク	混在しない	取替え式	全面形面体	RS3，RL3，RS2，RL2				
			半面形面体	RS3，RL3，RS2，RL2				
	混在する	取替え式	全面形面体	RL3，RL2				
			半面形面体	RL3，RL2				
○除染則第16条 高濃度汚染土壌等を取り扱う作業であって，粉じん濃度が十ミリグラム毎立方メートルを超える場所において使用する防じんマスク（※2）	混在しない	取替え式	全面形面体	RS3，RL3，RS2，RL2				
			半面形面体	RS3，RL3，RS2，RL2				
		使い捨て式		DS3，DL3，DS2，DL2				
	混在する	取替え式	全面形面体	RL3，RL2				
			半面形面体	RL3，RL2				
		使い捨て式		DL3，DL2				

※1：防じん機能を有する電動ファン付き呼吸用保護具のろ過材は，粒子捕集効率が95パーセント以上であればよい。
※2：それ以外の場所において使用する防じんマスクのろ過材は，粒子捕集効率が80パーセント以上であればよい。
※3：防じん機能を有する電動ファン付き呼吸用保護具を使用する場合は，大風量型とすること。

第４章　送気マスク

送気マスクは，行動範囲は限られるが，軽くて有効使用時間が長く，一定の場所での長時間の作業に適している。

送気マスクには，自然の大気を空気源とするホースマスクと，圧縮空気を空気源とするエアラインマスクがある（表４-７，写真４-３）。

1.　ホースマスク

ホースマスクには，肺力吸引形と送風機形（電動および手動）がある。その構造は図４-６のとおりとなっており，使用するに当たっては次の事項について十分に留意する必要がある。

① 肺力吸引形ホースマスクは，ホースの末端（空気取入口側）を作業環境から離れた場所に固定し，呼吸に適した空気をホース，面体を通じ，着用者の自己肺力によって吸気させる構造である。

② 肺力吸引形ホースマスクは呼吸に伴ってホース，面体内が陰圧となり，面体と顔面との接触部および接手，排気弁等に漏気があると有害物が侵入するので，危険度の高い場所では使うべきではない。

表４-７　送気マスクの種類　　(JIS T 8153)

<table>
<tr><th colspan="2">種　類</th><th colspan="2">形　式</th><th>使用する面体等の種類</th></tr>
<tr><td colspan="2" rowspan="3">ホースマスク</td><td colspan="2">肺力吸引形</td><td>面体</td></tr>
<tr><td rowspan="2">送風機形</td><td>電　動</td><td>面体，フェイスシールド，フード</td></tr>
<tr><td>手　動</td><td>面体</td></tr>
<tr><td rowspan="5">ALマスク</td><td rowspan="3">エアラインマスク</td><td colspan="2">一定流量形</td><td>面体，フェイスシールド，フード</td></tr>
<tr><td colspan="2">デマンド形</td><td>面体</td></tr>
<tr><td colspan="2">プレッシャデマンド形</td><td>面体</td></tr>
<tr><td rowspan="2">複合式エアラインマスク</td><td colspan="2">デマンド形</td><td>面体</td></tr>
<tr><td colspan="2">プレッシャデマンド形</td><td>面体</td></tr>
</table>

（1）一定流量形
エアラインマスク

（2）送風機形（電動）
ホースマスク

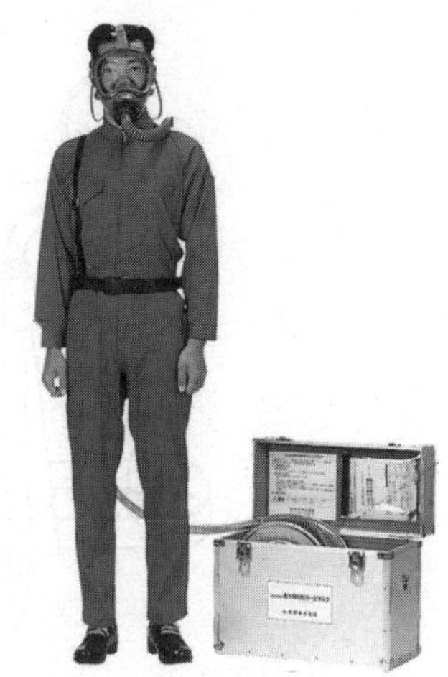
（3）肺力吸引形
ホースマスク

写真４-３　送気マスクの例

③　肺力吸引形ホースマスクの空気取入口には目の粗い金網のフィルターしか入っていないので，酸欠空気，粉じん，有害ガス，悪臭等が侵入するおそれのない場所に，ホースを引っ張っても簡単に倒れたり，外れたりしないようにしっかりと固定して使用すること。

④　送風機形ホースマスクは，手動または電動の送風機によって作業環境から離れた場所の呼吸に適した空気をホース等を通じて着用者に供給するものである。

⑤　送風機は酸欠，粉じん，有害ガス，悪臭等のない場所を選んで設置し，運転すること。

⑥　電動送風機は長時間運転すると，フィルターに粉じんが付着して通気抵抗が上昇し，送気量が減ったり，モーターが過熱することがあるので，フィルターは定期的に点検し，汚れていたら水でゆすり洗いする等して，常に清潔な状態で使用する必要がある。

⑦　電動送風機の使用中は，電源の接続を抜かないように，コードのプラグには，「送気マスク運転中」の表示をすること。

⑧　2つ以上のホースを同時に接続して使える電動送風機の場合，使用していない接続口には，必ず付属のキャップをすること（写真４-４）。

また，回転数を変えられる型式の場合にはホースの数と長さに応じた回転数に調節して使用すること。

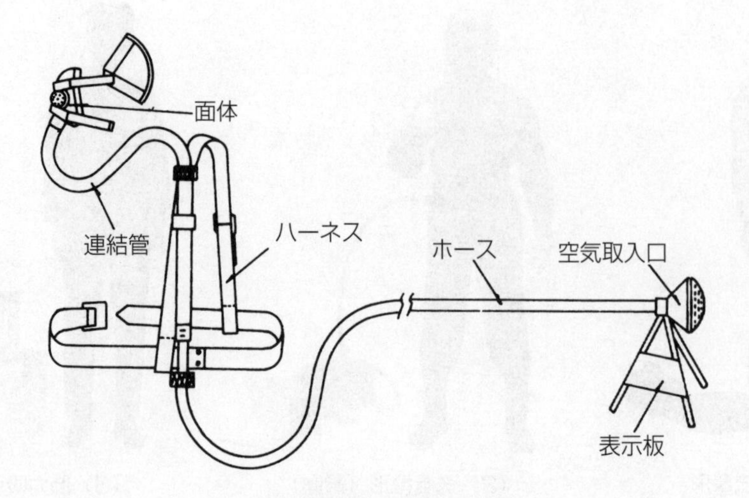

（1）肺力吸引形ホースマスク

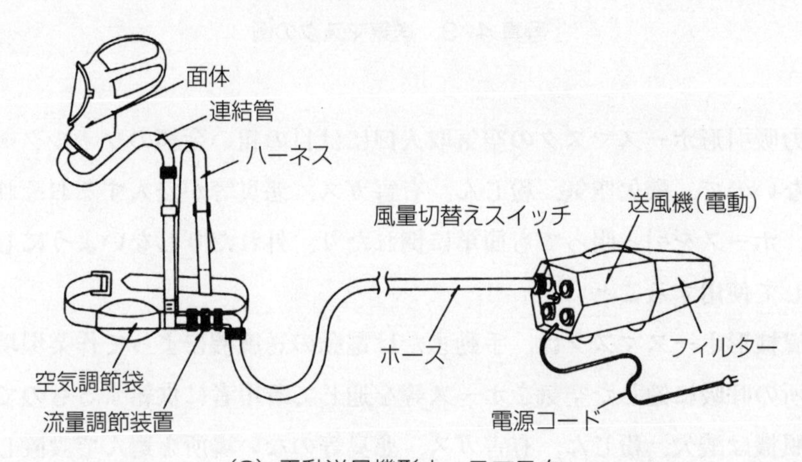

（2）電動送風機形ホースマスク

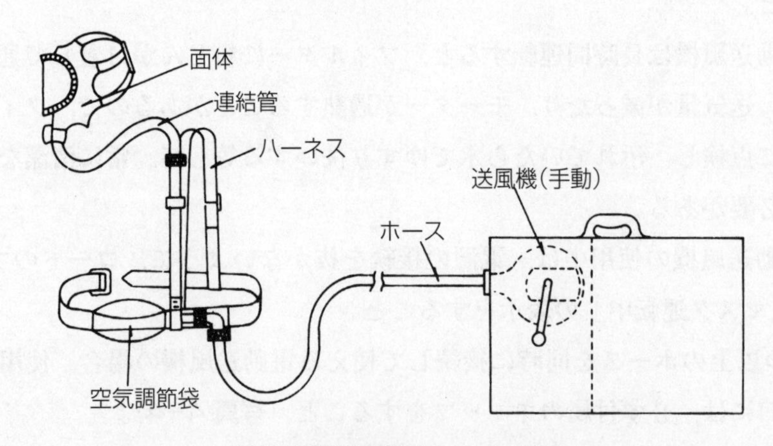

（3）手動送風機形ホースマスク

図 4-6　ホースマスクの構造例

写真4-4　電動送風機

⑨　電動送風機の回転数を調節できない構造のもので，送気量が多過ぎる場合には，ホースと連結管の中間の流量調節装置を回して送気量を調節し，呼吸しやすい圧力にして使用すること。

⑩　電動送風機は一般に防爆構造ではないので，メタンガス，LP ガス，その他の可燃性ガスの濃度が爆発下限界を超えるおそれのある危険区域に持ち込んで使用してはならない。

⑪　手動送風機を回す仕事は相当疲れるので，長時間連続使用する場合には2名以上で交替すること。

2. エアラインマスク

エアラインマスクには一定流量形，デマンド形，プレッシャデマンド形の3種類がある（図4-7）。また，小型の空気ボンベを取り付けて，避難脱出に際して空気源をボンベに切り替えて使うものを複合式エアラインマスクという。

①　一定流量形エアラインマスクは，圧縮空気管，高圧空気容器，空気圧縮機等からの圧縮空気を，中圧ホース，面体等を通して着用者に送気する構造のもので，中間に流量調節装置とろ過装置を設ける。

②　一定流量形エアラインマスクで，連結管がよじれたりして閉塞すると空気の圧力が連結管にかかって破裂する危険性があるので注意すること。

③　デマンド形およびプレッシャデマンド形エアラインマスクは，圧縮空気を送気する方式のもので，供給弁を設け，使用者の呼吸に応じて面体内に送気するものである。

④　複合式エアラインマスクは，デマンド形エアラインマスクまたはプレッシャデ

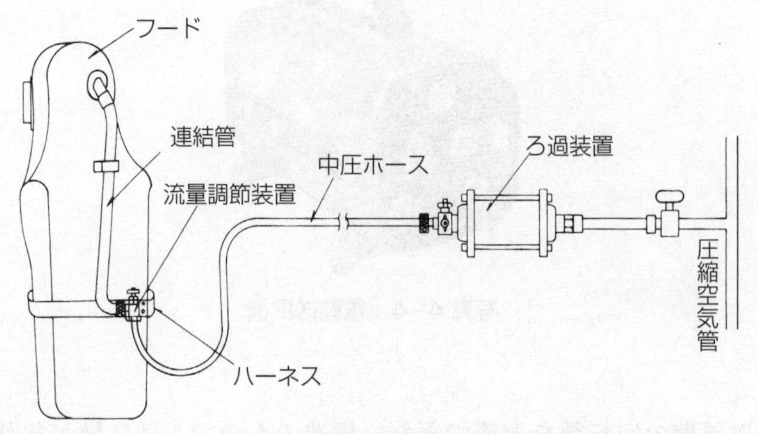

（1）一定流量形エアラインマスク

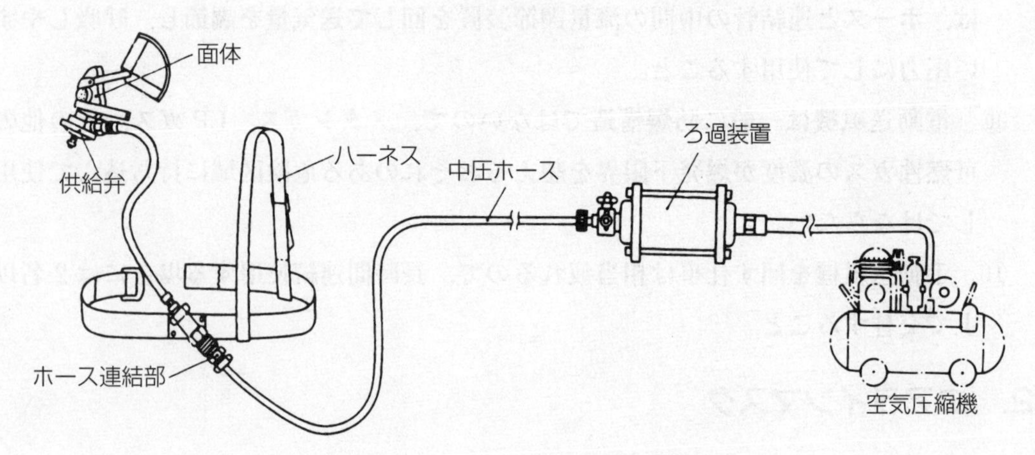

（2）デマンド形エアラインマスク

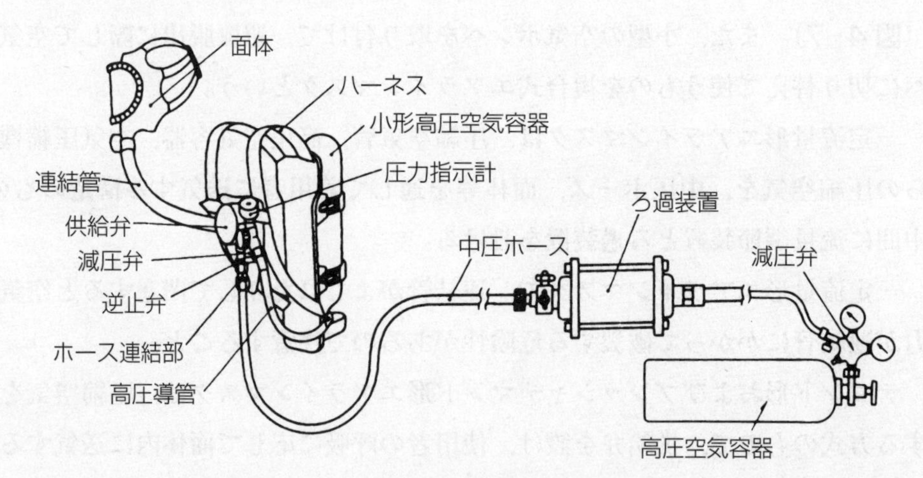

（3）複合式エアラインマスク

図4-7　エアラインマスクの構造例

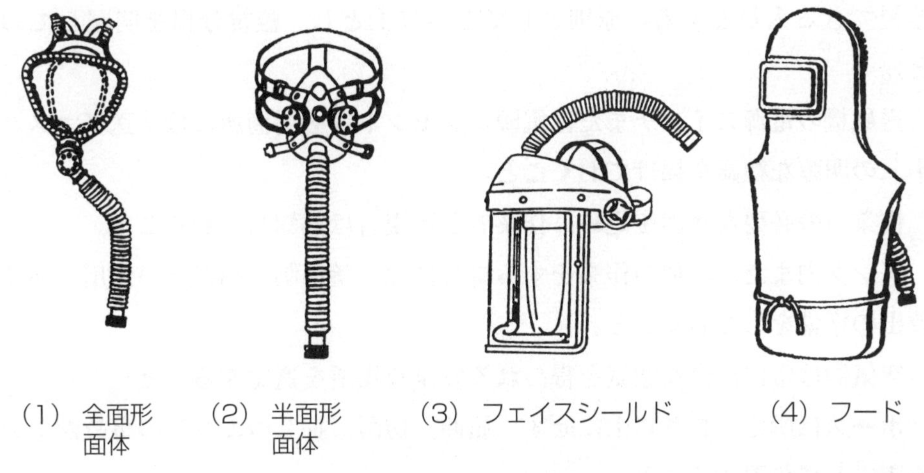

図4-8　送気マスク用面体の例

マンド形エアラインマスクに，小形高圧空気容器を取り付けたもので，通常の状態では，デマンド形エアラインマスクまたはプレッシャデマンド形エアラインマスクとして使い，給気が途絶するような緊急時に携行した小形高圧空気容器からの給気を受け，空気呼吸器として使いながら脱出するもので，極めて危険度の高い場所ではこの方式がよい。

⑤　エアラインマスクの空気源としては，圧縮空気管，高圧空気容器，空気圧縮機等を使用する。空気は清浄な空気を使用し，空気の品質については，JIS T 8150で示されている。

なお，活性炭は可燃物であり加熱すると発火する危険があるので，ろ過装置の活性炭を高温の場所に置いたり，加熱してはならない。

⑥　送気マスクに使用する面体には図4-8に示すような種々の形のものがある。一般には全面形面体が使用され，危険度の低い場合には半面形面体，フェイスシールドまたはフードが使用される。フェイスシールドまたはフードは危険度の高い場所では使用しない。

3.　送気マスク使用の際の注意事項

送気マスクを使用するに当たっては，次の事項について十分に留意する必要がある。

①　使用前は面体から空気源に至るまで入念に点検すること。

②　専任の監視者を選任しておくこと（監視は作業者と電源からホースまで十分に

監視できる人員とする。原則として2名以上とし，監視分担を明記しておくこと）。

③　送風機の電源スイッチまたは電源コンセント等必要箇所には「送気マスク使用中」の明瞭な標識を掲げておくこと。

④　作業中の必要な合図を定め，作業者と監視者は熟知しておくこと。

⑤　タンク内または類似の作業をする場合には，墜落制止用器具の使用，あるいは救出の準備をしておくこと。

⑥　空気源は常に清浄な空気を得られる安全な場所を選定すること。

⑦　ホースは所定の長さ以上にせず，屈曲，切断，押しつぶれ等の事故がない場所を選定して設置すること。

⑧　面体を装着したら面体の気密テストとともに送風量その他の再チェックをすること（労働の強度も加味する）。

⑨　面体またはフード内は陽圧になるように送気すること（空気調節袋が常にふくらんでいること等を目安にする）。

⑩　徐々に有害環境に入っていくこと。

⑪　作業中に送気量の減少，ガス臭または油臭，水分の流入，送気の温度上昇等異常を感じたら，直ちに退避して点検すること（故障時の脱出方法やその所要時間をあらかじめ考えておく）。

⑫　空気圧縮機は故障その他による過熱で一酸化炭素を発生することがあるので，一酸化炭素検知警報装置を設置することが望ましい。

⑬　送気マスクが使用されていたが，顔面と面体との間に隙間が生じていたことや空気供給量が少なかったことなどが原因と思われる労働災害が発生したことから，厚生労働省は次のような通達（平成25年10月29日付け基安化発1029第1号参照）を通じて送気マスクの使用について指導する要請を行った。

ア　送気マスクの防護性能（防護係数）に応じた適切な選択

使用する送気マスクの防護係数が作業場の濃度倍率（有害物質の濃度と許容濃度等のばく露限界値との比）と比べ，十分大きなものであることを確認する。

イ　面体等に供給する空気量の確保

作業に応じて呼吸しやすい空気供給量に調節することに加え，十分な防護性能を得るために，空気供給量を多めに調節する。

ウ　ホースの閉塞などへの対処

十分な強度を持つホースを選択すること。ホースの監視者（流量の確認，ホースの折れ曲がりを監視するとともに，ホースの引き回しの介助を行う者）を配置する。給気が停止した際の警報装置の設置，面体を持つ送気マスクでは，個人用警報装置付きのエアラインマスクを，空気源に異常が生じた際，自動的に空気源が切り替わる緊急時給気切替警報装置に接続したエアラインマスクの使用が望ましい。

エ　作業時間の管理および巡視

長時間の連続作業を行わないよう連続作業時間に上限を定め，適宜休憩時間を設ける。

オ　緊急時の連絡方法の確保

長時間の連続作業を単独で行う場合には，異常が発生した時に救助を求めるブザーや連絡用のトランシーバ等の連絡方法を備える。

カ　送気マスクの使用方法に関する教育の実施

雇い入れ時または配置転換時に，送気マスクの正しい装着方法および顔面への密着性の確認方法について，作業者に教育を行う。

4.　送気マスクの点検等

送気マスクは，使用前に必ず始業点検を行って異常のないことを確認してから使用すること。また1カ月に1回定期点検，整備を行って常に正しく使用できる状態を保つこと。送気マスクの点検項目例を表4-8に示す。

表4-8 送気マスク点検チェックリスト

各部外観 ∨ なし ○ あり ◎ 要修理

面体	前	アイピース	くもり きず ひび割れ
		同上わく	変形 ゆるみ
		締めひも	取付け部 弾力 伸び 傷み 切れ よじれ
		同金具	変形 動き
		排気弁	変形 ひび割れ 傷み 漏れ べたつき
	後	内面	汚れ べたつき ひび割れ
		ツムジ板	変形 取付け部 切れ
連結管	上	連結部金具	変形 ゆるみ 方向 さび
		ゴム部	変形 破れ ひび割れ べたつき
	下	連結部金具	変形 ゆるみ 方向 さび
		流量調節装置	動き さび
		ろ過装置	ゆるみ 吸収缶
ハーネス		ベルト	切れ 汚れ 外れ 金具
		空気袋	破れ つまり 汚れ
ホース		ホース	つぶれ 破れ よじれ つまり
		中圧ホース	ひび割れ きず よじれ つまり
		連結金具	変形 ゆるみ さび ねじ山
送風機		連結金具	変形 ゆるみ カバー（くさり） さび ねじ山
		電源コード	被履破れ 接続ゆるみ 接触不良 表示板
		フィルター	汚れ 破れ
空気取入口		フィルター	さび つまり よごれ 変形
		取付け金具	変形 表示板

動作 ∨ 良 △ 不良

送風機	異音 温度上昇 風量 風圧
空気圧縮機	異音 圧力計 安全弁 オイル

第5章　空気呼吸器

空気呼吸器は自給式呼吸器の一種であり，災害時の救出作業等の緊急時に用いられる。

清浄な空気を充塡した高圧空気容器を背負って携行し，その空気を呼吸する。

空気呼吸器の性能等はJIS T 8155で定められている。その構造の概要を図4-9に示す。高圧空気容器からの圧縮空気を，減圧弁で約0.5～0.7MPaの中圧に減圧してから供給弁に送る。供給弁には，デマンド弁とプレッシャデマンド弁があり，デマンド弁は吸気により開き，吸気を停止したときおよび排気のときは閉じる弁で，プレッシャデマンド弁は，外気圧より一定圧だけ常に面体内を陽圧になるように設計された弁で，面体内が一定陽圧以下になると作動する弁である。

空気呼吸器は以上の主要部のほかボンベ内の圧力を示す圧力指示計，使用限界を知らせる警報器，調整器故障の際の非常用のバイパス弁，ハーネス等より構成されている。

有効使用時間は高圧空気容器の容量と圧力によって異なり10～60分くらいまでの

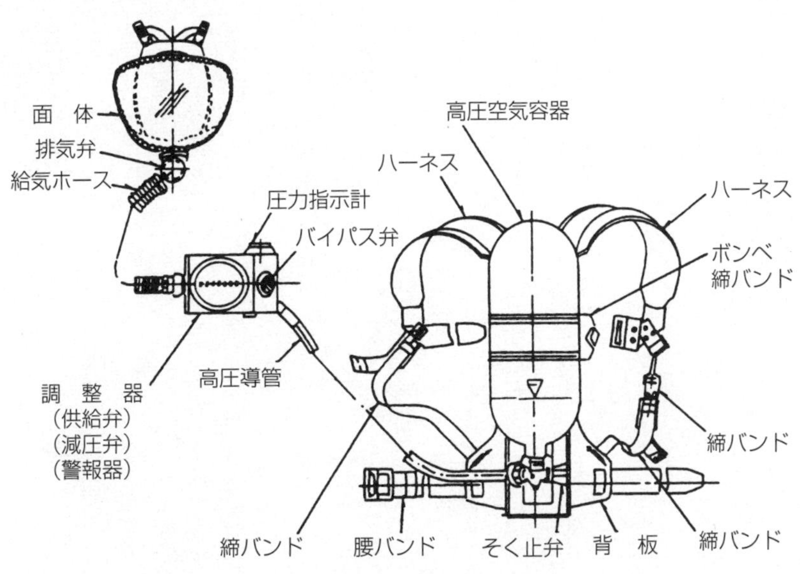

図4-9　空気呼吸器の構造例（二段減圧方式）

各種類がある。空気の消費量は着用者の体力や作業強度によって変わるため，同一機種の空気呼吸器でも，有効使用時間が変わるので注意が必要である。

その他メーカーによっては，通信装置，通話装置付きマスクや被災者救出用の予備マスクを備えたものもある。

空気呼吸器は防じんマスクなどに比べて使用方法，保守管理方法が複雑である。救出作業用等として備えておく場合でも，その取扱い方法について十分訓練を行い習熟しておくとともに，常に使用できる状態に管理しておくことが必要である。

第６章　要求防護係数と指定防護係数ならびにフィットテスト

1.　金属アーク溶接等作業を継続して屋内作業場で行う場合

金属アーク溶接等作業を継続して行う屋内作業場では，個人ばく露測定により空気中の溶接ヒュームの濃度を測定し，その結果に応じて，以下の方法で「要求防護係数」に応じた呼吸用保護具を選択する。

① 次の式で「要求防護係数」を計算する。

$$PFr = \frac{C}{0.05} \qquad PFr：要求防護係数$$

＊ C ＝溶接ヒュームの濃度測定結果のうち，マンガン濃度の最大の値を使用

＊ 0.05mg/㎥＝要求防護係数の計算に際してのマンガンに係る基準値

② 指定防護係数一覧（表４−９）から「要求防護係数」を上回る「指定防護係数」を有する呼吸用保護具を選択，使用する。ただし，溶接ヒュームの場合はRS2，RL2以上もしくはDS2，DL2以上の防じんマスクを使用しなければならない。

面体を有する呼吸用保護具を使用する場合は，1年以内ごとに1回，定期に，呼吸用保護具の適切な装着の確認としてフィットテストを行う必要がある。フィットテストは，十分な知識および経験を有する者により，JIS T 8150（呼吸用保護具の選択，使用及び保守管理方法）等による方法で実施し，その確認の記録を3年間保存する必要がある。

（定量的フィットテスト）（写真４−５）

① 呼吸用保護具の外側と内側の濃度を測定

大気粉じんを用いる漏れ率測定装置（マスクフィッティングテスターなど）を使って，呼吸用保護具の外側と内側の測定対象物質の濃度を測定する。

② 「フィットファクタ」（当該労働者の呼吸用保護具が適切に装着されている程度を示す係数）を算出

次の式で「フィットファクタ」を算出する。

表４-９　指定防護係数一覧

呼吸用保護具の種類				指定防護係数	備考
防じんマスク	取替え式	全面形面体	RS3 又は RL3	50	RS1，RS2，RS3，RL1，RL2，RL3，DS1，DS2，DS3，DL1，DL2 及び DL3 は，防じんマスクの規格（昭和 63 年労働省告示第 19 号）第１条第３項の規定による区分であること。
			RS2 又は RL2	14	
			RS1 又は RL1	4	
		半面形面体	RS3 又は RL3	10	
			RS2 又は RL2	10	
			RS1 又は RL1	4	
	使い捨て式		DS3 又は DL3	10	
			DS2 又は DL2	10	
			DS1 又は DL1	4	
防じん機能を有する電動ファン付き呼吸用保護具	全面形面体	S級	PS3 又は PL3	1,000	S 級，A 級及び B 級は，電動ファン付き呼吸用保護具の規格（平成 26 年厚生労働省告示第 455 号）第１条第４項の規定による区分であること。PS1，PS2，PS3，PL1，PL2 及び PL3 は，同条第５項の規定による区分であること。
		A級	PS2 又は PL2	90	
		A級又はB級	PS1 又は PL1	19	
	半面形面体	S級	PS3 又は PL3	50	
		A級	PS2 又は PL2	33	
		A級又はB級	PS1 又は PL1	14	
	フード形又はフェイスシールド形	S級	PS3 又は PL3	25	
		A級		20	
		S級又はA級	PS2 又は PL2	20	
		S級, A級又はB級	PS1 又は PL1	11	
その他の呼吸用保護具	循環式呼吸器	全面形面体	圧縮酸素形かつ陽圧形	10,000	
			圧縮酸素形かつ陰圧形	50	
			酸素発生形	50	
		半面形面体	形	50	
			圧縮酸素形かつ陽圧形	10	
			酸素発生形	10	
	空気呼吸器	全面形面体	プレッシャデマンド形	10,000	
			デマンド形	50	
		半面形面体	プレッシャデマンド形	50	
			デマンド形	10	
	エアラインマスク	全面形面体	プレッシャデマンド形	1,000	
			デマンド形	50	
			一定流量形	1,000	
		半面形面体	プレッシャデマンド形	50	
			デマンド形	10	
			一定流量形	50	
		フード形又はフェイスシールド形	一定流量形	25	
	ホースマスク	全面形面体	電動送風機形	1,000	S 級は，電動ファン付き呼吸用保護具の規格（平成 26 年厚生労働省告示第 455 号）第１条第４項，PS3 及び PL3 は，同条第５項の規定による区分であること。 注：呼吸用保護具の製造業者による作業場所防護係数または模擬作業場所防護係数の測定結果が，表中の指定防護係数値以上であることを示す技術資料が提供されている製品だけに適応する。
			手動送風機形又は肺力吸引形	50	
		半面形面体	電動送風機形	50	
			手動送風機形又は肺力吸引形	10	
		フード形又はフェイスシールド形	電動送風機形	25	
半面形面体を有する電動ファン付き呼吸用保護具		S 級かつ PS3 又は PL3		300	
フード形の電動ファン付き呼吸用保護具				1,000	
フェイスシールド形の電動ファン付き呼吸用保護具				300	
フード形のエアラインマスク		一定流量形		1,000	

（令和２年厚生労働省告示第 286 号別表第１～４より）

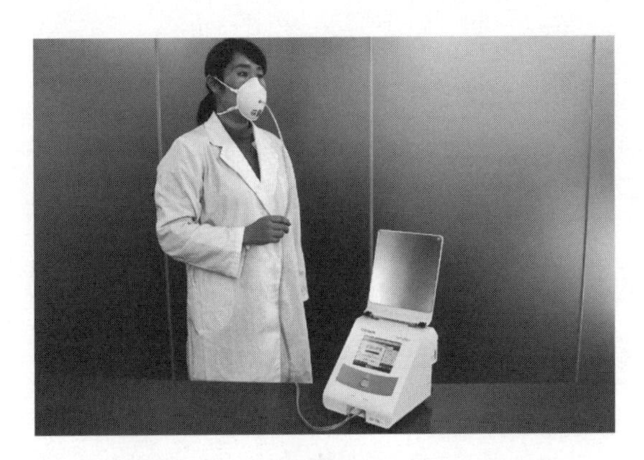

写真４-５　定量的フィットテスト

$$フィットファクタ=\frac{呼吸用保護具の外側の測定対象物質の濃度}{呼吸用保護具の内側の測定対象物質の濃度}$$

③　「要求フィットファクタ」を上回っているかを確認

②の「フィットファクタ」が「要求フィットファクタ」を上回っているかを確認する（**表４-10**）。上回っていれば呼吸用保護具は適切に装着されていることになる。

表４-10　要求フィットファクタ

呼吸用保護具の種類	要求フィットファクタ
全面形面体を有するもの	500
半面形面体を有するもの	100

（定性的フィットテスト）（**写真４-６**）

①　人の味覚による試験

一般的に味覚をもつサッカリンナトリウム（以下「サッカリン」という。）の溶液を使用する。

②　被験者は呼吸用保護具の面体を着用し，頭部を覆うフィットテスト用フードをかぶり，規定の動作を行う間，計画的な時間間隔でフード内にサッカリン溶液を噴霧する。

最終的に被験者がサッカリンの甘味を感じなければ，その面体は被験者にフィットし，フィットファクタが100以上であると判定される。

③　定性的フィットテストが行えるのは，半面形面体だけである。

（フィットテストの記録の方法）

確認を受けた者の氏名，確認の日時，装着の良否などと，外部に委託して行った場

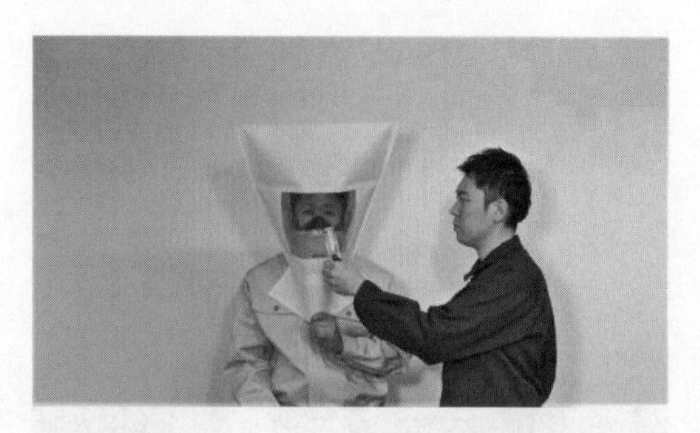

写真４-６　定性的フィットテスト

合はその受託者の名称を記録する（**表４-11**）。

表４-11　フィットテストの記録例

確認を受けた者	確認の日時	装着の良否	備　　　考
甲山一郎	12/8 10:00	良	○○社に委託して実施（以下同じ）
乙田次郎	12/8 10:30	否（1回目） 良（2回目）	最初のテストで不合格となったが，マスクの装着方法を改善し，2回目で合格となった。

2.　作業環境測定の評価結果が第３管理区分に区分された場合

作業環境測定の評価結果が第3管理区分に区分された場合は，いろいろな改善を行い，改善できない場合，1.の金属アーク溶接等作業を継続して屋内作業場で行う場合と同様に，「要求防護係数」を上回る「指定防護係数」を有する呼吸用保護具を選択，使用する。

また，面体を有する呼吸用保護具を使用する場合は，1年以内ごとに1回，定期に，呼吸用保護具の適切な装着の確認としてフィットテストを行う必要がある。

フィットテストの方法，記録は前記1.と同じ。

第5編
関　係　法　令

「粉じん作業特別教育規程」科目および教習時間

科目	範囲	時間
関係法令	労働安全衛生法，労働安全衛生法施行令， 労働安全衛生規則［第２章］ 粉じん障害防止規則［第３章］ じん肺法［第４章］ じん肺法施行規則［第５章］ 中の関係条項	１時間

第1章　法令の基礎知識

1.　法律，政令および省令

国民を代表する立法機関である国会が制定した「法律」と，法律の委任を受けて内閣が制定した「政令」および専門の行政機関が制定した「省令」などの「命令」を合わせて一般に「法令」と呼ぶ。

例えば，工場や建設工事の現場などの事業場には，放置すれば労働災害の発生につながるようなリスクが常に存在する。一例として，ある事業場で労働者に有害な化学物質を製造し，または取り扱う作業を行わせようとする場合に，もし労働者にそれらの化学物質の有害性や健康障害を防ぐ方法を教育しなかったり，正しい作業方法を守らせる指導や監督を怠ったり，作業に使う設備に欠陥があったりすると，それらの化学物質による中毒や，物質によってはがん等の重篤な障害が発生する危険がある。そこで，このような危険を取り除いて労働者に安全で健康的な作業を行わせるために，事業場の最高責任者である事業者（法律上の事業者は事業場そのものであるが，一般的には事業場の代表者である事業者が事業者の義務を負っているものと解釈される。）には，法令に定められたいろいろな対策を講じて労働災害を防止する義務がある。

事業者も国民であり，民主主義のもとで国民に義務を負わせるには，国民を代表する立法機関である国会が制定した「法律」によらなければならない。労働安全衛生に関する法律として「労働安全衛生法」等がある。

では，法律により国民に義務を課す大枠は決められたとして，義務の課せられる対象の範囲等，さらに細部に亘る事項や技術的なことなどについてはどうか。確かにそれらについても法律に定めることが理想的であるが，日々変化する社会情勢，複雑化する行政内容，進歩する技術に関する事項を逐一国会の両院の議決を必要とする法律で定めていたのでは社会情勢の変化に対応することはできない。むしろそうした専門的，技術的な事項については，それぞれ専門の行政機関に任せることが適当である。

そこで，法律を実施するための規定や，法律を補充したり，法律の規定を具体化したり，より詳細に解釈する権限が行政機関に与えられている。これを「法律」による

「命令」への「委任」といい，政府の定める命令を「政令」，行政機関の長である大臣が定める「命令」を「省令」（厚生労働大臣が定める命令は「厚生労働省令」）という。

2.　労働安全衛生法と政令および省令

労働安全衛生法についていえば，政令とは，具体的には，「労働安全衛生法施行令」で，労働安全衛生法の各条に定められた規定の適用範囲，用語の定義などを定めている。

また，省令には，すべての事業場に適用される事項の詳細等を定める「労働安全衛生規則」と，特定の設備や，特定の業務等を行う事業場だけに適用される「特別規則」がある。粉じんにさらされる労働者の健康障害を防止することを目的として定められた「特別規則」が「粉じん障害防止規則」である。

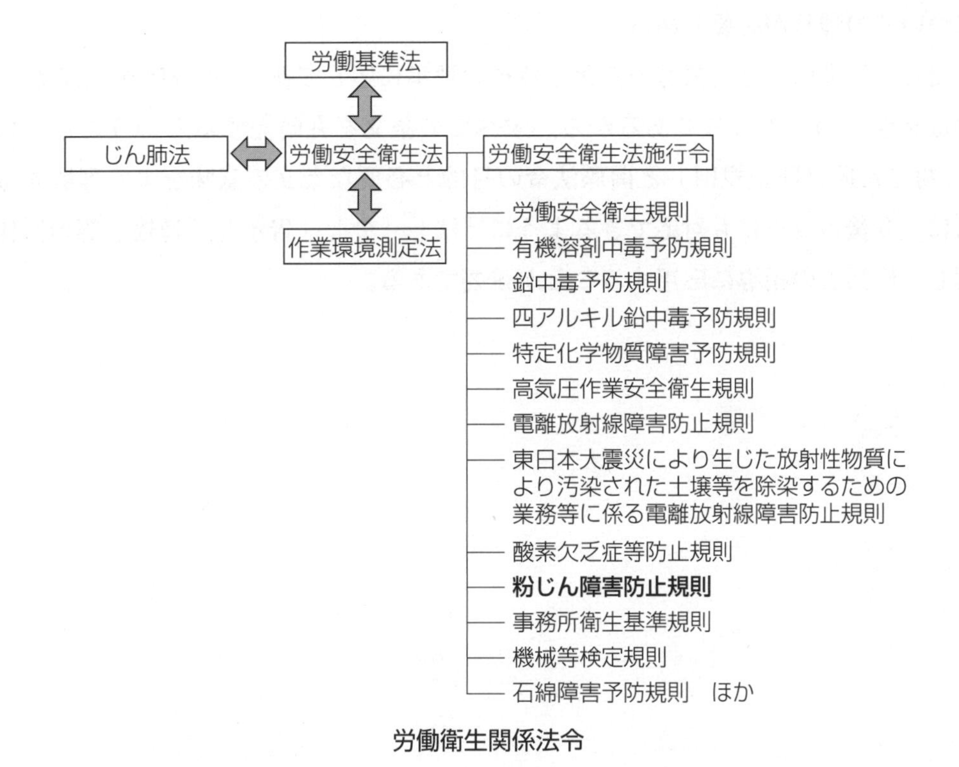

労働衛生関係法令

3. 告示と通達

法律，政令，省令とともにさらに詳細な事項について具体的に定めて国民に知らせることを「告示」という。技術基準などは一般に告示として公表される。告示は厳密には法令とは異なるが法令の一部を構成するものといえる。また，法令，告示に関して，上級の行政機関が下級の機関に対し（例えば厚生労働省労働基準局長が都道府県労働局長に対し）て，法令の内容を解説するとか，指示を与えるために発する通知を「通達」という。通達は法令ではないが，法令を正しく理解するためには「通達」も知る必要がある。法令，告示の内容を解説する通達は「解釈例規」として公表されている。

4. 粉じん作業者と法令

粉じん作業者が職務を行うためには，労働安全衛生法，労働安全衛生法施行令および厚生労働省令である「粉じん障害防止規則」，ならびに関係する法令，告示，通達等についての理解が必要である。

ただし，法令は，社会情勢の変化や技術の進歩に応じて新しい内容が加えられるなどの改正が行われるものであるから，すべての条文を丸暗記するということではなく，「粉じん障害防止規則」と関係法令の目的と必要な条文の意味をよく理解するとともに，今後の改正にも対応できるように「法」，「令」，「告示」，「通達」等の関係を理解し，作業者の指導に応用することが重要である。

第２章　労働安全衛生法のあらまし

労働安全衛生法は，労働条件の最低基準を定めている労働基準法と相まって，

①　事業場内における安全衛生管理の責任体制の明確化

②　危害防止基準の確立

③　事業者の自主的安全衛生活動の促進

等の措置を講ずる等の総合的，計画的な対策を推進することにより，労働者の安全と健康を確保し，さらに快適な作業環境（現行は，「職場環境」）の形成を促進することを目的として昭和 47 年に制定された。

その後何回か改正が行われて現在に至っている。

労働安全衛生法は，労働安全衛生法施行令，労働安全衛生規則等で適用の細部を定め，粉じん作業について事業者の講ずべき措置の基準を粉じん障害防止規則で細かく定めている。

1．総則（第１条～第５条）

この法律の目的，法律に出てくる用語の定義，事業者の責務，労働者の協力，事業者に関する規定の適用について定めている。

（目的）

第１条　この法律は，労働基準法（昭和 22 年法律第 49 号）と相まつて，労働災害の防止のための危害防止基準の確立，責任体制の明確化及び自主的活動の促進の措置を講ずる等その防止に関する総合的計画的な対策を推進することにより職場における労働者の安全と健康を確保するとともに，快適な職場環境の形成を促進することを目的とする。

労働安全衛生法（以下「安衛法」という。）は，昭和 47 年に従来の労働基準法（以下「労基法」という。）第５章，すなわち労働条件の１つである「安全及び衛生」を分離独立させて制定されたものである。第１条は，労基法の賃金，労働時間，休日な

どの一般労働条件が労働災害と密接な関係があること等から，安衛法と労基法は一体的な運用が図られる必要があることを明確にしながら，労働災害防止の目的を宣言したものである。

【労働基準法】

第42条　労働者の安全及び健康に関しては，労働安全衛生法（昭和47年法律第57号）の定めるところによる。

（定義）

第2条　この法律において，次の各号に掲げる用語の意義は，それぞれ当該各号に定めるところによる。

1　労働災害　労働者の就業に係る建設物，設備，原材料，ガス，蒸気，粉じん等により，又は作業行動その他業務に起因して，労働者が負傷し，疾病にかかり，又は死亡することをいう。

2　労働者　労働基準法第9条に規定する労働者（同居の親族のみを使用する事業又は事務所に使用される者及び家事使用人を除く。）をいう。

3　事業者　事業を行う者で，労働者を使用するものをいう。

3の2　化学物質　元素及び化合物をいう。

4　作業環境測定　作業環境の実態をは握するため空気環境その他の作業環境について行うデザイン，サンプリング及び分析（解析を含む。）をいう。

安衛法の「労働者」の定義は，労基法と同じである。すなわち，職業の種類を問わず，事業または事務所に使用されるもので，賃金を支払われる者である。

労基法は「使用者」を「事業主又は事業の経営担当者その他その事業の労働者に関する事項について，事業主のために行為をするすべての者をいう。」（第10条）と定義しているのに対し，安衛法の「事業者」は，「事業を行うもので，労働者を使用するものをいう。」とされており，事業者とはその事業の実施主体をいい，個人企業にあってはその事業主個人，会社その他の法人の場合には法人そのものをさすこととし，労働災害防止に関する企業経営者の責務をより明確にしている。

（事業者等の責務）

第3条　事業者は，単にこの法律で定める労働災害の防止のための最低基準を守るだけでなく，快適な職場環境の実現と労働条件の改善を通じて職場における労働者の安全と健康を確保するようにしなければならない。また，事業者は，国が実施する労働災害の防止に関する施策に協力するようにしなければならない。

② 機械，器具その他の設備を設計し，製造し，若しくは輸入する者，原材料を製造し，若しくは輸入する者又は建設物を建設し，若しくは設計する者は，これらの物の設計，製造，輸入又は建設に際して，これらの物が使用されることによる労働災害の発生の防止に資するように努めなければならない。

③ 建設工事の注文者等仕事を他人に請け負わせる者は，施工方法，工期等について，安全で衛生的な作業の遂行をそこなうおそれのある条件を附さないように配慮しなければならない。

第1項は，第2条で定義された「事業者」，すなわち「事業を行うもので，労働者を使用するもの」の責務として，自社の労働者について法定の最低基準を遵守するだけでなく快適な職場環境の実現を求め，積極的に労働者の安全と健康を確保する施策を講ずべきことを規定し，第2項は，製造した機械，輸入した機械，建設物などについて，それぞれの者に，それらを使用することによる労働災害防止の努力義務を課している。さらに第3項は，建設工事の注文者などに施工方法や工期等で安全や衛生に配慮した条件で発注することを求めたものである。

第4条　労働者は，労働災害を防止するため必要な事項を守るほか，事業者その他の関係者が実施する労働災害の防止に関する措置に協力するように努めなければならない。

第4条では，当然のことであるが，労働者もそれぞれの立場で，労働災害の発生の防止のために必要な事項，作業主任者の指揮に従う，保護具の使用を命じられた場合には使用するなどを守らなければならないことを定めたものである。

2.　労働災害防止計画（第6条～第9条）

労働災害の防止に関する総合的計画的な対策を図るために，厚生労働大臣が策定する「労働災害防止計画」の策定等について定めている。

3. 安全衛生管理体制（第10条～第19条の3）

企業の安全衛生活動を確立させ，的確に促進させるために安衛法では組織的な安全衛生管理体制について規定しており，安全衛生組織には次の2通りのものがある。

(1) 労働災害防止のための一般的な安全衛生管理組織

これには①総括安全衛生管理者，②安全管理者，③衛生管理者（衛生工学衛生管理者を含む），④安全衛生推進者，⑤産業医，⑥作業主任者，があり，安全衛生に関する調査審議機関として，安全委員会および衛生委員会ならびに安全衛生委員会がある。

安衛法では，安全衛生管理が企業の生産ラインと一体的に運用されることを期待し，一定規模以上の事業場には当該事業の実施を統括管理する者をもって総括安全衛生管理者を充てることとしている。安衛法第10条には，総括安全衛生管理者に安全管理者，衛生管理者等を指揮させるとともに，次の業務を統括管理させることが規定されている。

① 労働者の危険または健康障害を防止するための措置に関すること

② 労働者の安全または衛生のための教育の実施に関すること

③ 健康診断の実施その他健康の保持増進のための措置に関すること

④ 労働災害の原因の調査および再発防止対策に関すること

⑤ 安全衛生に関する方針の表明に関すること

⑥ 危険性または有害性等の調査（リスクアセスメント）およびその結果に基づき講ずる措置に関すること

⑦ 安全衛生に関する計画の作成，実施，評価および改善に関すること

また，安全管理者および衛生管理者は，①から⑦までの業務の安全面および衛生面の実務管理者として位置付けられており，安全衛生推進者や産業医についても，その役割が明確に規定されている。

作業主任者については，安衛法第14条に規定されている。

(2) 一の場所において，請負契約関係下にある数事業場が混在して事業を行うことから生ずる労働災害防止のための安全衛生管理組織

これには，①統括安全衛生責任者，②元方安全衛生管理者，③店社安全衛生管理者

および④安全衛生責任者，があり，また関係請負人を含めて協議組織がある。

統括安全衛生責任者は，当該場所においてその事業の実施を統括管理する者をもって充てることとし，その職務として当該場所において各事業場の労働者が混在して働くことによって生ずる労働災害を防止するための事項を統括管理することとされている（建設業および造船業）。

また，建設業の統括安全衛生責任者を選任した事業場は，元方安全衛生管理者を置き，統括安全衛生管理者の職務のうち技術的事項を管理させることとなっている。

統括安全衛生責任者および元方安全衛生管理者を選任しなくてもよい場合であっても，一定のもの（中小規模の建設現場）については，店社安全衛生管理者を選任し，当該場所において各事業場の労働者が混在して働くことによって生ずる労働災害を防止するための事項に関する必要な措置を担当する者に対し指導を行う，毎月1回建設現場を巡回するなどの業務を行わせることとされている。

さらに，下請事業における安全衛生管理体制を確立するため，統括安全衛生責任者を選任すべき事業者以外の請負人においては，安全衛生責任者を置き，統括安全衛生責任者からの指示，連絡を受け，これを関係者に伝達する等の措置をとらなければならないこととなっている。

なお，安衛法第19条の2には，労働災害防止のための業務に従事する者に対し，その業務に関する能力の向上を図るための教育を受けさせるよう努めることが規定されている。

4.　事業者の講ずべき措置等（第20条～第36条）

労働災害防止の基礎となる，いわゆる危害防止基準を定めたもので，①事業者の講ずべき措置，②厚生労働大臣による技術上の指針の公表，③元方事業者の講ずべき措置，④注文者の講ずべき措置，⑤機械等貸与者等の講ずべき措置，⑥建築物貸与者の講ずべき措置，⑦重量物の重量表示などが定められている。

これらのうち粉じん作業者に関係が深いのは，健康障害を防止するために必要な措置を定めた第22条である。

（事業者の講ずべき措置等）

第22条　事業者は，次の健康障害を防止するため必要な措置を講じなければならない。

1　原材料，ガス，蒸気，粉じん，酸素欠乏空気，病原体等による健康障害
2～4　(略)

粉じん障害防止規則（以下「粉じん則」という。）の主な条文は，この安衛法第22条の規定を根拠として次の第27条第1項に基づいて定められている。

第27条　第20条から第25条まで及び第25条の2第1項の規定により事業者が講ずべき措置及び前条の規定により労働者が守らなければならない事項は，厚生労働省令で定める。
②（略）

安衛法第28条の2では，事業場において建設物，機械設備，原材料，作業行動等に起因する危険性または有害性等の調査（リスクアセスメント）を実施することが規定され，その結果に基づいて労働者への危険または健康障害を防止するための必要な措置を講ずることが，安全衛生管理を進める上で今日的な重要事項となっている。なお，平成26年6月の安衛法改正により，一定の危険性・有害性が確認されている化学物質については，安衛法第57条の3の規定により，リスクアセスメントの実施が義務化されている。

(事業者の行うべき調査等)
第28条の2　事業者は，厚生労働省令で定めるところにより，建設物，設備，原材料，ガス，蒸気，粉じん等による，又は作業行動その他業務に起因する危険性又は有害性等（第57条第1項の政令で定める物及び第57条の2第1項に規定する通知対象物による危険性又は有害性等を除く。）を調査し，その結果に基づいて，この法律又はこれに基づく命令の規定による措置を講ずるほか，労働者の危険又は健康障害を防止するため必要な措置を講ずるように努めなければならない。ただし，当該調査のうち，化学物質，化学物質を含有する製剤その他の物で労働者の危険又は健康障害を生ずるおそれのあるものに係るもの以外のものについては，製造業その他厚生労働省令で定める業種に属する事業者に限る。
②　厚生労働大臣は，前条第1項及び第3項に定めるもののほか，前項の措置に

関して，その適切かつ有効な実施を図るため必要な指針を公表するものとする。
③　厚生労働大臣は，前項の指針に従い，事業者又はその団体に対し，必要な指導，援助等を行うことができる。

5.　機械等並びに危険物及び有害物に関する規制（第37条〜第58条）

（1）　譲渡等の制限・検定

機械，器具その他の設備による危険から労働災害を防止するためには，製造，流通段階において一定の基準により規制することが重要である。そこで安衛法では，危険もしくは有害な作業を必要とするもの，危険な場所において使用するものまたは危険または健康障害を防止するため使用するもののうち一定のものは，厚生労働大臣の定める規格または安全装置を具備しなければ譲渡し，貸与し，または設置してはならないこととしている。

（譲渡等の制限等）
第42条　特定機械等以外の機械等で，別表第2に掲げるものその他危険若しくは有害な作業を必要とするもの，危険な場所において使用するもの又は危険若しくは健康障害を防止するため使用するもののうち，政令で定めるものは，厚生労働大臣が定める規格又は安全装置を具備しなければ，譲渡し，貸与し，又は設置してはならない。
別表第2（第42条関係）
1〜7　略
8　防じんマスク
9〜15　略
16　電動ファン付き呼吸用保護具

また，それらの機械等のうち，さらに一定のものについては個別検定または型式検定を受けなければならないこととされている。

（型式検定）

第44条の2　第42条の機械等のうち，別表第4に掲げる機械等で政令で定めるものを製造し，又は輸入した者は，厚生労働省令で定めるところにより，厚生労働大臣の登録を受けた者（以下「登録型式検定機関」という。）が行う当該機械等の型式についての検定を受けなければならない。ただし，当該機械等のうち輸入された機械等で，その型式について次項の検定が行われた機械等に該当するものは，この限りでない。

②以下　略

別表第4（第44条の2関係）

1～4　略

5　防じんマスク

6～12　略

13　電動ファン付き呼吸用保護具

(2)　定期自主検査

一定の機械等について，使用開始後一定の期間ごとに定期的に，所定の機能を維持していることを確認するために検査を行わなければならないこととされている。

(3)　危険物および化学物質に関する規制

ア　表示

爆発性の物，発火性の物，引火性の物その他の労働者に危険を生ずるおそれのある物，もしくは健康障害を生ずるおそれのある物で一定のものを容器に入れ，または包装して，譲渡し，または提供する者は，その名称等を表示しなければならないこととされている。

イ　文書の交付等（通知対象物）

表示，作業環境管理，健康管理等に関する規制の対象となっていない化学物質による労働災害のうち，その化学物質の有害性の情報が伝達されていないことや化学物質管理の方法が確立していないことが主な原因となって発生したものが多い現状に鑑み，化学物質による労働災害を防止するためには，労働現場における化学物質の有害性等の情報を確実に伝達し，この情報を基に労働現場において化学物質を適切に管理することが重要である。

そこで労働者に健康障害を生ずるおそれのある物で政令で定めるものを譲渡し，または提供する者は，文書の交付その他の方法により，その名称，成分およびその含有量，物理的および化学的性質，人体に及ぼす作用等の事項を，譲渡し，または提供する相手方に通知しなければならないこととされている。

ウ　通知対象物についてのリスクアセスメントの実施

平成26年6月の安衛法改正により，表示対象物質および通知対象物については，リスクアセスメントの実施が義務化されている（現在のところ表示対象物質は通知対象物の中にすべて含まれているので，実質的には「通知対象物」）。

6.　労働者の就業に当たっての措置（第59条〜第63条）

労働災害を防止するためには，特に労働衛生関係の場合，労働者が有害原因にばく露されないように施設の整備をはじめ，健康管理上のいろいろの措置を講ずることが必要であるが，併せて作業に就く労働者に対する安全衛生教育の徹底等も極めて重要なことである。このような観点から安衛法では，新規雇入れ時のほか，作業内容変更時においても安全衛生教育を行うべきことを定め，また，職長その他の現場監督者に対する安全衛生教育についても規定している。

7.　健康の保持増進のための措置（第65条〜第71条）

(1)　作業環境測定の実施

作業環境の実態を絶えず正確に把握しておくことは，職場における健康管理の第一歩として欠くべからざるものである。作業環境測定は，作業環境の現状を認識し，作業環境を改善する端緒となるとともに，作業環境の改善のためにとられた措置の効果を確認する機能を有するものであって作業環境管理の基礎的な要素である。安衛法第65条では有害な業務を行う屋内作業場その他の作業場で特に作業環境管理上重要なものについて事業者に作業環境測定の義務を課し（第1項），当該作業環境測定は作業測定基準に従って行わなければならない（第2項）こととしている。

（作業環境測定）

第65条　事業者は，有害な業務を行う屋内作業場その他の作業場で，政令で定めるものについて，厚生労働省令で定めるところにより，必要な作業環境測定を行い，及びその結果を記録しておかなければならない。

②　前項の規定による作業環境測定は，厚生労働大臣の定める作業環境測定基準に従つて行わなければならない。
③以下　略

安衛法第65条第1項により作業環境測定を行わなければならない作業場の範囲は労働安全衛生法施行令第21条に定められている。粉じん作業関係については，その第1号に次のように定められている。

労働安全衛生法施行令

（作業環境測定を行うべき作業場）
第21条　法第65条第1項の政令で定める作業場は，次のとおりとする。
1　土石，岩石，鉱物，金属又は炭素の粉じんを著しく発散する屋内作業場で，厚生労働省で定めるもの
2以下　略

なお，安衛法第65条第1項の「厚生労働省令」は粉じん則に定められており，第2項の「厚生労働大臣の定める作業環境測定基準」は「作業環境測定基準」という告示が出ている。

(2)　作業環境測定結果の評価とそれに基づく環境管理

安衛法第65条の2では，作業環境測定を実施した場合に，その結果を評価し，その評価に基づいて，労働者の健康を保持するために必要があると認められるときは，施設または設備の設置または整備，健康診断の実施等適切な措置をとらなければならないこととしている（第1項）。さらに第2項では，その評価は「厚生労働大臣の定める作業環境評価基準」に従って行うこととされている。

（作業環境測定の結果の評価等）
第65条の2　事業者は，前条第1項又は第5項の規定による作業環境測定の結果の評価に基づいて，労働者の健康を保持するため必要があると認められるときは，厚生労働省令で定めるところにより，施設又は設備の設置又は整備，健康診断の実施その他の適切な措置を講じなければならない。
②　事業者は，前項の評価を行うに当たつては，厚生労働省令で定めるところに

より，厚生労働大臣の定める作業環境評価基準に従つて行わなければならない。
③　事業者は，前項の規定による作業環境測定の結果の評価を行つたときは，厚生労働省令で定めるところにより，その結果を記録しておかなければならない。

安衛法第65条の2第1項，第2項および第3項の「厚生労働省令」は粉じん則に定められているし，第2項の「厚生労働大臣の定める作業環境評価基準」は「作業環境評価基準」という告示が出ている。

(3)　健康診断の実施

労働者の疾病の早期発見と予防を目的として安衛法第66条では，次のように定めて事業者に労働者を対象とする健康診断の実施を義務づけている。

（健康診断）
第66条　事業者は，労働者に対し，厚生労働省令で定めるところにより，医師による健康診断（第66条の10第1項に規定する検査を除く。以下この条及び次条において同じ。）を行なわなければならない。
②　事業者は，有害な業務で，政令で定めるものに従事する労働者に対し，厚生労働省令で定めるところにより，医師による特別の項目についての健康診断を行なわなければならない。有害な業務で，政令で定めるものに従事させたことのある労働者で，現に使用しているものについても，同様とする。
③　事業者は，有害な業務で，政令で定めるものに従事する労働者に対し，厚生労働省令で定めるところにより，歯科医師による健康診断を行なわなければならない。
④　都道府県労働局長は，労働者の健康を保持するため必要があると認めるときは，労働衛生指導医の意見に基づき，厚生労働省令で定めるところにより，事業者に対し，臨時の健康診断の実施その他必要な事項を指示することができる。
⑤　労働者は，前各項の規定により事業者が行なう健康診断を受けなければならない。ただし，事業者の指定した医師又は歯科医師が行なう健康診断を受けることを希望しない場合において，他の医師又は歯科医師の行なうこれらの規定

による健康診断に相当する健康診断を受け，その結果を証明する書面を事業者に提出したときは，この限りでない。

安衛法第66条に定められている健康診断には次のような種類がある。

①　全ての労働者を対象とした「一般健康診断」（第1項）

②　有害業務に従事する労働者に対する「特殊健康診断」（第2項前段）

③　一定の有害業務に従事した後，配置転換した労働者に対する「特殊健康診断」（第2項後段）

④　有害業務に従事する労働者に対する歯科医師による健康診断（第3項）

⑤　都道府県労働局長が指示する臨時の健康診断（第4項）

(4)　健康診断の事後措置

事業者は，健康診断の結果，所見があると診断された労働者について，その労働者の健康を保持するために必要な措置について，3カ月以内に医師または歯科医師の意見を聴かなければならないこととされ，その意見を勘案して必要があると認めるときは，その労働者の実情を考慮して，就業場所の変更等の措置を講じなければならないこととされている。

また，事業者は，健康診断を実施したときは，遅滞なく，労働者に結果を通知しなければならない。

(5)　面接指導等

脳血管疾患および虚血性心疾患等の発症が長時間労働との関連性が強いとする医学的知見を踏まえ，これらの疾病の発症を予防するため，事業者は，長時間労働を行う労働者に対して医師による面接指導を行わなければならないこととされている。

(6)　健康管理手帳

職業がんやじん肺のように発症までの潜伏期間が長く，また，重篤な結果を起こす疾病にかかるおそれのある人々に対しては7（3）の③に述べたとおり，有害業務に従事したことのある労働者で現に使用しているものを対象とした特殊健康診断を実施することとしているが，そのうち，特に必要な一定のものについて健康管理手帳を交付し離職後も政府が健康診断を実施することとされている。

その他，この章には保健指導，心理的な負担の程度を把握するための調査等（ストレスチェック制度），病者の就業禁止，受動喫煙の防止，健康教育等の規定がある。

8.　快適な職場環境の形成のための措置（第71条の2～第71条の4）

労働者がその生活時間の多くを過ごす職場について，疲労やストレスを感じることが少ない快適な職場環境を形成する必要がある。安衛法では，事業者が講ずる措置について規定するとともに，国は，快適な職場環境の形成のための指針を公表することとしている。

9.　免許等（第72条～第77条）

危険・有害業務であり労働災害を防止するために管理を必要とする作業について，選任を義務づけられている作業主任者や特殊な業務に就く者に必要とされる資格，技能講習，試験等についての規定がなされている。

10.　事業場の安全または衛生に関する改善措置等（第78条～第87条）

労働災害の防止を図るため，総合的な改善措置を講ずる必要がある事業場については，都道府県労働局長が安全衛生改善計画の作成を指示し，その自主的活動によって安全衛生状態の改善を進めることが制度化されている。

この際，企業外の民間有識者の安全および労働衛生についての知識を活用し，企業における安全衛生についての診断や指導に対する需要に応ずるため，労働安全・労働衛生コンサルタント制度が設けられている。

なお，一定期間内に重大な労働災害を同一企業の複数の事業場で繰返し発生させた企業に対しては，厚生労働大臣が特別安全衛生改善計画の策定を指示することができる。また，企業が計画の作成指示や変更指示に従わない場合や計画を実施しない場合には厚生労働大臣が当該事業者に勧告を行い，勧告に従わない場合は企業名を公表することができるとされている。

また，安全衛生改善計画を作成した事業場がそれを実施するため，改築費，代替機械の購入，設置費等の経費が要る場合には，その要する経費について，国は，金融上の措置，技術上の助言等の援助を行うように努めることになっている。

11. 監督等（第88条～第100条）

(1) 計画の届出

一定の機械等を設置し，もしくは移転し，またはこれらの主要構造部分を変更しようとする事業者は，この計画を当該工事の開始の日の30日前までに所轄労働基準監督署長に届け出る義務を課し，事前に法令違反がないかどうかの審査が行われることとなっている。

また，事業者の自主的安全衛生活動の取組を促進するため，労働安全衛生マネジメントシステムを踏まえて事業場における危険性・有害性の調査ならびに安全衛生計画の策定および当該計画の実施・評価・改善等の措置を適切に行っており，その水準が高いと所轄労働基準監督署長が認めた事業者に対しては計画の届出の義務が免除されることとされている。

建設業に属する仕事のうち，重大な労働災害を生ずるおそれがある特に大規模な仕事に係わるものについては，その計画の届出を工事開始の日の30日前までに行うこと，その他の一定の仕事については工事開始の日の14日前までに所轄労働基準監督署長に行うこと，およびそれらの工事または仕事のうち一定のものの計画については，その作成時に有資格者を参画させなければならないこととされている。

(2) 報　告

厚生労働大臣，都道府県労働局長または労働基準監督署長は，この法律を施行するため必要があると認めるときは，事業者，労働者などに対して，必要な事項を報告させ，または出頭を命ずることができると定められている。

12. 雑　則（第101条～第115条の2）

法令等の周知（第101条）や書類の保存等（第103条）などが定められている。

13. 罰　則（第115条の3～第123条）

安衛法は，その厳正な運用を担保するため，違反に対する罰則について12カ条の規定を置いている（第115条の3，第115条の4，第115条の5，第116条，第117条，第118条，第119条，第120条，第121条，第122条，第122条の2，第123条）。

また，同法は，事業者責任主義を採用し，その第122条で両罰規定を設けて各本条が定めた措置義務者（事業者）のほかに，法人の代表者，法人または人の代理人，使用人その他の従事者がその法人または人の業務に関して，それぞれの違反行為をしたときの従事者が実行行為者として罰されるほか，その法人または人に対しても，各本条に定める罰金刑を科すこととされている。

安衛法第20条から第25条の2に規定される事業者の講じた危害防止措置または救護措置等に関し，第26条により労働者は遵守義務を負い，これに違反した場合も罰金刑が課せられることとされている。

第３章　粉じん障害防止規則の逐条解説

粉じん障害防止規則（昭和 54 年４月 25 日労働省令第 18 号）
（最新改正　令和５年４月 24 日厚生労働省令第 70 号）

1.「第１章　総　則」

粉じん障害防止規則（以下「本規則」という。）第１章は，本規則の総則として事業者の責務，本規則において用いられている用語の定義，粉じん作業非該当認定とその申請手続および設備による注水または注油をする場合の特例について定めている。

まず，第１条は，粉じんにさらされる労働者の健康障害を防止するための事業者の責務について定めたものである。

第２条は，本規則で用いられる「粉じん作業」,「特定粉じん発生源」および「特定粉じん作業」の用語の意義を明らかにすることにより，第２章以下の各規定が適用される場合にその適用の対象範囲を定めている。また，粉じん発散の程度および作業の工程その他からみて，本規則に規定する措置を講ずる必要がないと認められる場合があるので，このような場合における本規則の適用除外について規定し，その申請手続等を規定したものである。

第３条は，一定の粉じん作業を設備による注水または注油をしながら行う場合の特例を定めたものである。

第３条の２は，事業者による化学物質の自律的な管理を促進するという考え方に基づき，作業環境測定の対象となる化学物質を取り扱う業務等において，化学物質管理の水準が一定以上であると所轄都道府県労働局長が認める事業場に対して，当該化学物質に適用される本規則の規定の一部の適用を除外することを定めたものである。適用除外の対象とならない規定は，特殊健康診断に係る規定および保護具の使用に係る規定である。

（事業者の責務）

第１条　事業者は，粉じんにさらされる労働者の健康障害を防止するため，設備，作業工程又は作業方法の改善，作業環境の整備等必要な措置を講ずるよう努めなければならない。

② 事業者は，じん肺法（昭和35年法律第30号）及びこれに基づく命令並びに労働安全衛生法（以下「法」という。）に基づく他の命令の規定によるほか，粉じんにさらされる労働者の健康障害を防止するため，健康診断の実施，就業場所の変更，作業の転換，作業時間の短縮その他健康管理のための適切な措置を講ずるよう努めなければならない。

【解　説】

事業者は，粉じんにさらされる労働者の健康障害を防止するため，①設備，作業工程または作業方法の改善，作業環境の整備等の必要な措置および，②健康診断の実施，就業場所の変更，作業の転換，作業時間の短縮その他健康管理のための適切な措置を講ずるよう努めなければならないことを明確にしたものである。

したがって，事業者は，じん肺を起こすことが明らかな粉じん以外の粉じんによる健康障害の防止についても適切な措置を講ずるよう努めなければならないものである。

なお，本規則において「粉じん」とは，物の破砕，ふるい分け，仕上げなど機械的処理に伴って発生する固体の粒子状物質や堆積しているこれらの粒子状物質の舞い上がったものは含まれ，またヒューム（本規則第13条の解説参照）も含まれる。

（定義等）

第２条　この省令において，次の各号に掲げる用語の意義は，それぞれ当該各号に定めるところによる。

1　粉じん作業　別表第1に掲げる作業のいずれかに該当するものをいう。ただし，当該作業場における粉じんの発散の程度及び作業の工程その他からみて，この省令に規定する措置を講ずる必要がないと当該作業場の属する事業場の所在地を管轄する都道府県労働局長（以下この条において「所轄都道府県労働局長」という。）が認定した作業を除く。

2　特定粉じん発生源　別表第2に掲げる箇所をいう。

3　特定粉じん作業　粉じん作業のうち，その粉じん発生源が特定粉じん発生源であるものをいう。

② 前項第1号ただし書の認定を受けようとする事業者は，粉じん作業非該当認定申請書（様式第1号）を当該作業場の属する事業場の所在地を管轄する労働

基準監督署長（以下「所轄労働基準監督署長」という。）を経由して，所轄都道府県労働局長に提出しなければならない。

③　前項の粉じん作業非該当認定申請書には，当該作業場に係る次に掲げる物件を添付しなければならない。

　1　作業場の見取図

　2　じん肺法第17条第2項の規定により保存しているじん肺健康診断に関する記録

　3　粉じん濃度の測定結果並びに測定方法及び測定条件を記載した書面（粉じんの発散の程度が低いことが明らかな場合を除く。）

④　所轄都道府県労働局長は，第2項の粉じん作業非該当認定申請書の提出を受けた場合において，第1項第1号ただし書の認定をし，又はしないことを決定したときは，遅滞なく，文書で，その旨を当該事業者に通知しなければならない。

⑤　第1項第1号ただし書の認定を受けた事業者は，第2項の粉じん作業非該当認定申請書若しくは第3項第1号の作業場の見取図に記載された事項を変更したとき，又は当該認定に係る作業に従事する労働者が，法第66条第1項若しくは第2項の健康診断等において，新たに，粉じんに係る疾病にかかつており，若しくは粉じんに係る疾病にかかつている疑いがあると診断されたときは，遅滞なく，その旨を所轄労働基準監督署長を経由して，所轄都道府県労働局長に報告しなければならない。

⑥　所轄都道府県労働局長は，第1項第1号ただし書の認定に係る作業が，当該作業場における粉じんの発散の程度及び作業の工程その他からみて，この省令に規定する措置を講ずる必要がないと認められなくなつたときは，遅滞なく，当該認定を取り消すものとする。

【解　説】

1　「粉じん作業」は，じん肺の予防措置を講ずる必要のある作業であり，じん肺法に定める「粉じん作業」のうち，石綿障害予防規則（平成17年厚生労働省令第21号）において予防措置が規定されている石綿に係る作業を除いたものと同一としたものである（本規則別表第1参照）。なお，鉱山保安法の適用のある鉱山についても粉じん作業に該当すれば本規則の適用がある。

2　別表第1における「～する場所における作業」について

別表第1の第1号から第3号の2まで，第5号及び第5号の2，第6号から第15号まで，第17号，第18号および第21号から第23号までの粉じん作業中「～する場所における作業」とは，粉じん発生源から発散する粉じんにばく露する範囲内で行われる作業のうち，粉じん発散の程度，作業位置，作業方法，作業姿勢等からみて当該作業に従事する労働者がじん肺にかかるおそれがあると客観的に認められるすべての作業をいう趣旨である。したがって，別表第1でいう「場所」とは，粉じん発生源から一定の距離内の区域を画一的に規定するものではない。

なお，ここでいう「場所」とは，単に平面的な範囲のみをいうのではなく，立体的な広がりを有する範囲も含まれる。

例えば，研磨する場所における作業を考えてみると，「場所」とは，粉じん発生源としての研磨する作業位置から発散する粉じんにばく露する範囲内をいうものであり，その「場所」の中において行われる作業は，その作業自体粉じんの発散を伴わなくてもすべて粉じん作業に該当するものである。逆に粉じん発生源がすべて十分に密閉されており，かつ，原材料の投入，製品または半製品の取り出し等粉じんにばく露する作業が行われることがなければ，「～する場所における作業」には該当しない。

したがって，粉じん作業が除外されている作業については，専ら，除外作業のみが行われる場所における作業を除外する趣旨であって，他の粉じん作業に含まれるものまで除外するものではない。

3　「特定粉じん発生源」は，粉じん作業に係る粉じん発生源のうち，作業工程，作業の態様，粉じん発生の態様等からみて一定の発生源対策を講ずる必要があり，かつ，有効な発生源対策が可能であるものであり，具体的には屋内または坑内等において固定した機械または設備を使用して行う粉じん作業に係る発生源を原則として

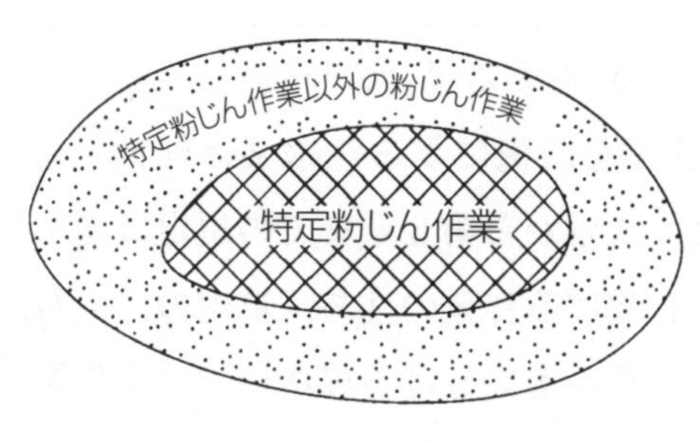

粉じん作業

列挙したもの（本規則別表第2参照）。

粉じん作業場には，ガス・蒸気と異なり，堆積した粉じんによる二次的な発じん源があることから，このような発生源を特定することによって，設備等の発生源対策を講ずる対象を明確にすることとした。

4 「特定粉じん作業」は，粉じんの発生源が「特定粉じん発生源」である粉じん作業をいう。

したがって，特定粉じん作業とは，特定粉じん発生源に対応する作業を指す。

5　第1項第1号ただし書の認定は，当該作業場における粉じんの発散の程度および作業の工程その他からみて，この省令に規定する措置を講じなくてもじん肺が発生するおそれがないことを都道府県労働局長が確認する行為である。

じん肺法でいう「粉じん作業」のうち，じん肺にかかるおそれがない作業またはじん肺にかかるおそれがないと認められた作業は次の2つに大別される。

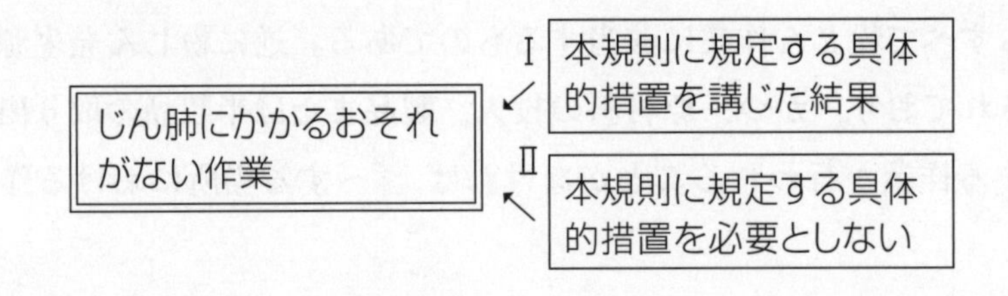

Ⅰの場合は当然本規則の全部の適用除外はありえないこととなり，Ⅱの場合のみ本規則の全部の適用除外が行われることとなる。Ⅱの場合の具体的なものとしては，いわゆる少量取扱い作業等が該当するものであるが本規則の全部が適用除外されることとなるため，じん肺法の適用との関係もあり慎重に対処することとされている。そこで，手続き上は，都道府県労働局長の粉じん作業非該当の認定を受け，規則の全部が適用除外されることになる。

（設備による注水又は注油をする場合の特例）

第3条　次に掲げる作業を設備による注水又は注油をしながら行う場合には，当該作業については，次章から第6章までの規定は適用しない。

1　別表第1第3号に掲げる作業のうち，坑内の，土石，岩石又は鉱物（以下「鉱物等」という。）をふるい分ける場所における作業

2　別表第1第6号に掲げる作業

3　別表第1第7号に掲げる作業のうち，研磨材を用いて動力により，岩石，鉱物若しくは金属を研磨し，若しくはばり取りし，又は金属を裁断する場所における作業

4　別表第1第8号に掲げる作業のうち，次に掲げる作業

イ　鉱物等又は炭素を主成分とする原料（以下「炭素原料」という。）を動力によりふるい分ける場所における作業

ロ　屋外の，鉱物等又は炭素原料を動力により破砕し，又は粉砕する場所における作業

5　別表第1第15号に掲げる作業のうち，砂を再生する場所における作業

【解　説】

じん肺法においては，本条各号に規定する作業が設備による注水または注油しながら行われていれば，「粉じん作業」から除外されている。しかし，本規則では「設備による注水又は注油」のように発じん防止のための粉じん発生源対策を講ずることが目的であることから，本規則の「粉じん作業」からは除外せず，このような特例により，他の規定は適用しないこととしたものである。

「注水又は注油をしながら」とは，作業の行われている間常に注水または注油を行い，粉じんの発散面が水または油の層で覆われている状態に保つことをいうものである。

（適用の除外）

第3条の2　この省令（第24条及び第6章の規定を除く。）は，事業場が次の各号（粉じん作業に労働者が常時従事していない事業場については，第4号を除く。）に該当すると当該事業場の所在地を管轄する都道府県労働局長（以下この条において「所轄都道府県労働局長」という。）が認定したときは，特定粉じん作業（設備による注水又は注油をしながら行う場合における前条各号に掲げる作業を除く。）については，適用しない。

1　事業場における粉じんに係る管理について必要な知識及び技能を有する者として厚生労働大臣が定めるもの（第5号において「化学物質管理専門家」という。）であつて，当該事業場に専属の者が配置され，当該者が当該事業場における次に掲げる事項を管理していること。

イ　粉じんに係るリスクアセスメント（法第28条の2第1項の危険性又は

有害性等の調査をいう。）の実施に関すること。

ロ　イのリスクアセスメントの結果に基づく措置その他当該事業場における粉じんにさらされる労働者の健康障害を防止するため必要な措置の内容及びその実施に関すること。

2　過去3年間に当該事業場において特定粉じん作業による労働者が死亡する労働災害又は休業の日数が4日以上の労働災害が発生していないこと。

3　過去3年間に当該事業場の作業場所について行われた第26条の2第1項の規定による評価の結果が全て第1管理区分に区分されたこと。

4　過去3年間に当該事業場において常時粉じん作業に従事する労働者について，じん肺法第7条から第9条の2まで，第11条ただし書，第15条第1項又は第16条第1項の規定によるじん肺健康診断の結果，じん肺管理区分が決定された者（新たに管理2，管理3又は管理4に決定された者，管理1と決定されていた者であつて管理2，管理3又は管理4と決定された者，管理2と決定されていた者であつて管理3又は管理4と決定された者，管理3イと決定されていた者であつて管理3ロ又は管理4と決定された者及び管理3ロと決定されていた者であつて管理4と決定された者に限る。）がいないこと。

5　過去3年間に1回以上，第1号イのリスクアセスメントの結果及び当該リスクアセスメントの結果に基づく措置の内容について，化学物質管理専門家（当該事業場に属さない者に限る。）による評価を受け，当該評価の結果，当該事業場において粉じんにさらされる労働者の健康障害を防止するため必要な措置が適切に講じられていると認められること。

6　過去3年間に事業者が当該事業場について法及びこれに基づく命令に違反していないこと。

②　前項の認定（以下この条において単に「認定」という。）を受けようとする事業場の事業者は，粉じん障害防止規則適用除外認定申請書（様式第1号の2）により，当該認定に係る事業場が同項第1号及び第3号から第5号までに該当することを確認できる書面を添えて，所轄都道府県労働局長に提出しなければならない。

③　所轄都道府県労働局長は，前項の申請書の提出を受けた場合において，認定をし，又はしないことを決定したときは，遅滞なく，文書で，その旨を当該申

請書を提出した事業者に通知しなければならない。

④　認定は，3年ごとにその更新を受けなければ，その期間の経過によつて，その効力を失う。

⑤　第1項から第3項までの規定は，前項の認定の更新について準用する。

⑥　認定を受けた事業者は，当該認定に係る事業場が第1項第1号から第5号までに掲げる事項のいずれかに該当しなくなつたときは，遅滞なく，文書で，その旨を所轄都道府県労働局長に報告しなければならない。

⑦　所轄都道府県労働局長は，認定を受けた事業者が次のいずれかに該当するに至つたときは，その認定を取り消すことができる。

1　認定に係る事業場が第1項各号に掲げる事項のいずれかに適合しなくなつたと認めるとき。

2　不正の手段により認定又はその更新を受けたとき。

3　粉じんに係る法第22条及び第28条の2第1項の措置が適切に講じられていないと認めるとき。

⑧　前三項の場合における第1項第3号の規定の適用については，同号中「過去3年間に当該事業場の作業場所について行われた第26条の2第1項の規定による評価の結果が全て第1管理区分に区分された」とあるのは，「過去3年間の当該事業場の作業場所に係る作業環境が第26条の2第1項の第1管理区分に相当する水準にある」とする。

【解　説】

1　第1項第1号の「化学物質管理専門家」については，作業場の規模や取り扱う化学物質の種類，量に応じた必要な人数が事業場に専属の者として配置されている必要がある。

2　第1項第2号の「過去3年間」とは，申請時を起点として遡った3年間をいう。

3　第1項第4号については，じん肺法の規定に基づくじん肺健康診断の結果，新たにじん肺管理区分が管理2以上に決定された労働者，またはじん肺管理区分が決定されていた者でより上位の区分に決定された労働者が一人もいないことが求められる。

4　第1項第6号については，軽微な違反まで含む趣旨ではないとしている。

2. 「第２章　設備等の基準」

第２章は，労働安全衛生法（以下「法」という。）第22条に基づき，粉じんの発散を防止するためまたは粉じんを減少させるために必要な設備等の基準について定めたものである。

第４条は特定粉じん発生源に対して，発生源別に①密閉する設備を設置すること，②局所排気装置を設置すること，③プッシュプル型換気装置を設置すること，④湿潤な状態に保つための設備を設置すること等の措置を定めている。

第５条は特定粉じん作業以外の粉じん作業を行う屋内作業場について，全体換気装置による換気の実施等の措置を，また，第６条から第６条の４までは特定粉じん作業以外の粉じん作業を行う坑内作業場について換気装置による換気の実施，粉じん濃度測定，必要な措置などを定めている。

第７条から第９条までは適用除外に関する規定で，第７条は臨時の粉じん作業を行う場合等の適用除外を，第８条は研削といし等を用いて特定粉じん作業を行う場合の適用除外を，第９条は作業場の構造等により設備等を設けることが困難な場合の適用除外を定めたものである。

また，第10条では，特定粉じん発生源に設ける局所排気装置およびプッシュプル型換気装置のうち一定のものについては，除じん装置の設置を義務づけているものである。

（特定粉じん発生源に係る措置）

第４条　事業者は，特定粉じん発生源における粉じんの発散を防止するため，次の表の上欄＜編注・左欄＞に掲げる特定粉じん発生源について，それぞれ同表の下欄＜編注・右欄＞に掲げるいずれかの措置又はこれと同等以上の措置を講じなければならない。

特定粉じん発生源	措　　置
１　別表第２第１号に掲げる箇所（衝撃式削岩機を用いて掘削する箇所に限る。）	当該箇所に用いる衝撃式削岩機を湿式型とすること。
２　別表第２第１号，第３号及び第４号に掲げる箇所（別表第２第１号に掲げる箇所にあつては，衝撃式削岩機を用いて掘削する箇所を除く。）	湿潤な状態に保つための設備を設置すること。

特定粉じん発生源	措　　置
3　別表第2第2号に掲げる箇所	1　密閉する設備を設置すること。 2　湿潤な状態に保つための設備を設置すること。
4　別表第2第5号，第7号及び第13号に掲げる箇所（別表第2第7号に掲げる箇所にあつては，研削盤，ドラムサンダー等の回転体を有する機械を用いて岩石，鉱物若しくは金属を研磨し，若しくはばり取りし，又は金属を裁断する箇所を除く。）	1　局所排気装置を設置すること。 2　プッシュプル型換気装置を設置すること。 3　湿潤な状態に保つための設備を設置すること。
5　別表第2第6号，第8号及び第14号に掲げる箇所（別表第2第8号に掲げる箇所にあつては，アルミニウムはくを破砕し，粉砕し，又はふるい分ける箇所に，同表第14号に掲げる箇所にあつては，砂を再生する箇所に限る。）	1　密閉する設備を設置すること。 2　局所排気装置を設置すること。
6　別表第2第7号に掲げる箇所（研削盤，ドラムサンダー等の回転体を有する機械を用いて岩石，鉱物若しくは金属を研磨し，若しくはばり取りし，又は金属を裁断する箇所に限る。）	1　局所排気装置を設置すること。 2　湿潤な状態に保つための設備を設置すること。
7　別表第2第8号に掲げる箇所（アルミニウムはくを破砕し，粉砕し，又はふるい分ける箇所を除く。）	1　密閉する設備を設置すること。 2　局所排気装置を設置すること。 3　湿潤な状態に保つための設備を設置すること。
8　別表第2第9号及び第12号に掲げる箇所	1　局所排気装置を設置すること。 2　プッシュプル型換気装置を設置すること。
9　別表第2第10号及び第11号に掲げる箇所	1　密閉する設備を設置すること。 2　局所排気装置を設置すること。 3　プッシュプル型換気装置を設置すること。 4　湿潤な状態に保つための設備を設置すること。
10　別表第2第14号及び第15号に掲げる箇所（別表第2第14号に掲げる箇所にあつては，砂を再生する箇所を除く。）	1　密閉する設備を設置すること。 2　局所排気装置を設置すること。 3　プッシュプル型換気装置を設置すること。

【解　説】

1　「衝撃式削岩機」とは，ビットに打撃を与えてせん孔（発破等の小孔をうがつこと。）する削岩機をいい，ビットの回転と打撃をあわせて行う回転打撃式のものも含まれる。また「湿式型」とは，せん孔の際に生じる繰粉（くりこ）を圧力水により孔から排出するものをいう。

2　「湿潤な状態に保つための設備」とは，特定粉じん作業の行われている間，常に粉じんの発生源を湿潤な状態に保つことのできる機能を有する設備をいう。

粉じんの発生源に散水する手段には，例えば，スプリンクラー，シャワー，スプレー・ノズル，散水車，散水ポンプがある。

なお，「湿潤な状態」については，第16条の解説を参照のこと。

3　「密閉する設備」とは，粉じんが作業場内に発散しないようにその発生源を密閉することのできる設備をいう。

なお，密閉する設備については，粉じんの漏れをなくすため，内部の空気を吸引して負圧にしておくことが望ましい。

4　表の右欄に掲げる措置と「同等以上の措置」とは，粉じんの抑制能力が表の右欄に掲げる措置の抑制能力と同等以上と考えられるような措置をいうものであり，次のようなものがある。

(1)　特定粉じん発生源を有する場所を他の作業場から隔離することまたは操作室等を設けることにより，労働者を特定粉じん発生源を有する場所から隔離する。

(2)　乾式の衝撃式削岩機に局所集じん装置をとりつける。

なお，粉じん作業，特定粉じん発生源および特定粉じん発生源に係る措置については，「各粉じん作業に対する措置の一覧表」(194頁～205頁) を参照のこと。

(換気の実施等)

第5条　事業者は，特定粉じん作業以外の粉じん作業を行う屋内作業場については，当該粉じん作業に係る粉じんを減少させるため，全体換気装置による換気の実施又はこれと同等以上の措置を講じなければならない。

【解　説】

1　「屋内作業場」とは，屋根（または天井）および側壁，羽目板，その他の遮へい物により区画され，外気の流入が妨げられている建屋の内部の作業場をいい，したがって，建屋の側面の概ね半分以上にわたって壁，羽目板，その他の遮へい物が設けられておらず，かつ，その内部に粉じんが滞留するおそれがない建屋の内部の作業場は含まないものである。

2　「全体換気装置」とは動力による全体換気を行う装置をいい，送気式，排気式および送排気式があるが，いずれも本条の全体換気装置に該当するものである。

3 「同等以上の措置」としては，粉じん発生源の密閉化，湿潤化，局所排気装置の設置，プッシュプル型換気装置の設置等の発生源対策のほか，次のようなものがある。

(1) 屋内作業場の構造を溶解炉，焼成炉等の高温の炉から上昇気流を利用して直接粉じんを外部に排出する。

(2) 屋内作業場が著しく広く，かつ，粉じん作業がその屋内作業場内の一部の場所においてのみ行われている場合には，当該作業の行われている場所について十分に換気を行う。

4 全体換気装置の必要な能力は，粉じん発散の程度，作業場の構造，機械・設備の配置等により異なるため本規則においては一律に規定しなかったものである。全体換気を行うに当たっては，当該作業場における粉じん発散の程度，当該作業場の構造，機械・設備の配置等を勘案して適切な能力の全体換気を行うことが必要である。

第6条　事業者は，特定粉じん作業以外の粉じん作業を行う坑内作業場（ずい道等（ずい道及びたて坑以外の坑（採石法（昭和25年法律第291号）第2条に規定する岩石の採取のためのものを除く。）をいう。以下同じ。）の内部において，ずい道等の建設の作業を行うものを除く。）については，当該粉じん作業に係る粉じんを減少させるため，換気装置による換気の実施又はこれと同等以上の措置を講じなければならない。

【解　説】

1 「換気装置による換気」とは動力により外気と坑内の空気を入れかえることをいい，換気装置には，排気式，送気式，送・排気可変式，送・排気併用式等がある。

2 「同等以上の措置」としては，粉じん発生源を密閉する設備の設置，粉じん発生源を湿潤な状態に保つための設備の設置のほか，粉じん発生源周辺の空気を吸引し，除じん処理または排ガス処理を行った後排出するいわゆる「トンネル換気装置」であって，除じん効率が95パーセント以上のものを使用すること等がある。なお，「坑」については，本規則別表第1（粉じん作業）の第1号の解説を参照のこと。

第6条の2　事業者は，粉じん作業を行う坑内作業場（ずい道等の内部において，ずい道等の建設の作業を行うものに限る。次条及び第6条の4第2項において同じ。）については，当該粉じん作業に係る粉じんを減少させるため，換気装置による換気の実施又はこれと同等以上の措置を講じなければならない。

【解　説】

1　「これと同等以上の措置」とは，ずい道等の長さが短い等換気装置が設置できない場合の措置を規定したものであり，「これと同等以上の措置」には，ポータブルファンの設置等があることをいう。

2　換気装置による換気の実施に当たっては，平成12年12月26日付け基発第768号の2「ずい道等建設工事における粉じん対策の推進について」において示された「ずい道等建設工事における粉じん対策に関するガイドライン」（以下第24条の2において「ガイドライン」という。）による「粉じん濃度目標レベル」が達成されるように，「ずい道等建設工事における換気技術指針」（平成3年建設業労働災害防止協会発行（令和2年改訂））等に基づき，換気量を設定する必要があることをいう。（「参考10」参照）

第6条の3　事業者は，粉じん作業を行う坑内作業場について，半月以内ごとに1回，定期に，厚生労働大臣の定めるところにより，当該坑内作業場の切羽に近接する場所の空気中の粉じんの濃度を測定し，その結果を評価しなければならない。ただし，ずい道等の長さが短いこと等により，空気中の粉じんの濃度の測定が著しく困難である場合は，この限りでない。

②　事業者は，粉じん作業を行う坑内作業場において前項の規定による測定を行うときは，厚生労働大臣の定めるところにより，当該坑内作業場における粉じん中の遊離けい酸の含有率を測定しなければならない。ただし，当該坑内作業場における鉱物等中の遊離けい酸の含有率が明らかな場合にあつては，この限りでない。

【解　説】

1　第1項は，最新の技術的な知見等に基づき，切羽に近接する場所の粉じんの濃度等の測定及びその結果の評価を義務付けたものであることをいう。

2　第１項の「切羽に近接する場所」は，切羽から概ね 10 メートルから 50 メートルの場所をいうが，粉じん則別表第３第１号の２又は第２号の２の作業を行う場合は，切羽から概ね 20 メートルから 50 メートルの場所として差し支えないことをいう。

3　第１項ただし書は，建設工事開始後間もない等の事情により測定の対象となる場所が坑外となるような長さのずい道等については，粉じんの濃度を測定しても適正な換気効果を確認することができないこと，および測定者が測定箇所に入れないような極めて断面が小さいずい道等については，測定することができないことを考慮し，ずい道等の長さが短いこと等により空気中の粉じんの濃度の測定が著しく困難である場合における測定の義務を免除したものであることをいう。

4　第１項および第６条の４第２項で規定する粉じんの濃度の測定であって，相対濃度指示方法以外の方法によるものについては，測定の精度を確保するため，第一種作業環境測定士，作業環境測定機関等，当該測定について十分な知識および経験を有する者により実施されるべきであることをいう。

5　第２項は，切羽に近接する場所における粉じんばく露による健康障害のリスクをより適切に評価するため，粉じん中の遊離けい酸の含有率の測定を義務付けたものであることをいう。

6　第２項ただし書の「当該坑内作業場における鉱物等中の遊離けい酸の含有率が明らかな場合」には，鉱物等又はたい積粉じんの中の遊離けい酸の含有率が分析等により判明している場合，過去に空気中の粉じん中の遊離けい酸の含有率を測定し，その後，切羽における主たる岩石の種類が変わっていない場合，ずい道等掘削工事の前に実施したボーリング調査等による工事区間における主たる岩石の種類に応じ，岩石の種類別に文献等から統計的に求められる標準的な遊離けい酸の含有率を用いて，坑内作業における鉱物等中の遊離けい酸の含有率を得ている場合等が含まれることをいう。

7　本項で規定する遊離けい酸の含有率の測定については，第一種作業環境測定士，作業環境測定機関等，当該測定について十分な知識及び経験を有する者により実施されるべきであることをいう。

第６条の４　第６条の４　事業者は，前条第１項の規定による空気中の粉じんの濃度の測定の結果に応じて，換気装置の風量の増加その他必要な措置を講じなけれぱならない。

② 事業者は，粉じん作業を行う坑内作業場について前項に規定する措置を講じたときは，その効果を確認するため，厚生労働大臣の定めるところにより，当該坑内作業場の切羽に近接する場所の空気中の粉じんの濃度を測定しなければならない。

③ 事業者は，前条又は前項の規定による測定を行つたときは，その都度，次の事項を記録して，これを7年間保存しなければならない。

1　測定日時
2　測定方法
3　測定箇所
4　測定条件
5　測定結果
6　測定を実施した者の氏名
7　測定結果に基づいて改善措置を講じたときは，当該措置の概要
8　測定結果に応じた有効な呼吸用保護具を使用させたときは，当該呼吸用保護具の概要

④ 事業者は，前項各号に掲げる事項を，常時各作業場の見やすい場所に掲示し，又は備え付ける等の方法により，労働者に周知させなければならない。

【解　説】

1　第1項の「その他必要な措置」には，より効果的な換気方式への変更，集じん装置による集じんの実施，作業工程または作業方法の改善，風管の設置方法の改善，粉じん抑制剤の使用等が含まれることをいう。

2　第3項第4号の「測定条件」は，使用した測定器具の種類，換気装置の稼働状況，作業の実施状況等測定結果に影響を与える諸条件をいうことをいう。

3　第3項第5号の「測定結果」には，ろ過捕集方法および重量分析方法により粉じんの濃度の測定を行った場合には，各測定点における試料空気の捕集流量，捕集時間，捕集総空気量，重量濃度，重量濃度の平均値，サンプリングの開始時刻および終了時刻が含まれ，相対濃度指示方法により粉じんの濃度の測定を行った場合には，各測定点における相対濃度，質量濃度変換係数，重量濃度および重量濃度の平均値が含まれるとともに，いずれの方法により粉じんの濃度の測定を行った場合に

も，粉じん中の遊離けい酸の含有率および算出された要求防護係数が含まれることをいう。

4　第3項第6号の「測定を実施した者の氏名」には，測定を外部に委託して行った場合は，受託者の名称等が含まれることをいう。

5　第3項第8号の「当該呼吸用保護具の概要」には，電動ファン付き呼吸用保護具に係る製造者名，型式の名称，形状の種類（面体形又はルーズフィット形），面体の形状の種類（全面形又は半面形），漏れ率の性能の等級（S級，A級又はB級），ろ過材の性能の等級（PS1，PS2又はPS3）および指定防護係数が含まれることをいう。

6　第4項の「各作業場の見やすい場所に掲示」には，朝礼等で使用する掲示板に掲示することが含まれ，「備え付ける等」の「等」には，書面を労働者に交付すること，磁気ディスクその他これに準ずる物に記録し，かつ，各作業場に労働者が当該記録の内容を常時確認することができる機器を設置することが含まれることをいう。

（臨時の粉じん作業を行う場合等の適用除外）

第7条　第4条及び前三条の規定は，次の各号のいずれかに該当する場合であつて，事業者が，当該特定粉じん作業に従事する労働者に対し，有効な呼吸用保護具（別表第3第1号の2又は第2号の2に掲げる作業を行う場合にあつては，電動ファン付き呼吸用保護具に限る。以下この項において同じ。）を使用させたとき（当該特定粉じん作業の一部を請負人に請け負わせる場合にあつては，当該特定粉じん作業に従事する労働者に対し，有効な呼吸用保護具を使用させ，かつ，当該請負人に対し，有効な呼吸用保護具を使用する必要がある旨を周知させたとき）は，適用しない。

1　臨時の特定粉じん作業を行う場合

2　同一の特定粉じん発生源に係る特定粉じん作業を行う期間が短い場合

3　同一の特定粉じん発生源に係る特定粉じん作業を行う時間が短い場合

②　第5条から前条までの規定は，次の各号のいずれかに該当する場合であつて，事業者が，当該粉じん作業に従事する労働者に対し，有効な呼吸用保護具（別表第3第3号の2に掲げる作業を行う場合にあつては，電動ファン付き呼吸用保護具に限る。以下この項において同じ。）を使用させたとき（当該粉じん作業の一部を請負人に請け負わせる場合にあつては，当該粉じん作業に従事

する労働者に対し，有効な呼吸用保護具を使用させ，かつ，当該請負人に対し，有効な呼吸用保護具を使用する必要がある旨を周知させたとき）は，適用しない。

1　臨時の粉じん作業であつて，特定粉じん作業以外のものを行う場合

2　同一の作業場において特定粉じん作業以外の粉じん作業を行う期間が短い場合

3　同一の作業場において特定粉じん作業以外の粉じん作業を行う時間が短い場合

令和5年3月27日厚生労働省令第29号の改正により，令和5年10月1日より第7条中の一部文言が以下のとおり改正される。

第1項中「電動ファン付き呼吸用保護具」を「防じん機能を有する電動ファン付き呼吸用保護具又は防毒機能を有する電動ファン付き呼吸用保護具であつて防じん機能を有するもの」に改める。

第2項中「電動ファン付き呼吸用保護具」を「防じん機能を有する電動ファン付き呼吸用保護具又は防毒機能を有する電動ファン付き呼吸用保護具であつて防じん機能を有するもの」に改める。

【解　説】

1　第1項および第2項の「有効な呼吸用保護具」とは，送気マスク（JIS T 8153に定める規格を具備するものに限る。），空気呼吸器（JIS T 8155に定める規格を具備するものに限る。）または国家検定に合格した防じんマスクもしくは電動ファン付き呼吸用保護具（編注：「電動ファン付き呼吸用保護具」は，令和5年10月1日より「防じん機能を有する電動ファン付き呼吸用保護具」となる。）（別表第2第6号に係る特定粉じん作業にあっては，送気マスクまたは空気呼吸器に限る。）をいうこと。

また，第1項において，別表第3第1号の2または第2号の2に掲げる作業に係る有効な呼吸用保護具は電動ファン付き呼吸用保護具（編注：「電動ファン付き呼吸用保護具」は，令和5年10月1日より「防じん機能を有する電動ファン付き呼吸用保護具」となる。）に限るものとし，第2項において，別表第3第3号の2に掲げる作業に係る有効な呼吸用保護具についても同様としたこと。

2　第1項第1号の「臨時」とは，一期間をもって終了し，くり返されない作業で

あって，かつ，当該作業を行う期間が概ね3カ月を超えない場合をいう。

3　第1項第2号の「同一の特定粉じん発生源に係る特定粉じん作業を行う期間が短い場合」とは，同一の特定粉じん発生源に係る同一の特定粉じん作業を行う期間が1カ月を超えず，かつ，当該作業の終了の日から6カ月以内の間に当該特定粉じん発生源に係る特定粉じん作業が再び行われないことが明らかな場合をいう。

4　第1項第3号の「同一の特定粉じん発生源に係る特定粉じん作業を行う時間が短い場合」とは，同一の特定粉じん発生源に係る特定粉じん作業が，連日行われる場合にあっては1日当たり当該作業時間が最大1時間以内である場合をいい，連日行われない場合にあっては当該作業時間の1日当たりの平均が概ね1時間以内である場合をいう。

5　第2項第1号，第2号及び第3号の規定の趣旨は，それぞれ第1項第1号，第2号および第3号の趣旨と同じである。

例えば具体的な作業でいえば，第1項第1号には機械・設備の故障時や事故時の修復作業のため1週間程度特定粉じん作業を行う場合等が該当し，第1項第2号にはプラント等の定期修理や改造のため年1回，定期に，3週間程度特定粉じん作業を行う場合等が該当する。また，第1項第3号には旋盤作業の準備作業として毎朝30分間固定式の研削盤でバイトをとぐような場合や，常時作業者のいない破砕やふるい分けが行われている作業場を，毎日20分程度稼働状況の点検，見回りをする（「破砕し，ふるい分ける場所における作業」に該当する場合）場合等がある。

（研削といし等を用いて特定粉じん作業を行う場合の適用除外）

第8条　第4条の規定は，次の各号のいずれかに該当する場合であつて，事業者が，当該特定粉じん作業に従事する労働者に対し，有効な呼吸用保護具を使用させたとき（当該特定粉じん作業の一部を請負人に請け負わせる場合にあつては，当該労働者に対し，有効な呼吸用保護具を使用させ，かつ，当該請負人に対し，有効な呼吸用保護具を使用する必要がある旨を周知させたとき）は，適用しない。この場合において，事業者は，屋内作業場にあつては全体換気装置による換気を，坑内作業場にあつては換気装置による換気を実施しなければならない。

1　使用前の直径が300ミリメートル未満の研削といしを用いて特定粉じん作業を行う場合

2　破砕又は粉砕の最大能力が毎時20キログラム未満の破砕機又は粉砕機を用いて特定粉じん作業を行う場合

3　ふるい面積が700平方センチメートル未満のふるい分け機を用いて特定粉じん作業を行う場合

4　内容積が18リットル未満の混合機を用いて特定粉じん作業を行う場合

【解　説】

本条は前条の臨時の粉じん作業を行う場合等の適用除外と異なり，機械設備の能力が小さく，かつ，粉じん発散の程度が低いと推定されても，当該特定粉じん作業が常態として行われることがあることから，当該特定粉じん作業に従事する労働者に有効な呼吸用保護具を着用させるほかに，屋内作業場にあっては全体換気装置による換気を，坑内作業場にあっては換気装置による換気を行った場合について適用を除外することを定めたものである。

第1号の「使用前」とは，新たな研削といしを使用する前をいう。

（作業場の構造等により設備等を設けることが困難な場合の適用除外）

第9条　第4条の規定は，特定粉じん作業を行う場合において作業場の構造，作業の性質等により同条の措置を講ずることが著しく困難であると所轄労働基準監督署長が認定したときは，適用しない。この場合において，事業者は，当該特定粉じん作業に従事する労働者に対し，有効な呼吸用保護具を使用させ（当該特定粉じん作業の一部を請負人に請け負わせる場合にあつては，当該特定粉じん作業に従事する労働者に対し，有効な呼吸用保護具を使用させ，かつ，当該請負人に対し，有効な呼吸用保護具を使用する必要がある旨を周知させ），かつ，屋内作業場にあつては全体換気装置による換気を，坑内作業場にあつては換気装置による換気を実施しなければならない。

②　前項の認定を受けようとする事業者は，粉じん障害防止規則一部適用除外認定申請書（様式第2号）に，当該作業場の見取図を添えて，所轄労働基準監督署長に提出しなければならない。

③　所轄労働基準監督署長は，前項の粉じん障害防止規則一部適用除外認定申請書の提出を受けた場合において，第1項の認定をし，又はしないことを決定したときは，遅滞なく，文書で，その旨を当該事業者に通知しなければならな

い。

④　第１項の認定を受けた事業者は，第２項の粉じん障害防止規則一部適用除外認定申請書又は作業場の見取図に記載された事項を変更したときは，遅滞なく，その旨を所轄労働基準監督署長に報告しなければならない。

⑤　所轄労働基準監督署長は，第１項の認定に係る特定粉じん作業が作業場の構造，作業の性質等により第４条の措置を講ずることが著しく困難であると認められなくなつたときは，遅滞なく，当該認定を取り消すものとする。

【解　説】

本条の所轄労働基準監督署長の認定は「特定粉じん作業を行う場合において，作業場の構造，作業の性質等により第４条の措置を講ずることが著しく困難である」ことを確認する行為であり，認定の基準については次による。

＜認定の基準＞

事業者の努力にもかかわらず，作業場の構造，地理的条件，作業の性質，対象粉じんの性状等の制約から，第４条に規定する措置を講ずることが著しく困難であると認められる場合に認定されるものである。例えば，当面，次のような場合が認定の対象とされるものである。

①　粉じんの性質上爆発，火災等のおそれがあり，局所排気装置の設置や湿潤化が困難である場合

②　岩盤の崩落等安全上の見地から，湿式化または湿潤化が困難である場合

③　土木工事現場等で附近に適当な水源がなく，湿式化または湿潤化が困難である場合

④　鉱山等において，掘削した鉱物等を充てん等他に利用しなければならない場合であって，当該鉱物等を湿潤化させると利用できない場合

⑤　別表第２の第６号の特定粉じん発生源を有する専用の場所の内部またはタンク内において，当該特定粉じん作業を行う場合であって，局所排気装置の設置が困難である場合で，かつ，当該特定粉じん作業を行う労働者に送気マスクまたは空気呼吸器を使用させたとき。

なお，認定申請にかかる特定粉じん発生源のうち，第４条において複数の措置のいずれかを講じなければならない旨規定してる場合は，いずれの措置についても本条の認定の要件をみたすことが必要である。

（除じん装置の設置）

第10条　事業者は，第4条の規定により設ける局所排気装置のうち，別表第2第6号から第9号まで，第14号及び第15号に掲げる特定粉じん発生源（別表第2第7号に掲げる特定粉じん発生源にあつては，1事業場当たり10以上の特定粉じん発生源（前三条の規定により，第4条の規定が適用されない特定粉じん作業に係る特定粉じん発生源を除く。）を有する場合に限る。）に係るものには，除じん装置を設けなければならない。

② 事業者は，第4条の規定により設けるプッシュプル型換気装置のうち，別表第2第7号，第9号，第14号及び第15号に掲げる特定粉じん発生源（別表第2第7号に掲げる特定粉じん発生源にあつては，1事業場当たり10以上の特定粉じん発生源（前三条の規定により，第4条の規定が適用されない特定粉じん作業に係る特定粉じん発生源を除く。）を有する場合に限る。）に係るものには，除じん装置を設けなければならない。

【解　説】

1　別表第2第7号に掲げる特定粉じん発生源に係る局所排気装置については，1事業場当たり10以上の特定粉じん発生源（第7条から第9条までの規定により第4条の規定が適用されないものを除く。）を有する場合に除じん装置を設置しなければならない。なお，両頭グラインダで両側の研削といしとも第4条の適用がある場合には，2つの特定粉じん発生源と数える。

2　第2項の「除じん装置」は，吸込み側フードから吸引された粉じんを含む空気を除じんするためのものであることから，排気側に設けられているものをいうものである。

3.「第3章　設備の性能等」

第3章は，第2章の規定により設ける局所排気装置，プッシュプル型換気装置および除じん装置について，必要な構造上および性能上の要件ならびに有効に稼働させる義務を定めるとともに，湿式型の衝撃式削岩機および粉じん発生源を湿潤に保つための設備を使用する際の要件を定めたものである。

第11条は局所排気装置およびプッシュプル型換気装置の要件を，第12条は局所排気装置およびプッシュプル型換気装置の有効稼働を定めている。

第13条は粉じんの種類をヒュームおよびヒューム以外の粉じんに分け，それぞれ除じん方式を定め，第14条は除じん装置の有効稼働を定めている。

第15条は湿式型の衝撃式削岩機への有効給水を，第16条は湿潤な状態に保つための設備による湿潤化を定めている。

（局所排気装置等の要件）

第11条　事業者は，第4条又は第27条第1項ただし書の規定により設ける局所排気装置については，次に定めるところに適合するものとしなければならない。

1　フードは，粉じんの発生源ごとに設けられ，かつ，外付け式フードにあつては，当該発生源にできるだけ近い位置に設けられていること。

2　ダクトは，長さができるだけ短く，ベンドの数ができるだけ少なく，かつ，適当な箇所に掃除口が設けられている等掃除しやすい構造のものであること。

3　前条第1項の規定により除じん装置を付設する局所排気装置の排風機は，除じんをした後の空気が通る位置に設けられていること。ただし，吸引された粉じんによる爆発のおそれがなく，かつ，ファンの腐食又は摩耗のおそれがないときは，この限りでない。

4　排出口は，屋外に設けられていること。ただし，移動式の局所排気装置又は別表第2第7号に掲げる特定粉じん発生源に設ける局所排気装置であつて，ろ過除じん方式又は電気除じん方式による除じん装置を付設したものにあつては，この限りでない。

5　厚生労働大臣が定める要件を具備していること。

②　事業者は，第4条又は第27条第1項ただし書の規定により設けるプッシュプル型換気装置については，次に定めるところに適合するものとしなければならない。

1　ダクトは，長さができるだけ短く，ベンドの数ができるだけ少なく，かつ，適当な箇所に掃除口が設けられている等掃除しやすい構造のものであること。

2　前条第2項の規定により除じん装置を付設するプッシュプル型換気装置の排風機は，除じんをした後の空気が通る位置に設けられていること。ただし，吸引された粉じんによる爆発のおそれがなく，かつ，ファンの腐食又は摩耗のおそれがないときは，この限りでない。

3　排出口は，屋外に設けられていること。ただし，別表第2第7号に掲げる特定粉じん発生源に設けるプッシュプル型換気装置であつて，ろ過除じん方式又は電気除じん方式による除じん装置を付設したものにあつては，この限りでない。

4　厚生労働大臣が定める要件を具備していること。

【解　説】

1　第1項第2号の「適当な箇所」には，ベンドの部分等粉じんが堆積しやすい箇所があること。

2　第1項第2号の「掃除口が設けられている等」の「等」には，ダクトを容易に取り外すことができる構造にすることが含まれる。

3　第1項第4号は局所排気装置から排出される空気により作業場が汚染されることを防ぐための規定であるが，移動式の局所排気装置や研削といしに設ける局所排気装置についてはこの要件を満足することが困難であることから，除じん効率の高いろ過除じん方式または電気除じん方式による除じん装置を付設したものにあっては排出口を屋外に設けなくてもよいこととしたものである。

4　第1項第4号の「移動式の局所排気装置」とは，フード，ダクト，ファン，除じん装置のすべてを粉じん発生源の移動に伴って移動させることができるものをいう。

5　第1項第5号は，粉じんの発散状態が多様であるため，粉じんの発生源の種類に応じて使用すべきフードの型式およびそのフードを使用する場合に必要な制御風速を定めることとしたものであり，その具体的な内容は昭和54年労働省告示第67号（粉じん障害防止規則第11条第1項第5号の規定に基づく厚生労働大臣が定める要件）（「参考1」参照）で示されている。

粉じん作業により飛散する粉じんの初速を基本として，グラインダのような回転体とそれ以外のものに分けてフードの型別に制御風速により規定されている。これを制御風速方式としたのは，粉じんはガスまたは蒸気と異なり堆積粉じん等の二次的な発じん源があることから，堆積粉じん等による影響が大きいときにはフードの外側の濃度方式で行うと性能要件の判定が困難となる場合があるからである。

6　第2項第4号の具体的内容は，平成10年労働省告示第30号（粉じん障害防止規則第11条第2項第4号の規定に基づく厚生労働大臣が定める要件）（「参考2」参照）で示されている。

（局所排気装置等の稼働）

第12条　事業者は，第4条又は第27条第1項ただし書の規定により設ける局所排気装置については，労働者が当該局所排気装置に係る粉じん作業に従事する間，厚生労働大臣が定める要件を満たすように稼働させなければならない。

②　事業者は，前項の粉じん作業の一部を請負人に請け負わせるときは，当該請負人が当該粉じん作業に従事する間（労働者が当該粉じん作業に従事するときを除く。），同項の局所排気装置を同項の厚生労働大臣が定める要件を満たすように稼働させること等について配慮しなければならない。

③　前二項の規定は，第4条又は第27条第1項ただし書の規定により設けるプッシュプル型換気装置について準用する。

【解　説】

局所排気装置については，稼働の要件を労働省告示で定めることにより明確化することとしたものである。（「参考3」および「参考4」参照）

（除じん）

第13条　事業者は，第10条の規定により設ける除じん装置については，次の表の上欄＜編注・左欄＞に掲げる粉じんの種類に応じ，それぞれ同表の下欄＜編注・右欄＞に掲げるいずれかの除じん方式又はこれらと同等以上の性能を有する除じん方式による除じん装置としなければならない。

粉じんの種類	除じん方式
ヒユーム	ろ過除じん方式 電気除じん方式
ヒユーム以外の粉じん	サイクロンによる除じん方式 スクラバによる除じん方式 ろ過除じん方式 電気除じん方式

②　事業者は，前項の除じん装置には，必要に応じ，粒径の大きい粉じんを除去するための前置き除じん装置を設けなければならない。

【解　説】

本条では，粉じんをヒュームとヒューム以外の粉じんに分けて，除じん方式を定めたものである。粉じん作業において発生する粉じんは，破砕，粉砕，研磨等により粉じんの粒径も多様であり，粒径別にきめ細かく規定することが困難であることから，このようにしたものである。

1「ヒューム」とは，溶融金属が気化し，空気中で凝縮して生成する微細な粒子をいい，その粒径は通常1マイクロメートル以下である。ヒュームの発生源としては，別表第1第21号に係るものがある。

2　第1項にいう「除じん方式」は，全体の除じん過程における主な除じん方式をいうものである。

3　第1項の「ろ過除じん方式」とは，ろ層に含じん気体を通して粉じんをろ過捕集する原理による除じん方式をいい，バグフィルター（ろ布の袋）によるものと充てん層フィルター（ろ布またはろ紙の幕）によるものとがある。

4「電気除じん方式」とは，高電圧の直流または交流のコロナ放電を利用して粉じんを荷電し，電気的引力により捕集する原理による除じん方式をいう。

5「サイクロンによる除じん方式」とは，含じん気体を円筒内で旋回させ，遠心力によって外方に分離される粉じんを落下させて捕集する原理によるものをいう。

なお，サイクロンを使用する場合には，2個以上のサイクロンを並列に接続したマルチサイクロンを使用することが望ましい。

6「スクラバによる除じん方式」とは，水等の液体を噴射または起泡し，含じん気体中の粉じんを加湿凝集または液面へ衝突拡散させて捕集する原理によるものをいい，一般に湿式または洗浄式除じん方式といわれている。

7　第2項は，対象とする粉じんの濃度が高い場合や，粒径の大きい粉じんが多い場合については，あらかじめ粒径の大きい粉じんを除去しておかなければ有効な除じんを行えないことから，「前置き除じん装置」によりこのような粉じんを除去しなければならないこととされた。

8「前置き除じん装置」には，重力沈降室，慣性除じん装置等がある。

（除じん装置の稼働）

第14条　事業者は，第10条の規定により設ける除じん装置については，当該除じん装置に係る局所排気装置又はプッシュプル型換気装置が稼働している間，有効に稼働させなければならない。

【解　説】

「有効に稼働させる」とは，除去した粉じんの溜まりすぎ，空気の漏れ等により当該除じん装置の本来の性能が損なわれることのない状態で稼働させることをいう。

（湿式型の衝撃式削岩機の給水）

第15条　事業者は，第4条の規定により設ける湿式型の衝撃式削岩機については，労働者が当該衝撃式削岩機に係る特定粉じん作業に従事する間，有効に給水を行わなければならない。

②　事業者は，前項の特定粉じん作業の一部を請負人に請け負わせるときは，当該請負人が当該特定粉じん作業に従事する間（労働者が当該特定粉じん作業に従事するときを除く。），同項の衝撃式削岩機に有効に給水を行うこと等について配慮しなければならない。

【解　説】

「有効に給水を行う」とは，せん孔する間必要な量の水を供給することをいう。

（湿潤な状態に保つための設備による湿潤化）

第16条　事業者は，第4条又は第27条第1項ただし書の規定により設ける粉じんの発生源を湿潤な状態に保つための設備により，労働者が当該設備に係る粉じん作業に従事する間，当該粉じんの発生源を湿潤な状態に保たなければならない。

②　事業者は，前項の粉じん作業の一部を請負人に請け負わせるときは，当該請負人が当該粉じん作業に従事する間（労働者が当該粉じん作業に従事するときを除く。），同項の設備により，粉じんの発生源を湿潤な状態に保つこと等について配慮しなければならない。

【解　説】

本条は，粉じんの飛散がなくなる程度の状態をめざしたものであり，「湿潤な状態」とは，粉じんの発生する面全体が濡れていることをいい，対象物が塊状のものであれば，その表面全体が濡れている状態をいい，また粉状のものであれば手掌で握りしめると固まり飛散しなくなる程度の状態をいうものである。

湿潤な状態を保つための含水量または散水量については，発生源の状態に応じ異なるため，本規則では一律に規定していない。

4. 「第４章　管　理」

第4章は，粉じん作業を行うに当たっての必要な管理について定めたものである。

すなわち，第17条から第21条までは局所排気装置，プッシュプル型換気装置および除じん装置の定期自主検査等の設備の保守管理について，第22条は特定粉じん作業に係る業務に労働者を就かせるときに必要な知識を与えるための特別の教育について，また，第23条は粉じん作業を行う作業場以外の場所へ休憩設備の設置について，第23条の2は粉じん作業における必要な事項の掲示について，さらに，第24条では粉じん作業を行う屋内の作業場所等の清掃の実施について，また第24条の2で発破作業を行った後の措置について定めたものである。

（局所排気装置等の定期自主検査）

第17条　労働安全衛生法施行令（以下「令」という。）第15条第1項第9号の厚生労働省令で定める局所排気装置，プッシュプル型換気装置及び除じん装置（粉じん作業に係るものに限る。）は，第4条及び第27条第1項ただし書の規定により設ける局所排気装置及びプッシュプル型換気装置並びに第10条の規定により設ける除じん装置とする。

② 事業者は，前項の局所排気装置，プッシュプル型換気装置及び除じん装置については，1年以内ごとに1回，定期に，次の各号に掲げる装置の種類に応じ，当該各号に掲げる事項について自主検査を行わなければならない。ただし，1年を超える期間使用しない同項の装置の当該使用しない期間においては，この限りでない。

1　局所排気装置

イ　フード，ダクト及びファンの摩耗，腐食，くぼみその他損傷の有無及びその程度

ロ　ダクト及び排風機における粉じんの堆積状態

ハ　ダクトの接続部における緩みの有無

ニ　電動機とファンとを連結するベルトの作動状態
ホ　吸気及び排気の能力
ヘ　イからホまでに掲げるもののほか，性能を保持するため必要な事項

2　プッシュプル型換気装置
イ　フード，ダクト及びファンの摩耗，腐食，くぼみその他損傷の有無及びその程度
ロ　ダクト及び排風機における粉じんの堆積状態
ハ　ダクトの接続部における緩みの有無
ニ　電動機とファンとを連結するベルトの作動状態
ホ　送気，吸気及び排気の能力
ヘ　イからホまでに掲げるもののほか，性能を保持するため必要な事項

3　除じん装置
イ　構造部分の摩耗，腐食，破損の有無及びその程度
ロ　内部における粉じんの堆積状態
ハ　ろ過除じん方式の除じん装置にあつては，ろ材の破損又はろ材取付部等の緩みの有無
ニ　処理能力
ホ　イからニまでに掲げるもののほか，性能を保持するため必要な事項

③　事業者は，前項ただし書の装置については，その使用を再び開始する際に，同項各号に掲げる装置の種類に応じ，当該各号に掲げる事項について自主検査を行わなければならない。

【解　説】

1　第2項第1号のホの「吸気及び排気の能力」の検査に当たっては，制御風速が昭和54年労働省告示第67号（「参考1」参照）に示されている制御風速を上まわっていることを確認しなければならない。

2　第2項第1号のへの「必要な事項」とは，ダンパーの調節，ファンの注油状態等をいう。

3　第2項第2号ホの「送気，吸気及び排気の能力」の検査に当たっては，平成10年労働省告示第30号（「参考2」参照）に示されている要件を満たしていることを確認しなければならない。

4　第2項第3号のニの「処理能力」の検査に当たっては，除じんの効果を確保するため除じん前および除じん後の含じん気体中の粉じん濃度を測定する。

5　第2項第3号のホの「必要な事項」には，空気抵抗が増大したときの圧力損失がある。

6　本条の定期自主検査は，局所排気装置の定期自主検査指針（自主検査指針公示第1号）および除じん装置の定期自主検査指針（自主検査指針公示第3号）に従って行うことが望ましい。

（定期自主検査の記録）

第18条　事業者は，前条第2項又は第3項の自主検査を行つたときは，次の事項を記録して，これを3年間保存しなければならない。

1　検査年月日

2　検査方法

3　検査箇所

4　検査の結果

5　検査を実施した者の氏名

6　検査の結果に基づいて補修等の措置を講じたときは，その内容

（点　検）

第19条　事業者は，第17条第1項の局所排気装置，プッシュプル型換気装置又は除じん装置を初めて使用するとき，又は分解して改造若しくは修理を行つたときは，同条第2項各号に掲げる装置の種類に応じ，当該各号に掲げる事項について点検を行わなければならない。

（点検の記録）

第20条　事業者は，前条の点検を行つたときは，次の事項を記録し，これを3年間保存しなければならない。

1　点検年月日

2　点検方法

3　点検箇所

4　点検の結果

5　点検を実施した者の氏名

6　点検の結果に基づいて補修等の措置を講じたときは，その内容

（補修等）

第21条　事業者は，第17条第2項若しくは第3項の自主検査又は第19条の点検を行つた場合において，異常を認めたときは，直ちに補修その他の措置を講じなければならない。

【解　説】

第21条の「その他の措置」とは，補修には至らない程度の当該設備の有効な稼働を保持するために必要な調整等をいう。

（特別の教育）

第22条　事業者は，常時特定粉じん作業に係る業務に労働者を就かせるときは，当該労働者に対し，次の科目について特別の教育を行わなければならない。

1　粉じんの発散防止及び作業場の換気の方法

2　作業場の管理

3　呼吸用保護具の使用の方法

4　粉じんに係る疾病及び健康管理

5　関係法令

②　労働安全衛生規則（昭和47年労働省令第32号。以下「安衛則」という。）第37条及び第38条並びに前項に定めるもののほか，同項の特別の教育の実施について必要な事項は，厚生労働大臣が定める。

【解　説】

1　教育科目の範囲および時間については昭和54年労働省告示第68号（粉じん作業特別教育規程）により示されている。（「参考5」参照）

2　特別の教育の実施主体は事業者であるが，事業者が特別の教育の実施が困難な場合について，都道府県労働局長が認めた労働基準協会等の団体の行う特別の教育を修了した者も本条に係る特別の教育を受けた者とされる。

（休憩設備）

第23条　事業者は，粉じん作業に労働者を従事させるときは，粉じん作業を行う作業場以外の場所に休憩設備を設けなければならない。ただし，坑内等特殊な作業場で，これによることができないやむを得ない事由があるときは，この限りでない。

②　事業者は，前項の休憩設備には，労働者が作業衣等に付着した粉じんを除去することのできる用具を備え付けなければならない。

③　粉じん作業に従事した者は，第1項の休憩設備を利用する前に作業衣等に付着した粉じんを除去しなければならない。

【解　説】

1　「粉じん作業を行う作業場以外の場所」には，粉じん作業を行う屋内作業場と同一建屋内であっても，隔壁等により遮断されていたり，粉じん作業を行っている箇所と距離が離れていること等により粉じんにばく露されない場所も含まれる。

2　「休憩設備」には，休憩室のほかソファー，ベンチが含まれる。

3　第1項の「坑内等」の「等」には，ずい道の内部が含まれる。

4　第2項および第3項の「作業衣等」の「等」には，保護帽，帽子，靴，手袋がある。

5　第2項の「用具」には，衣服用ブラシ，靴をぬぐうマットがある。

6　坑内等特殊な作業場については，本条の適用を除外しているが，このような作業場においても労働者を休憩させるときは，粉じんばく露のできる限り少ない場所で休憩させることが望ましい。

（掲示）

第23条の2　事業者は，粉じん作業に労働者を従事させるときは，次の事項を，見やすい箇所に掲示しなければならない。

1　粉じん作業を行う作業場である旨

2　粉じんにより生ずるおそれのある疾病の種類及びその症状

3　粉じん等の取扱い上の注意事項

4　次に掲げる場合にあつては，有効な呼吸用保護具を使用しなければならない旨及び使用すべき呼吸用保護具

イ　第7条第1項の規定により第4条及び第6条の2から第6条の4までの規定が適用されない場合

ロ　第7条第2項の規定により第5条から第6条の4までの規定が適用されない場合

ハ　第８条の規定により第４条の規定が適用されない場合

ニ　第９条第１項の規定により第４条の規定が適用されない場合

ホ　第24条第２項ただし書の規定により清掃を行う場合

ヘ　第26条の３第１項の場所において作業を行う場合

ト　第27条第１項の作業を行う場合（第７条第１項各号又は第２項各号に該当する場合及び第27条第１項ただし書の場合を除く。）

チ　第27条第３項の作業を行う場合（第７条第１項各号又は第２項各号に該当する場合を除く。）

令和４年５月31日厚生労働省令第91号の改正により，令和６年４月１日より第23条の２第４号のトが次のとおりとなり，現行のトがチに，チがリとなる。

ト　第26条の３の２第４項及び第５項の規定による措置を講ずべき場合

【解　説】

本条は，特定の有害物を取り扱う場所について，当該有害物によって健康障害が生ずるおそれは，労働者以外の者についても同様であることから，労働者以外の者も含め，当該場所において従事する者について，掲示による周知義務の対象としたものである。

また，保護具の使用が必要である場合おいて，確実に必要な保護具が使用されるようにするため，保護具を使用しなければならない旨を掲示すべき事項としたものである。

（清掃の実施）

第24条　事業者は，粉じん作業を行う屋内の作業場所については，毎日１回以上，清掃を行わなければならない。

②　事業者は，粉じん作業を行う屋内作業場の床，設備等及び第23条第１項の休憩設備が設けられている場所の床等（屋内のものに限る。）については，たい積した粉じんを除去するため，１月以内ごとに１回，定期に，真空掃除機を用いて，又は水洗する等粉じんの飛散しない方法によつて清掃を行わなければならない。ただし，粉じんの飛散しない方法により清掃を行うことが困難な場合において，当該清掃に従事する労働者に対し，有効な呼吸用保護具を使用さ

せたとき（当該清掃の一部を請負人に請け負わせる場合にあつては，当該清掃に従事する労働者に対し，有効な呼吸用保護具を使用させ，かつ，当該請負人に対し，有効な呼吸用保護具を使用する必要がある旨を周知させたとき）は，その他の方法により清掃を行うことができる。

【解　説】

1　第１項の「作業場所」とは，粉じん作業が行われる場所をいう。

2　第２項の「床」とは，コンクリート，木材，タイル等で覆われた床面をいい，土間は含まない。

3　第２項の「設備等」の「等」には，機械，窓枠，手すり，壁が含まれる。

4　第２項の「床等」の「等」には，窓枠，棚が含まれる。

5　第２項の「水洗する等」の「等」には，水で湿らせた新聞紙，茶がらもしくは木くずをまいて掃くこと，または濡れたモップで床をふくことがある。

6　第２項のただし書は，防じんマスク等を着用しなければ，はたきをかけたり，ほうきで掃いたりさせてはならないことをいう趣旨である。

（発破終了後の措置）

第24条の２　事業者は，ずい道等の内部において，ずい道等の建設の作業のうち，発破の作業を行つたときは，作業に従事する者が発破による粉じんが適当に薄められる前に発破をした箇所に近寄ることについて，発破による粉じんが適当に薄められた後でなければ発破をした箇所に近寄つてはならない旨を見やすい箇所に表示することその他の方法により禁止しなければならない。

【解　説】

実際上は，ずい道等建設工事の開始前に，当該ずい道等建設工事現場における岩質，工法，換気装置や集じん装置等の使用機械等を踏まえ，事業者において，粉じんが適当に薄まるために必要な時間をあらかじめ試算し，当該設定時間の適否について，初期の実際の発破作業後に，粉じん濃度を測定し確認することとし，当該測定結果を記録しておくこととする。なお，当該確認によって，適切と判断された後は，岩質等に大きな変化が生じない限り，前記時間に従って発破終了後の措置を実施して差し支えない。したがって，この場合発破作業を行うたびに粉じん濃度を測定する必要はないものであることを定めたものである。

また，「粉じんが適当に薄められた」の判断基準としては，ガイドライン第3の5の (2) のア「粉じん濃度目標レベル」を指標とすることを定めたものである。

5. 「第5章　作業環境測定」

第5章は，法第65条および令第21条の規定に基づき，作業環境測定を行うべき粉じんを著しく発散する屋内作業場について規定し，さらに測定の頻度およびその結果の記録について定めたものである。

（作業環境測定を行うべき屋内作業場）

第25条　令第21条第1号の厚生労働省令で定める土石，岩石，鉱物，金属又は炭素の粉じんを著しく発散する屋内作業場は，常時特定粉じん作業が行われる屋内作業場とする。

（粉じん濃度の測定等）

第26条　事業者は，前条の屋内作業場について，6月以内ごとに1回，定期に，当該作業場における空気中の粉じんの濃度を測定しなければならない。

②　事業者は，前条の屋内作業場のうち，土石，岩石又は鉱物に係る特定粉じん作業を行う屋内作業場において，前項の測定を行うときは，当該粉じん中の遊離けい酸の含有率を測定しなければならない。ただし，当該土石，岩石又は鉱物中の遊離けい酸の含有率が明らかな場合にあつては，この限りでない。

③　次条第1項の規定による測定結果の評価が2年以上行われ，その間，当該評価の結果，第1管理区分に区分されることが継続した単位作業場所（令第21条第1号の屋内作業場の区域のうち労働者の作業中の行動範囲，有害物の分布等の状況等に基づき定められる作業環境測定のために必要な区域をいう。以下同じ。）については，当該単位作業場所に係る事業場の所在地を管轄する労働基準監督署長（以下この条において「所轄労働基準監督署長」という。）の許可を受けた場合には，当該粉じんの濃度の測定は，別に厚生労働大臣の定めるところによることができる。この場合において，事業者は，厚生労働大臣の登録を受けた者により，1年以内ごとに1回，定期に較正された測定機器を使用

しなければならない。

④　前項の許可を受けようとする事業者は，粉じん測定特例許可申請書（様式第3号）に粉じん測定結果摘要書（様式第4号）及び次の図面を添えて，所轄労働基準監督署長に提出しなければならない。

1　作業場の見取図

2　単位作業場所における測定対象物の発散源の位置，主要な設備の配置及び測定点の位置を示す図面

⑤　所轄労働基準監督署長は，前項の申請書の提出を受けた場合において，第3項の許可をし，又はしないことを決定したときは，遅滞なく，文書で，その旨を当該事業者に通知しなければならない。

⑥　第3項の許可を受けた事業者は，当該単位作業場所に係るその後の測定の結果の評価により当該単位作業場所が第1管理区分でなくなつたときは，遅滞なく，文書で，その旨を所轄労働基準監督署長に報告しなければならない。

⑦　所轄労働基準監督署長は，前項の規定による報告を受けた場合及び事業場を臨検した場合において，第3項の許可に係る単位作業場所について第1管理区分を維持していないと認めたとき又は維持することが困難であると認めたときは，遅滞なく，当該許可を取り消すものとする。

⑧　事業者は，第1項から第3項までの規定による測定を行つたときは，その都度，次の事項を記録して，これを7年間保存しなければならない。

1　測定日時

2　測定方法

3　測定箇所

4　測定条件

5　測定結果

6　測定を実施した者の氏名

7　測定結果に基づいて改善措置を講じたときは，当該措置の概要

【解　説】

1　本条の粉じん濃度の測定の方法については，作業環境測定基準（昭和51年労働省告示第46号。以下「測定基準」という。）第2条によらなければならない。

2　第2項の「土石，岩石又は鉱物に係る特定粉じん作業を行う屋内作業場」は，別

表第２第５号，第６号（岩石又は鉱物を彫る箇所に限る。），第７号（岩石又は鉱物に係る箇所に限る。），第８号（鉱物等に係る箇所），第９号（粉状の鉱石に係る箇所に限る。），第10号（粉状の鉱石に係る箇所に限る。），第11号（炭素製品を製造する工程に係る箇所を除く。），第12号，第13号（炭素製品を製造する工程に係る箇所を除く。）および第14号に係る特定粉じん作業を常時行う屋内作業場をいう。

3　「遊離けい酸」とは，石英，クリストバライト，トリジマイト等化学式がSiO_2または$SiO_2 \cdot nH_2O$で表される結晶型遊離けい酸をいう。

4　第２項ただし書の「当該土石，岩石又は鉱物中の遊離けい酸の含有率の明らかな場合」には，原材料である鉱物等または堆積粉じんの中に含まれる遊離けい酸の含有率が分析，成分表示等により判明している場合，過去に空気中の粉じんの遊離けい酸含有率を測定し，その後使用原材料，作業の態様等が変わっていない場合等がある。

5　第３項から第７項については，第26条第３項の規定に基づき粉じん濃度の測定について労働基準監督署長による特例の許可を受ける場合には，厚生労働大臣の登録を受けた者（登録較正機関）により定期に較正された測定機器を使用しなければならないこと，この特例の許可を受けようとする事業者は申請書に必要書類を添えて労働基準監督署長に提出すること，第３項の許可を受けた単位作業場所が第１管理区分でなくなったときには文書報告すること，労働基準監督署長は当該許可を取り消すこと等について定めたものである。

6　第８項第３号の「測定箇所」の記録は，測定を行った作業場の見取図に測定箇所（単位作業場所および測定点の位置等）を記入する。

7　第８項第４号の「測定条件」とは，使用した測定器具の種類，測定時の気温，湿度，風速および風向，局所排気装置等の稼働状況，生産設備の稼働状況，作業の実施状況等測定結果に影響を与える諸条件をいう。

8　第８項第５号の「測定結果」の記録には，次の事項を記入する。

①　分粒装置を用いるろ過捕集方法および重量分析方法（測定基準第２条第４号イの方法）により測定した場合には，各測定点における試料空気の捕集流量，捕集時間，捕集総空気量および重量濃度，重量濃度の幾何平均値および幾何標準偏差値ならびに当該単位作業場所におけるサンプリングの開始時刻および終了時刻

②　相対濃度指示方法（当該単位作業場所における１以上の測定点において①に掲げる方法を同時に行う場合に限る。）（測定基準第２条第４号ロの方法）により測

定した場合には，各測定点における相対濃度，重量濃度と相対濃度の換算係数，重量濃度，重量濃度の幾何平均値および幾何標準偏差値ならびに当該単位作業場所におけるサンプリングの開始時刻および終了時刻

9　第８項第６号の「測定を実施した者の氏名」については，あわせて職名ならびに作業環境測定士の種別，号別および登録番号を記入するようにする。

（測定結果の評価）

第26条の２　事業者は，第25条の屋内作業場について，前条第１項，第２項若しくは第３項又は法第65条第５項の規定による測定を行つたときは，その都度，速やかに，厚生労働大臣の定める作業環境評価基準に従つて，作業環境の管理の状態に応じ，第１管理区分，第２管理区分又は第３管理区分に区分することにより当該測定の結果の評価を行わなければならない。

②　事業者は，前項の規定による評価を行つたときは，その都度次の事項を記録して，これを７年間保存しなければならない。

1　評価日時
2　評価箇所
3　評価結果
4　評価を実施した者の氏名

【解　説】

1　第１管理区分から第３管理区分までの区分の方法は，作業環境評価基準により定められるものである。

2　第１管理区分が一定期間継続した場合については，作業環境測定基準に定めるところに従い，通常の方法に代わる測定方法が認められることとなった。

（評価の結果に基づく措置）

第26条の３　事業者は，前条第１項の規定による評価の結果，第３管理区分に区分された場所については，直ちに，施設，設備，作業工程又は作業方法の点検を行い，その結果に基づき，施設又は設備の設置又は整備，作業工程又は作業方法の改善その他作業環境を改善するため必要な措置を講じ，当該場所の管理区分が第１管理区分又は第２管理区分となるようにしなければならない。

② 事業者は，前項の規定による措置を講じたときは，その効果を確認するため，同項の場所について当該粉じんの濃度を測定し，及びその結果の評価を行わなければならない。

③ 事業者は，第1項の場所については，労働者に有効な呼吸用保護具を使用させるほか，健康診断の実施その他労働者の健康の保持を図るため必要な措置を講じなければならない。

④ 事業者は，第1項の場所において作業に従事する者（労働者を除く。）に対し，当該場所については，有効な呼吸用保護具を使用する必要がある旨を周知させなければならない。

令和4年5月31日厚生労働省令第91号の改正により，令和6年4月1日より第26条の3第3項が次のとおりとなる。

③ 事業者は，第1項の場所については，労働者に有効な呼吸用保護具を使用させるほか，健康診断の実施その他労働者の健康の保持を図るため必要な措置を講ずるとともに，前条第2項の規定による評価の記録，第1項の規定に基づき講ずる措置及び前項の規定に基づく評価の結果を次に掲げるいずれかの方法によつて労働者に周知させなければならない。

1 常時各作業場の見やすい場所に掲示し，又は備え付けること。

2 書面を労働者に交付すること。

3 磁気ディスク，光ディスクその他の記録媒体に記録し，かつ，各作業場に労働者が当該記録の内容を常時確認できる機器を設置すること。

【解　説】

1 第1項の「直ちに」とは，施設，設備，作業工程または作業方法の点検および点検結果に基づく改善措置を直ちに行う趣旨であるが，改善措置については，これに要する合理的な時間については考慮される。

2 第2項の測定および評価は，第1項の測定による措置の効果を確認するために行うものであるから，措置を講ずる前に行った方法と同じ方法で行う。すなわち作業環境測定基準および作業環境評価基準に従って行うことが適当である。

3 第3項の「労働者に有効な呼吸用保護具を使用させる」とは，第1項の規定による措置を講ずるまでの応急的なものであり，呼吸用保護具の使用をもって当該措置に代えることができる趣旨ではない。なお，局部的に濃度の高い場所があることにより第3管理区分に区分された場所については当該場所の労働者のうち，濃度の高い位置で作業を行うものにのみ呼吸用保護具を着用させることとして差し支えない。

4　第3項の「健康診断の実施その他労働者の健康の保持を図るため必要な措置」については，作業環境測定の評価の結果，労働者に著しいばく露があったと推定される場合等で，産業医等が必要と認めたときに行うべきものである。

令和4年5月31日厚生労働省令第91号の改正により，令和6年4月1日より第26条の3の2および第26条の3の3が次のとおり追加される。

第26条の3の2　事業者は，前条第2項の規定による評価の結果，第3管理区分に区分された場所（同条第1項に規定する措置を講じていないこと又は当該措置を講じた後同条第2項の評価を行つていないことにより，第1管理区分又は第2管理区分となつていないものを含み，第5項各号の措置を講じているものを除く。）については，遅滞なく，次に掲げる事項について，事業場における作業環境の管理について必要な能力を有すると認められる者（当該事業場に属さない者に限る。以下この条において「作業環境管理専門家」という。）の意見を聴かなければならない。

1　当該場所について，施設又は設備の設置又は整備，作業工程又は作業方法の改善その他作業環境を改善するために必要な措置を講ずることにより第1管理区分又は第2管理区分とすることの可否

2　当該場所について，前号において第1管理区分又は第2管理区分とすることが可能な場合における作業環境を改善するために必要な措置の内容

②　事業者は，前項の第3管理区分に区分された場所について，同項第1号の規定により作業環境管理専門家が第1管理区分又は第2管理区分とすることが可能と判断した場合は，直ちに，当該場所について，同項第2号の事項を踏まえ，第1管理区分又は第2管理区分とするために必要な措置を講じなければならない。

③　事業者は，前項の規定による措置を講じたときは，その効果を確認するため，同項の場所について当該粉じんの濃度を測定し，及びその結果を評価しなければならない。

④　事業者は，第1項の第3管理区分に区分された場所について，前項の規定による評価の結果，第3管理区分に区分された場合又は第1項第1号の規定により作業環境管理専門家が当該場所を第1管理区分若しくは第2管理区分とすることが困難と判断した場合は，直ちに，次に掲げる措置を講じなければならない。

1　当該場所について，厚生労働大臣の定めるところにより，労働者の身体に装着する試料採取器等を用いて行う測定その他の方法による測定（以下この条において「個人サンプリング測定等」という。）により，粉じんの濃度を測定し，厚生労働大臣の定めるところにより，その結果に応じて，労働者に有効な呼吸用保護具を使用させること（当該場所において作業の一部を請負人に請け負わせる場合にあつては，労働者に有効な呼吸用保護具を使用させ，かつ，当該請負人に対し，有効な呼吸用保護具を使用する必要がある旨を周知させること。）。ただし，前項の規定による測定（当該測定を実施していない場合（第1項第1号の規定により作業環境管理専門家が当該場所を第1管理区分又は第2管理区分とすることが困難と判断した場合に限る。）は，前条第2項の規定による測定）を個人サンプリング測定等により実施した場合は，当該測定をもつて，この号における個人サンプリング測定等とすることができる。

2　前号の呼吸用保護具（面体を有するものに限る。）について，当該呼吸用保護具が適切に装着されていることを厚生労働大臣の定める方法により確認し，その結果を記録し，これを3年間保存すること。

3　保護具に関する知識及び経験を有すると認められる者のうちから保護具着用管理責任者を選任し，次の事項を行わせること。

イ　前二号及び次項第1号から第3号までに掲げる措置に関する事項（呼吸用保護具に関する事項に限る。）を管理すること。

ロ　第1号及び次項第2号の呼吸用保護具を常時有効かつ清潔に保持すること。

4　第1項の規定による作業環境管理専門家の意見の概要，第2項の規定に基づき講ずる措置及び前項の規定に基づく評価の結果を，前条第3項各号に掲げるいずれかの方法によつて労働者に周知させること。

⑤　事業者は，前項の措置を講ずべき場所について，第1管理区分又は第2管理

区分と評価されるまでの間，次に掲げる措置を講じなければならない。この場合においては，第26条第1項の規定による測定を行うことを要しない。

1　6月以内ごとに1回，定期に，個人サンプリング測定等により粉じんの濃度を測定し，前項第1号に定めるところにより，その結果に応じて，労働者に有効な呼吸用保護具を使用させること。

2　前号の呼吸用保護具（面体を有するものに限る。）を使用させるときは，1年以内ごとに1回，定期に，当該呼吸用保護具が適切に装着されていることを前項第2号に定める方法により確認し，その結果を記録し，これを3年間保存すること。

3　当該場所において作業の一部を請負人に請け負わせる場合にあつては，当該請負人に対し，第1号の呼吸用保護具を使用する必要がある旨を周知させること。

⑥　事業者は，第4項第1号の規定による測定（同号ただし書の測定を含む。）又は前項第1号の規定による測定を行つたときは，その都度，次の事項を記録し，これを7年間保存しなければならない。

1　測定日時

2　測定方法

3　測定箇所

4　測定条件

5　測定結果

6　測定を実施した者の氏名

7　測定結果に応じた有効な呼吸用保護具を使用させたときは，当該呼吸用保護具の概要

⑦　事業者は，第4項の措置を講ずべき場所に係る前条第2項の規定による評価及び第3項の規定による評価を行つたときは，次の事項を記録し，これを7年間保存しなければならない。

1　評価日時

2　評価箇所

3　評価結果

4　評価を実施した者の氏名

第26条の3の3　事業者は，前条第4項各号に掲げる措置を講じたときは，遅滞なく，第3管理区分措置状況届（様式第5号）を所轄労働基準監督署長に提出しなければならない。

第26条の4　事業者は，第26条の2第1項の規定による評価の結果，第2管理区分に区分された場所については，施設，設備，作業工程又は作業方法の点検を行い，その結果に基づき，施設又は設備の設置又は整備，作業工程又は作業方法の改善その他作業環境を改善するため必要な措置を講ずるよう努めなければならない。

令和4年5月31日厚生労働省令第91号の改正により，令和6年4月1日より第26条の4に第2項が次のとおり追加される。

② 前項に定めるもののほか，事業者は，同項の場所については，第26条の2第2項の規定による評価の記録及び前項の規定に基づき講ずる措置を次に掲げるいずれかの方法によつて労働者に周知させなければならない。

1　常時各作業場の見やすい場所に掲示し，又は備え付けること。

2　書面を労働者に交付すること。

3　磁気ディスク，光ディスクその他の記録媒体に記録し，かつ，各作業場に労働者が当該記録の内容を常時確認できる機器を設置すること。

6.「第6章　保護具」

第6章は，労働者が粉じんを吸入することを防ぐために必要な保護具について，労働者にこれを使用させるべき事業者の義務と，これを着用すべき労働者の義務とを定めたものである。

（呼吸用保護具の使用）

第27条　事業者は，別表第3に掲げる作業（第3項に規定する作業を除く。）に労働者を従事させる場合（第7条第1項各号又は第2項各号に該当する場合を除く。）にあつては，当該作業に従事する労働者に対し，有効な呼吸用保護具（別表第3第5号に掲げる作業を行う場合にあつては，送気マスク又は空気呼吸器に限る。次項において同じ。）を使用させなければならない。ただし，粉じんの発生源を密閉する設備，局所排気装置又はプッシュプル型換気装置の設置，粉じんの発生源を湿潤な状態に保つための設備の設置等の措置であつて，当該作業に係る粉じんの発散を防止するために有効なものを講じたときは，この限りでない。

② 事業者は，前項の作業の一部を請負人に請け負わせる場合（第7条第1項各号又は第2項各号に該当する場合を除く。）にあつては，当該請負人に対し，有効な呼吸用保護具を使用する必要がある旨を周知させなければならない。ただし，前項ただし書の措置を講じたときは，この限りでない。

③ 事業者は，別表第3第1号の2，第2号の2又は第3号の2に掲げる作業に労働者を従事させる場合（第7条第1項各号又は第2項各号に該当する場合を除く。）にあつては，厚生労働大臣の定めるところにより，当該作業場についての第6条の3及び第6条の4第2項の規定による測定の結果（第6条の3第2項ただし書に該当する場合には，鉱物等中の遊離けい酸の含有率を含む。）に応じて，当該作業に従事する労働者に有効な電動ファン付き呼吸用保護具を使用させなければならない。

④ 事業者は，前項の作業の一部を請負人に請け負わせる場合（第7条第1項各号又は第2項各号に該当する場合を除く。）にあつては，前項の厚生労働大臣の定めるところにより，同項の測定の結果に応じて，当該請負人に対し，有効な電動ファン付き呼吸用保護具を使用する必要がある旨を周知させなければならない。

⑤ 労働者は，第7条，第8条，第9条第1項，第24条第2項ただし書並びに本条第1項及び第3項の規定により呼吸用保護具の使用を命じられたときは，当該呼吸用保護具を使用しなければならない。

令和5年3月27日厚生労働省令第29号の改正により，令和5年10月1日より第27条中の一部文言が以下のとおり改正される。

第3項中「電動ファン付き呼吸用保護具」を「防じん機能を有する電動ファン付き呼吸用保護具又は防毒機能を有する電動ファン付き呼吸用保護具であつて防じん機能を有するもの」に改める。

第4項中「電動ファン付き呼吸用保護具」を「防じん機能を有する電動ファン付き呼吸用保護具又は防毒機能を有する電動ファン付き呼吸用保護具であつて防じん機能を有するもの」に改める。

【解　説】

1　別表第 3 第 6 号に規定するタンク，船舶，管，車両等の内部における作業，同表第 8 号に規定する乾燥設備の内部に立ち入る作業，同表第 9 号に規定する乾燥設備の内部に立ち入る作業または窯の内部に立ち入る作業および同表第 10 号に規定する炉の内部に立ち入る作業については，プッシュプル型換気装置の設置が有効な措置とはならないことから，第 1 項ただし書の規定により呼吸用保護具の使用を免除されることはない。

なお，粉じんの発生源を密閉する設備または局所排気装置の設置，粉じんの発生源を湿潤な状態に保つための設備の設置等については，従来からの取扱いを変更するものではない。

2　電動ファン付き呼吸用保護具については，型式検定に合格したものであって，「電動ファン付き呼吸用保護具の規格」（平成 26 年厚生労働省告示第 455 号）で定める電動ファンの性能区分が大風量形のものを使用すること。

3　本条第 3 項に定める作業以外の作業においても，電動ファン付き呼吸用保護具を着用させる場合も想定されるところであるが，4 に示すとおり，電動ファン付き呼吸用保護具の使用が適当でない場合もあることに留意する必要がある。

4　電気雷管の運搬，電気雷管を取り付けた薬包（火薬類取締法施行規則（昭和 25 年通商産業省令第 88 号）第 55 条の「薬包」をいう。）の装填および電気雷管の結線の作業（以下「雷管取扱作業」という。）は，粉じん作業に該当せず，呼吸用保護具の使用は義務づけられていないものの，ガイドラインに基づき坑内において有効な呼吸用保護具を使用させる場合は，漏電等による爆発を防止するために，電動ファン付き呼吸用保護具以外の法第 44 条の 2 の型式検定に合格した防じんマスクを使用させること。

ただし，電動ファンを停止しても型式検定に合格した防じんマスクと同等以上の防じん機能を有する電動ファン付き呼吸用保護具を使用する場合で，雷管取扱作業を開始する前に，漏電等による爆発のおそれのない安全な場所で，当該電動ファン付き呼吸用保護具の電池を取り外し保管したうえで，当該雷管取扱作業を行うときは，この限りでないこと。

7.「附　則」抄

附　則（令和4年4月15日厚生労働省令第82号）抄

（施行期日）
1　この省令は，令和5年4月1日から施行する。

附　則（令和4年5月31日厚生労働省令第91号）抄

（施行期日）
第1条　この省令は，公布の日から施行する。ただし，次の各号に掲げる規定は，当該各号に定める日から施行する。
1　第2条，第4条，第6条，第8条，第10条，第12条及び第14条の規定　令和5年4月1日
2　第3条，第5条，第7条，第9条，第11条，第13条及び第15条の規定　令和6年4月1日

（様式に関する経過措置）
第4条　この省令（附則第1条第1号に掲げる規定については，当該規定（第4条及び第8条に限る。）。以下同じ。）の施行の際現にあるこの省令による改正前の様式による用紙については，当分の間，これを取り繕って使用することができる。

附　則（令和5年3月27日厚生労働省令第29号）抄

（施行期日）
第1条　この省令は，令和5年10月1日から施行する。

附　則（令和5年4月24日厚生労働省令第70号）抄

この省令は，公布の日から施行する。

8. 「別表第1（第2条，第3条関係）」

> 1　鉱物等（湿潤な土石を除く。）を掘削する場所における作業（次号に掲げる作業を除く。）。ただし，次に掲げる作業を除く。
> イ　坑外の，鉱物等を湿式により試錐（すい）する場所における作業
> ロ　屋外の，鉱物等を動力又は発破によらないで掘削する場所における作業
> 1の2　ずい道等の内部の，ずい道等の建設の作業のうち，鉱物等を掘削する場所における作業

【解　説】

1 「鉱物等」とは第3条第1号に規定する土石，岩石または鉱物をいう。

2 「土石」および「岩石」とは，いずれも1種または数種の鉱物の集合体をいい，両者の相違は単に形状の相違によるものである。即ち，「岩石」とは，これら鉱物の集合体のうち，形状が岩状または塊状のものをいい，このような形状以外のものを「土石」と総称した。

3 「鉱物」とは，一般には地殻中に存在して物理的，化学的にほぼ均一かつ一定の性質を有する固体物質をいうが，その人工物をも含む趣旨である。したがって，単体の元素，金属等は鉱物に該当しないが，鉱さい，活性白土，コンクリート，セメント，フライアッシュ，クリンカー，ガラス，人工研磨材（アルミナ，炭化けい素等），耐火物，重質炭酸カルシウム（石灰石の着色部分を除去し，微細粉末としたもの），化学石こう等の人工物は鉱物に該当する。

4 「湿潤な土石」とは，一般に手掌で握りしめると固まり，飛散しない程度の状態のものをいう。

5 「掘削」とは，掘り，うがつ行為のすべてをいい，削岩機，パワーショベル，ドラグショベル，ボーリングマシン等の動力機械を用いて行うもの，発破を用いて行うもの，つるはし，スコップ等の道具を用いて行うもののすべてを含む。例えば，路盤や道床のせん孔は「掘削」に該当するが，コンクリートブレーカー等による建物の解体はこれに該当しない。また，手ハンマーによる探査試料の採取，堆積物のスコップ，パワーショベル等による移動は掘削に該当しない。

6 「坑」とは，横坑のみではなく，たて坑，斜坑も含む趣旨であり，例えば，鉱山における坑道，ずい道建設工事の坑道，地下発電所建設のためのたて坑，シールド

工法の作業室がある。

なお，明り掘削の上部を覆工板で覆った工事現場は該当しない。

7　「試錐（すい）」はボーリングともいわれ，その地点における鉱床の有無，位置，性状の探知，地層の地質状態の調査等を目的として地面に小孔をうがつことをいう。

8　「動力又は発破によらないで掘削する」とは，つるはし，スコップ等を用いて行ういわゆる手掘りをいう。

9　ずい道等建設工事の工法としては，NATM工法（掘削した地山（岩盤）をロックボルトで止め，表面を吹付けコンクリートで固め，地山の崩壊を防ぎながらずい道等を掘進する工法をいう。），シールド工法，推進工法等の各工法があるが，いずれの工法によったとしても，別表第1に記載する作業は，原則として，粉じん作業に該当することを定めたものである。しかし，労働者がずい道等内に入らないずい道等建設工事，密閉式の泥水式シールド工法や密閉式の泥土圧式シールド工法等において，労働者が粉じんにばく露するおそれがない作業については，粉じん作業に該当しない。

> 2　鉱物等（湿潤なものを除く。）を積載した車の荷台を覆し，又は傾けることにより鉱物等（湿潤なものを除く。）を積み卸す場所における作業（次号，第3号の2，第9号又は第18号に掲げる作業を除く。）

【解　説】

1　本号は，トロッコ，チップラー，ダンプカー等からの積載物の荷卸しやねこ車を覆すことによる積み卸しをいい，ショベルローダー，バックホー等のようにバケット等を有する車両系建設機械または車両系荷役運搬機械により積み卸しを行う作業は該当しない。

2　「湿潤なもの」とは，湿潤な鉱物等をいうが，岩石については表面全体が湿った状態の岩石をいう。また，あらかじめ，人為的に水をかけ湿潤にした場合であっても，作業を行っている間，継続して湿潤な状態に保たれていれば「湿潤な鉱物等」に該当する。

> 3　坑内の，鉱物等を破砕し，粉砕し，ふるい分け，積み込み，又は積み卸す場所における作業（次号に掲げる作業を除く。）。ただし，次に掲げる作業を除く。

イ　湿潤な鉱物等を積み込み，又は積み卸す場所における作業
ロ　水の中で破砕し，粉砕し，又はふるい分ける場所における作業
3の2　ずい道等の内部の，ずい道等の建設の作業のうち，鉱物等を積み込み，又は積み卸す場所における作業

【解　説】

1　「破砕」，「粉砕」とは，いずれも固体を分割することをいい，その区別は単に砕かれたものの大小に着目して表現した。したがって，ブレーカー等の手持式動力工具やハンマー，たがね等の工具により石材，鉱石等を小割りすることも「破砕」，「粉砕」に該当する。
2　「ふるい分け」とは，網ふるい，棒ふるい等を用いて，物質を粒径により分離することをいう。
3　たて坑及び採石法（昭和25年法律第291号）第2条に規定する岩石の採取のための坑は，「ずい道等」には含まれないが，「坑」には含まれるため，これらの坑の内部において行われる作業は，従来どおり，別表第1の「坑内」の作業に該当することに留意する必要がある。

4　坑内において鉱物等（湿潤なものを除く。）を運搬する作業。ただし，鉱物等を積載した車を牽(けん)引する機関車を運転する作業を除く。

【解　説】

「運搬する作業」には，巻揚機等の運搬機械を遠隔操作により隔離室において行う場合等であって，作業者が粉じんにばく露されないことが明らかである場合は含まれない。

5　坑内の，鉱物等（湿潤なものを除く。）を充てんし，又は岩粉を散布する場所における作業（次号に掲げる作業を除く。）
5の2　ずい道等の内部の，ずい道等の建設の作業のうち，コンクリート等を吹き付ける場所における作業

【解　説】

1 「充てん」とは，鉱物等を採掘した跡等の空洞にボタ（選鉱の際に出た残さい物），土砂等を込めることをいう。なお，「湿潤な鉱物等の充てん」には浮遊選鉱の際に出るスライム（泥状の鉱さい）を充てんするスライム充てん等がある。

2 「岩粉を散布する」とは，石炭鉱山の坑内において爆発防止のために粉状の頁岩，石灰石等を散布すること等をいう。

3 ずい道等の内部の，ずい道等の建設の作業のうち，コンクリート等を吹き付ける場所における作業については，従来，別表第1第5号に含まれるとして運用してきたものを，粉じん作業として明示することとしたものである。

> 5の3　坑内であつて，第1号から第3号の2まで又は前二号に規定する場所に近接する場所において，粉じんが付着し，又は堆積した機械設備又は電気設備を移設し，撤去し，点検し，又は補修する作業

【解　説】

1 「近接する場所」とは，当該場所と同一の坑道または当該場所に直接続いている坑道に，別表第1第1号から第3号までまたは第5号に規定する場所があるために，これらの場所から飛散した粉じんにより労働者が影響を受けるおそれのある所をいうものであり，坑内の修理工場等独立した作業場であって，これらの場所から飛散した粉じんにより労働者が影響を受けるおそれのない場所は該当しない。

2 「点検」には，目視のみによる点検は含まれない。

> 6　岩石又は鉱物を裁断し，彫り，又は仕上げする場所における作業（第13号に掲げる作業を除く。）。ただし，火炎を用いて裁断し，又は仕上げする場所における作業を除く。

【解　説】

1 「裁断」とは，所要の形状にきり離す行為のすべてをいう。

2 「彫り」とは，岩石または鉱物の表面を削り，くぼみをつける行為のすべてをいうものであり，例えば「字彫り」や「孔彫」がある。

3　「仕上げ」とは，岩石または鉱物を所要の寸法，形状，表面荒さにする行為のすべてをいい，「のみ仕上げ」，「つる仕上げ」，「たたき仕上げ」のほか，「みがき仕上げ」，「面取り加工」，「切削加工」等も含まれる。なお，コンクリート製品やコンクリート壁のばりを削り取る作業は「仕上げ」に該当する。

> 7　研磨材の吹き付けにより研磨し，又は研磨材を用いて動力により，岩石，鉱物若しくは金属を研磨し，若しくはばり取りし，若しくは金属を裁断する場所における作業（前号に掲げる作業を除く。）

【解　説】

1「研磨材」とは，物体を削り，すりへらし，またはみがくために使用される硬度の高い物質の総称であり，と石，研磨布紙，バフ研磨材等がある。

2　「研磨」とは，いわゆる研削も含むものであり，手持式グラインダによる錆おとし，傷取りおよび炉の内壁等に付着した金属の削りおとしが含まれる。

3　「吹き付けにより研磨」とは，サンドブラスト，ショットブラスト等の作業をいい，これらによるいわゆる「錆落し」が含まれる。

4　「研磨材を用いて動力によりばり取りし」には，研磨材を用いてガラス繊維強化プラスチック（FRP）製品を製造する際のばり取りが含まれる。

> 8　鉱物等，炭素原料又はアルミニウムはくを動力により破砕し，粉砕し，又はふるい分ける場所における作業（第３号，第15号又は第19号に掲げる作業を除く。）。ただし，水又は油の中で動力により破砕し，粉砕し，又はふるい分ける場所における作業を除く。

【解　説】

1　「炭素原料」とは第３条第４号イの規定する炭素を主成分とする原料をいい，カーボンブラック，黒鉛，コークス，活性炭素等がある。

2　「アルミニウムはくを動力により破砕し，粉砕し」には，アルミニウムはくをスタンプミル等によりつくことがある。

> 9　セメント，フライアッシュ又は粉状の鉱石，炭素原料若しくは炭素製品を乾

燥し，袋詰めし，積み込み，又は積み卸す場所における作業（第3号，第3号の2，第16号又は第18号に掲げる作業を除く。）

【解　説】

1 「セメントを袋詰めする場所における作業」には，新たにセメントを製造する工程における作業以外の作業も該当する。

2 「粉状」とは，砂状よりも粒子の細かい状態をいい，粒径が概ね1mm以下の粒子が主体である状態をいう。

3 「積み込み」，「積み卸す」には，袋詰めされたものの積み込みおよび積み卸しは含まれない。

4 「粉状の鉱石を積み込み，又は積み卸す場所における作業」には，埠頭，野積み場，上屋またははしけにおいて，乾燥したりん鉱石または滑石を積み込み，または積み卸す場所における作業がある。

10　粉状のアルミニウム又は酸化チタンを袋詰めする場所における作業

【解　説】

1 「酸化チタン」は，白色の粉末であり，白色塗料用顔料，白色ゴムの着色剤，合成繊維のつや消し，印刷インキ用添加剤，製紙用添加剤，絵具，クレヨン等に用いられている。

2 「袋詰め」には，ビン，箱等の固形容器に詰めることは含まれない。

11　粉状の鉱石又は炭素原料を原料又は材料として使用する物を製造し，又は加工する工程において，粉状の鉱石，炭素原料又はこれらを含む物を混合し，混入し，又は散布する場所における作業（次号から第14号までに掲げる作業を除く。）

【解　説】

1 「鉱石」とは天然に産する土石または岩石に限られ，人工的に合成された物を含まない。現在産業界において用いられている主な粉状の鉱石としては，滑石，クレー，カオリン，長石，陶石等がある（別添「主な粉状の鉱石」（186頁）参照）。

2 「混合」,「混入」とは，いずれも物体を混ぜあわせる行為をいう。なお,「混入」は，ゴム，合成樹脂等の可塑物に混ぜ入れることをいう。

3 「散布」とは，物体の表面に粉を打つことをいう。なお，物体の表面に付着している粉状物を圧縮空気により吹きとばすことも散布に含まれる。

4 本号に該当する作業としては，例えばゴム製品製造工程における付着防止のため打粉やカーボンブラックの投入，紙，農薬，クレンザー（みがき砂）等を製造する場合の増量剤の投入がある。

12 ガラス又はほうろうを製造する工程において，原料を混合する場所における作業又は原料若しくは調合物を溶解炉に投げ入れる作業。ただし，水の中で原料を混合する場所における作業を除く。

【解　説】

1 「ほうろう」とは，金属の表面に特殊ガラスを薄く焼き付けたものをいい，ガラスライニングをほどこしたものも含まれる。

2 「原料」には，けい砂，ガラス屑等があり，少量の添加剤は含まない。

3 「混合」とは，混合機への原材料の投入から混合された物の取り出しまでをいう。

4 「ガラスを製造する工程」には，回収したガラス屑からガラス製品を再生する工程が含まれる。

5 「調合物」とは，原料と着色剤，清澄剤等を調合したもの。

13 陶磁器，耐火物，けい藻土製品又は研磨材を製造する工程において，原料を混合し，若しくは成形し，原料若しくは半製品を乾燥し，半製品を台車に積み込み，若しくは半製品若しくは製品を台車から積み卸し，仕上げし，若しくは荷造りする場所における作業又は窯の内部に立ち入る作業。ただし，次に掲げる作業を除く。

イ　陶磁器を製造する工程において，原料を流し込み成形し，半製品を生仕上げし，又は製品を荷造りする場所における作業

ロ　水の中で原料を混合する場所における作業

【解　説】

1　「陶磁器」とは，陶土，粘土等を主原料として焼きあげたものの総称で，陶器，磁器のみに限らず，せつ器（低級粘土を主原料とするもの）や土器（粘土質で釉薬をかけないもの）も含む。したがって「陶磁器」としては，例えば食器類，タイル，美術工芸品，衛生陶器，電気用品（がいし等），化学用器（反応管，電解槽，耐酸レンガ等），陶管，建築用レンガ，植木鉢，瓦が含まれる。なお，工業用セラミックも「陶磁器」に含まれる。

2　「耐火物」とは，炉材その他の高温度で溶融しにくい無機物質をいい，例えば耐火レンガや匣(こう)鉢（陶磁器や耐火物を焼く場合に用いられるうつわ）のほかにキャスタブル耐火物（耐火性の骨材と水硬性セメントを混合したもので，耐火コンクリートとも呼ばれる。），プラスチック耐火物（耐火粘土に耐火性の骨材を加えたもの），耐火モルタル（耐火レンガを積むときの目地材料）の不定形耐火物がある。

3　「けい藻土製品」とは，けい藻土を主原料として作られたものをいい，例えば，耐火断熱レンガ，けい藻土保温材，ろ過助材，こんろ，クレンザー（みがき砂）等があるが，少量のけい藻土を添加剤として添加した紙等は含まない。

4　「製造する工程」とは，原料から製品ができあがるまでの工程のみをいうのではなく，同一事業場内において製品ができあがった後に付随して行う製品の荷造りまでをいう。

5　「原料を成形し」とは，窯に入れて焼成する前に素材を製品と同形にすることをいう。

6　「半製品」とは，成形されたもので本焼成される前のものをいう。したがって，素焼きが終了し，本焼成が行われる前のものは半製品に含まれる。

7　「原料若しくは半製品を乾燥し」とは，窯に入れて焼成する前に原料や成形した素材を乾かして水分を減少させることをいう。

8　「半製品若しくは製品を仕上げし」とは，半製品の余分な陶土の削り取り，細部の修正，半製品および製品の底面等の研磨（はますり，はま削り等と呼ばれる。），付着したほこりの除去（ちり払い，はわき等と呼ばれる。）等をいう。

9　「荷造りし」とは，包装していないものの縄がけ等をいう。

10　「原料を流し込み成形し」とは，「鋳込み成形」ともいい，原料を水に溶かして型に流し込んで成形することをいう。

11　「半製品を生仕上げし」とは，半製品を乾燥する前の湿潤な状態において仕上げすることをいう。

> 14　炭素製品を製造する工程において，炭素原料を混合し，若しくは成形し，半製品を炉詰めし，又は半製品若しくは製品を炉出しし，若しくは仕上げする場所における作業。ただし，水の中で原料を混合する場所における作業を除く。

【解　説】

1　「炭素製品」とは，製品の主体が単体炭素（黒鉛，無定形炭素等をいう。）からできているものをいい，例えば，黒鉛電極，電気用ブラシ，炭素棒（溶接用電極，電解用電極等），黒鉛ルツボ，炭素レンガ（炭素ブロック），機械用炭素製品（パッキング，ピストリング等），活性炭，墨がある。

2　「炉詰め，炉出し」には，焼成炉または黒鉛化炉への「炉詰め，炉出し」がある。

3　「仕上げ」とは，黒鉛化した後に半製品または製品の形状を整えること，ネジ切りを行うこと等をいう。

4　原材料としておがくず，木材等の植物性のものを炭化させて炭素粉にするような場合にあっては，当該材料が炭化されてから後の工程における原材料は，「炭素原料」に該当する。

> 15　砂型を用いて鋳物を製造する工程において，砂型を造型し，砂型を壊し，砂落としし，砂を再生し，砂を混練し，又は鋳ばり等を削り取る場所における作業（第7号に掲げる作業を除く。）。ただし，水の中で砂を再生する場所における作業を除く。

【解　説】

1　「砂型を造型し」とは，砂型を作るために型に鋳物砂を込める作業の全てをいい，手込め作業および半自動砂型造型機または自動砂型造型機を用いる作業を含むこと。

2　「砂を再生し」とは，使用ずみの砂から，鉄片等の不純物を除去し，ふるい分けて再び使用できるようにすること。

3　「砂を混練し」とは，鋳物砂に粘土，粘結剤，水等を加えて混ぜあわせることをいう。

4　「鋳ばり等」の「等」とは，鋳込み口（湯口），あがり（鋳型の上部の穴）等の出っぱりをいう。

5　「削り取る」とは，研削盤，チッピングハンマー等により削り取ることをいう。

16　鉱物等（湿潤なものを除く。）を運搬する船舶の船倉内で鉱物等（湿潤なものを除く。）をかき落とし，若しくはかき集める作業又はこれらの作業に伴い清掃を行う作業（水洗する等粉じんの飛散しない方法によつて行うものを除く。）

【解　説】

1　本号の作業を行う前に散水することにより鉱物等を湿潤な状態にした場合は，「湿潤な鉱物等」に該当する。

2　「船舶」には，はしけは含まない。

3　「かき落とし」とは，船倉内に側壁等に堆積しまたは付着した鉱物等をスコップ等を用いて，かき落とすことをいう。

4　「かき集める」とは，船倉内の鉱物等をブルドーザー等を用いてかき集めることをいう。

5　「清掃を行う作業」とは，水洗する等粉じんの飛散しない方法によって行うものは含まれない。

17　金属その他無機物を製錬し，又は溶融する工程において，土石又は鉱物を開放炉に投げ入れ，焼結し，湯出しし，又は鋳込みする場所における作業。ただし，転炉から湯出しし，又は金型に鋳込みする場所における作業を除く。

【解　説】

1　「開放炉」とは，炉の内部と外気とが蓋等によりしゃ断されていない型の炉をいい，例えばキュポラ，るつぼ炉がある。

2　「焼結」とは，粉鉱（粉状の鉱石）を焼き固めて塊状にすることをいう。

3　「湯出し」とは，炉から溶融した金属を取り出すことをいい，とりべにより取り出すことおよび湯出しするために炉に湯口をうがつことも含まれる。

4　「鋳込み」とは，鋳型に溶融した金属を注入することをいう。

5　「金型に鋳込みする」には，例えばダイカストがある。

6　挿入機，クレーン等により土石または鉱物を開放炉へ投げ入れる場合であって，作業者が操作室等に隔離されているときのように粉じんにばく露されないことが明らかな場合は，本号に該当しない。

> 18　粉状の鉱物を燃焼する工程又は金属その他無機物を製錬し，若しくは溶融する工程において，炉，煙道，煙突等に付着し，若しくは堆積した鉱さい又は灰をかき落とし，かき集め，積み込み，積み卸し，又は容器に入れる場所における作業

【解　説】

1　「粉状の鉱物を燃焼する」には，例えば火力発電所において微粉炭燃焼を行うことがある。

2　「その他無機物」には，例えばガラス，シリコン（けい素）がある。

3　「炉，煙道，煙突等」の「等」には，例えばダクト，フード，除じん装置がある。

> 19　耐火物を用いて窯，炉等を築造し，若しくは修理し，又は耐火物を用いた窯，炉等を解体し，若しくは破砕する作業

【解　説】

「窯，炉等」の「等」には，煙突，とりべ，湯道，煙道がある。

> 20　屋内，坑内又はタンク，船舶，管，車両等の内部において，金属を溶断し，又はアークを用いてガウジングする作業

【解　説】

1　「屋内」とは，屋根（または天井）および側壁，羽目板その他の遮へい物により区画され，外気の流入が妨げられている建屋の内部をいう。なお，建屋の側面の概ね半分以上にわたって壁，羽目板その他の遮へい物が設けられておらず，かつ，粉じんがその内部に滞留するおそれがないものは，本号の「屋内」には含まれない。

2　「タンク」には，槽類，塔類，サイロ，ガス溜め，レシーバ等が含まれる。

3　「車両等」の「等」には，箱桁，マンホール，ピット，潜函等がある。

4 「金属を溶断し」には，ガス溶断，アーク溶断等がある。

5 「ガウジング」とは，金属を溶融させて行う溝掘り，開先（溶接する部材と部材の間の溝）加工，裏はつり（突合せ溶接で底面の溶込み不良部分または第一層部分等を裏面からはつること），穴あけ等をいい，本号の「アークを用いてガウジング」する作業とは，アーク熱で溶融した金属を圧縮空気で連続的に吹きとばすアークエアガウジングをいう。

6 屋内において，金属を溶断し，またはアーク溶接する作業のうち，自動溶断し，または自動溶接する作業については，従来，別表第1第20号ただし書で粉じん作業から除外してきたところであるが，粉じん発生量が多いガスシールドアーク溶接による作業が増加していることや，作業実態をみるとこれら機器を操作するオペレーターが粉じん発生源の近くにいる場合も存することから，平成19年改正において当該ただし書を削り，粉じん作業に追加することとしたものである。

7 「金属を溶断し」とは，熱エネルギーにより金属を溶かしながら切断するものをいい，ガス溶断，プラズマ溶断，レーザー溶断等があること。

8 第20号には，自動溶断機による溶断中に，火口に近づき，粉じんにばく露するおそれのある作業を含み，溶断機の火口から離れた操作盤の作業，溶断作業に付帯する材料の溶断定盤への搬入・搬出作業，片付け作業等は含まれないことを規定している。また，自動溶接機による溶接中に，トーチに近づき，粉じんにばく露するおそれのある作業を含み，溶接機のトーチから離れた操作盤の作業，溶接作業に付帯する材料の搬入・搬出作業，片付け作業等は含まれない。

20の2　金属をアーク溶接する作業

【解　説】

「アーク溶接」とは，熱源にアークを用いる溶接法の総称であり，電極に溶接棒を用いる溶極式と電極に炭素等を用い溶加材をアークにより溶融させる非溶極式とがある。金属をアーク溶接する作業については，改正前の別表第1第20号において「屋内，坑内又はタンク，船舶，管，車両等の内部に」おいて行うものに限って粉じん作業として定められていたが，平成24年改正において，同号の業務よりアーク溶接する作業を削除し，第20号の2として「金属をアーク溶接する作業」を加えたことで，屋外において行う場合にまで粉じん作業の範囲を拡大した。これにより，屋外において金属をアーク溶接する作業を行う場合には，粉じん障害防止規則（以下「粉じん則」という。）第23条（休憩設備）の規定が適用になる。

21　金属を溶射する場所における作業

【解　説】

本号の作業は，いわゆるメタリコンと呼ばれる作業で，溶融した金属を圧縮空気で吹きとばして噴霧状にし，対象となる物体の表面に付着させてメッキすることをいう。

22　染土の付着した藺（い）草を庫（くら）入れし，庫（くら）出しし，選別調整し，又は製織する場所における作業

【解　説】

1　「染土」とは，藺草の加工処理のために水泥状にして用いられる土石をいう。なお，藺草の加工処理の工程は，刈り取られた藺草を染土中に浸漬して染色した後，よじれ等を生じないようにして均一に乾燥する。

2　「庫（くら）」とは，簡易な物置程度の施設から専用の本格的な倉庫までを含めた集出荷用施設のすべてをいう。

3　「染土の付着した藺（い）草を庫（くら）入れし，庫（くら）出しし」とは，染土中に浸漬して染土を付着させた藺草を乾燥した後倉庫へ保管する作業，倉庫から出荷する作業およびこれらに付帯する作業を行うことをいう。

4　「選別調整」とは，不良なものを取り除き，長さをそろえることをいい，元抜きの作業が含まれる。

5　「製織する」とは，織機によりたたみ表，花むしろ等の製品を織ることをいう。

23　長大ずい道（じん肺法施行規則（昭和35年労働省令第６号）別表第23号の長大ずい道をいう。別表第３第17号において同じ。）の内部の，ホッパー車からバラストを取り卸し，又はマルチプルタイタンパーにより道床を突き固める場所における作業

【解　説】

「バラスト」とは，線路の下に敷く砂利をいう。

（別添）　　**主な粉状の鉱石**（別表第１第11号関係）

	名　　称	けい酸含有率(%)	用　　途
1	クレー （蝋石クレー）	62.46～76.82	1）製紙用充塡材，コーティング材 2）農薬用粉剤 3）ゴム強化剤，増量剤 4）織布用・紡績用糊材 5）その他（塗料の塡料，化粧品，薬品，顔料，陶磁器用原料，塩化ビニル樹脂，クレンザー）
2	けい藻土	64.22～89.50	1）耐火断熱煉瓦 2）けい藻土保温材 3）ろ過助剤 4）製紙用充塡剤 5）農薬等の増量剤 6）セメント混和剤
3	滑石 （タルク）	59.94～66.23	1）陶磁器の釉薬 2）ステアタイト磁器（高周波絶縁体）原料 3）グラビア用紙・コート用紙用充塡材 4）紡織用糊材 5）ゴム増量剤 6）機械の減摩剤 7）塗料 8）白色顔料，クレヨン材料 9）農薬用粉剤
4	カリオン	41.60～46.90	1）白色陶磁器原料 2）製紙用充塡材，コーティング材 3）ゴム充塡 4）ガラス繊維製造原料 5）電気溶接棒被覆材料 6）その他（塗料，顔料，化粧品，薬品）
5	ベントナイト	68.89～79.06	1）ボーリング用泥水 2）鋳物砂の粘結材 3）農薬用粘結材 4）農業土木用・土木建築用セメント混和剤 5）製鉄ペレット用粘結剤 6）煉炭用粘結剤 7）複合肥料用混入剤 8）耐火物用混入剤
6	酸性白土 （活性白土を含む）	60.00～70.00	1）各種油の脱色精製用吸着剤 2）ビタミンB_1の吸着剤 3）胃腸薬原料 4）歯みがき粉原料 5）クレンザー原料 6）セメント混和剤

7	アタパルジャイト	68.00	1)　石油精製工程における脱色・脱硫再生剤 2)　尿素や粒状肥料の固結防止剤 3)　農薬用粉剤・接着粘結剤 4)　塗料・プラスチックの充填材 5)　研磨剤・工業用洗浄剤・クリーニング洗剤原料 6)　ノンカーボン紙の発色顔料
8	絹　雲　母 (セリサイト)	47.22～77.61	1)　塗料絵具・顔料の原料 2)　医薬・化粧品の配合原料 3)　繊維工業の糸切れ防止 4)　溶接棒のフラックス 5)　硬質陶器用原料 6)　耐火煉瓦添加剤 7)　ゴム用打粉
9	沸　　　石 (ゼオライト)	66.40～72.96	1)　畜産用（体内の毒素吸収） 2)　農業用土壌改良剤 3)　公害防止用吸着剤（有害成分の除去・浄化）
10	長　　　石	65.14～65.98	1)　陶磁器・ガラス用原料 2)　ほうろう鉄器の釉薬の融着結合剤 3)　研削と石の融着結合剤 4)　ガラス繊維の融着結合剤 5)　溶接棒の融着結合剤
11	陶　　　石	71.54～74.85	1)　和洋白色磁器用原料 2)　碍子（がいし）用原料 3)　衛生陶器，タイル用原料
12	珪　灰　石	48.96～50.90	1)　タイル用原料 2)　碍子用原料 3)　溶接棒の溶剤 4)　ガラス繊維原料
13	リチウム鉱石	50.18～76.50	1)　陶磁器，ガラス用原料 2)　各種工業用塩類の原料
14	蛭　　　石 (バーミキュライト)	36.61～38.45	1)　コンクリート用軽量材 2)　耐熱材（耐火物用原料） 3)　保温材，防音・吸着材 4)　園芸用土壌
15	真　珠　岩 (パーライト)	70.19～78.84	1)　ろ過助剤 2)　建材用原料，コンクリート用原料 3)　スレートボード用混入剤 4)　断熱用材料 5)　土壌改良剤，園芸用土壌
16	軽　　　石	44.52～71.70	1)　軽量コンクリート，軽量ブロック用原料 2)　研磨材 3)　肥料用混入剤
17	天然スレート	61.80	セメント混和剤（ポゾラン）
18	膨脹頁岩	62.40～64.60	人工軽量骨材
19	耐火粘土	46.13～52.72	1)　粘土質耐火煉瓦用原料 2)　陶磁器原料 3)　建築用製品（土管，床タイル等） 4)　鋳物砂用粘結剤

20	礬土頁岩（ばんどけつがん）	14.21 ～ 39.33	粘土質耐火煉瓦用原料
21	カイヤナイト類［シリマナイト，アンダルナイトを含む］	36.1 ～ 39.98	電融鋳造煉瓦用原料
22	蝋　　石	62.20 ～ 74.40	1）粘土質耐火煉瓦用原料 2）蝋石煉瓦用原料 3）高アルミナ質キャスタブル耐火物用原料 4）クレー原料
23	ドロマイト	0.16 ～ 0.65	1）製鋼用平炉及び電気炉用耐火材 2）ドロマイト煉瓦用原料 3）板ガラス，陶磁器用原料
24	マグネサイト［マグネシアクリンカーを含む］	1.90 ～ 5.70	1）マグネシア質耐火物用原料 2）製鋼作業用炉床材
25	橄　欖　岩（がんらんがん）	37.80 ～ 39.66	1）フォルステライト煉瓦用原料 2）高炉操入原料（造滓材） 3）オリビン・サイド（鋳物砂）
26	燐　鉱　石	7.17 ～ 12.74	燐酸質肥料用原料
27	蛇　紋　岩（じゃもんがん）	39.72	1）溶性燐肥用原料 2）建築用床材 3）高炉操入原料（造滓材）
28	チリ硝石	0.04	1）窒素肥料用原料 2）ガラス製品用清澄材 3）ほうろう用釉薬の原料 4）化学原料
29	カリ硝石	51.55 ～ 55.55	1）カリ肥料用原料（塩化カリ，硫酸カリ） 2）無機薬品用原料

9.「別表第2（第2条，第4条，第10条，第11条関係）」

1　別表第1第1号又は第1号の2に掲げる作業に係る粉じん発生源のうち，坑内の，鉱物等を動力により掘削する箇所

【解　説】

「動力による掘削」とは，削岩機，パワーショベル，ドラグショベル，ボーリングマシン等の動力機械を用いて行う掘削をいい，発破による掘削は含まない。

2　別表第1第3号に掲げる作業に係る粉じん発生源のうち，鉱物等を動力（手持式動力工具によるものを除く。）により破砕し，粉砕し，又はふるい分ける

箇所
3　別表第1第3号又は第3号の2に掲げる作業に係る粉じん発生源のうち，鉱物等をずり積機等車両系建設機械により積み込み，又は積み卸す箇所
4　別表第1第3号又は第3号の2に掲げる作業に係る粉じん発生源のうち，鉱物等をコンベヤー（ポータブルコンベヤーを除く。以下この号において同じ。）へ積み込み，又はコンベヤーから積み卸す箇所（前号に掲げる箇所を除く。）

【解　説】

「ポータブルコンベヤー」とは，建設工事現場，砂利採取場等で用いられている可搬式のコンベヤーをいう。

5　別表第1第6号に掲げる作業に係る粉じん発生源のうち，屋内の，岩石又は鉱物を動力（手持式又は可搬式動力工具によるものを除く。）により裁断し，彫り，又は仕上げする箇所

【解　説】

1　「手持式動力工具」には，例えば手持式グラインダやスインググラインダ（吊下げ式グラインダ）がある。
2　「可搬式動力工具」には，例えば手持式動力工具以外の容易に持ち運びのできるグラインダがある。

6　別表第1第6号又は第7号に掲げる作業に係る粉じん発生源のうち，屋内の，研磨材の吹き付けにより，研磨し，又は岩石若しくは鉱物を彫る箇所
7　別表第1第7号に掲げる作業に係る粉じん発生源のうち，屋内の，研磨材を用いて動力（手持式又は可搬式動力工具によるものを除く。）により，岩石，鉱物若しくは金属を研磨し，若しくはばり取りし，又は金属を裁断する箇所
8　別表第1第8号に掲げる作業に係る粉じん発生源のうち，屋内の，鉱物等，炭素原料又はアルミニウムはくを動力（手持式動力工具によるものを除く。）により破砕し，粉砕し，又はふるい分ける箇所
9　別表第1第9号又は第10号に掲げる作業に係る粉じん発生源のうち，屋内の，セメント，フライアッシュ又は粉状の鉱石，炭素原料，炭素製品，アルミ

ニウム若しくは酸化チタンを袋詰めする箇所

10　別表第1第11号に掲げる作業に係る粉じん発生源のうち，屋内の，粉状の鉱石，炭素原料又はこれらを含む物を混合し，混入し，又は散布する箇所

11　別表第1第12号から第14号までに掲げる作業に係る粉じん発生源のうち，屋内の，原料を混合する箇所

12　別表第1第13号に掲げる作業に係る粉じん発生源のうち，耐火レンガ又はタイルを製造する工程において，屋内の，原料（湿潤なものを除く。）を動力により成形する箇所

【解　説】

「動力による成形」には，プレス成形がある。

13　別表第1第13号又は第14号に掲げる作業に係る粉じん発生源のうち，屋内の，半製品又は製品を動力（手持式動力工具によるものを除く。）により仕上げする箇所

14　別表第1第15号に掲げる作業に係る粉じん発生源のうち，屋内の，型ばらし装置を用いて砂型を壊し，若しくは砂落としし，又は動力（手持式動力工具によるものを除く。）により砂を再生し，砂を混練し，若しくは鋳ばり等を削り取る箇所

【解　説】

「型ばらし装置」とはシェイクアウトマシンおよびノックアウトマシンをいう。

15　別表第1第21号に掲げる作業に係る粉じん発生源のうち，屋内の，手持式溶射機を用いないで金属を溶射する箇所

【解　説】

「手持式溶射機を用いないで金属を溶射する」とは，固定設備による金属の溶射をいう。

10.「別表第３（第７条，第27条関係）」

１　別表第１第１号に掲げる作業のうち，坑外において，衝撃式削岩機を用いて掘削する作業

【解　説】

「坑外」とは，屋内および屋外の両方をいう。

１の２　別表第１第１号の２に掲げる作業のうち，動力を用いて掘削する場所における作業
２　別表第１第２号から第３号の２までに掲げる作業のうち，屋内又は坑内の，鉱物等を積載した車の荷台を覆し，又は傾けることにより鉱物等を積み卸す場所における作業（次号に掲げる作業を除く。）
２の２　別表第１第３号の２に掲げる作業のうち，動力を用いて鉱物等を積み込み，又は積み卸す場所における作業
３　別表第１第５号に掲げる作業
３の２　別表第１第５号の２に掲げる作業
３の３　別表第１第５号の３に掲げる作業
４　別表第１第６号に掲げる作業のうち，手持式又は可搬式動力工具を用いて岩石又は鉱物を裁断し，彫り，又は仕上げする作業
５　別表第１第６号又は第７号に掲げる作業のうち，屋外の，研磨材の吹き付けにより，研磨し，又は岩石若しくは鉱物を彫る場所における作業
６　別表第１第７号に掲げる作業のうち，屋内，坑内又はタンク，船舶，管，車両等の内部において，手持式又は可搬式動力工具（研磨材を用いたものに限る。次号において同じ。）を用いて，岩石，鉱物若しくは金属を研磨し，若しくはばり取りし，又は金属を裁断する作業
６の２　別表第１第７号に掲げる作業のうち，屋外において，手持式又は可搬式動力工具を用いて岩石又は鉱物を研磨し，又はばり取りする作業
７　別表第１第３号又は第８号に掲げる作業のうち，手持式動力工具を用いて，鉱物等を破砕し，又は粉砕する作業
７の２　別表第１第８号に掲げる作業のうち，屋内又は坑内において，手持式動

力工具を用いて，炭素原料又はアルミニウムはくを破砕し，又は粉砕する作業
8　別表第1第9号に掲げる作業のうち，セメント，フライアッシュ又は粉状の鉱石，炭素原料若しくは炭素製品を乾燥するため乾燥設備の内部に立ち入る作業又は屋内において，これらの物を積み込み，若しくは積み卸す作業

【解　説】

1　「乾燥設備」には，自然乾燥のみによる乾燥設備は含まない。

2　呼吸用保護具の使用が必要な「手持式又は可搬式動力工具を用いて岩石又は鉱物を裁断し，彫り，又は仕上げする作業」については，「屋内又は坑内に」おいて行うものに限られていたが，屋外において行う場合にまで範囲が拡大された。

なお，「可搬式動力工具」には，一箇所に継続して据え置かず場所を移動させながら使用するため，粉じん発生源に対する発散抑止措置を講ずることが困難な自動穿孔機等の機械を含む。(第4号)

3　呼吸用保護具の使用が必要な作業として，新たに「屋外において，手持式又は可搬式動力工具を用いて岩石又は鉱物を研磨し，又はばり取りする作業」が加えられた。

これにより，手持式または可搬式動力工具（研磨材を用いたものに限る。）を用いて岩石または鉱物を研磨し，またはばり取りする作業については，屋内，坑内またはタンク，船舶，管，車両等の内部において行う場合に加えて屋外において行う場合についても，粉じん則第27条（呼吸用保護具の使用）の規定が適用となる。

なお，第6号の2の「屋外」とは，「屋内，坑内又はタンク，船舶，管，車両等の内部」以外の場所をいう。

9　別表第1第13号に掲げる作業のうち，原料若しくは半製品を乾燥するため，乾燥設備の内部に立ち入る作業又は窯の内部に立ち入る作業
10　別表第1第14号に掲げる作業のうち，半製品を炉詰めし，又は半製品若しくは製品を炉出しするため，炉の内部に立ち入る作業
11　別表第1第15号に掲げる作業のうち，砂型を造型し，型ばらし装置を用いないで，砂型を壊し，若しくは砂落としし，動力によらないで砂を再生し，又は手持式動力工具を用いて鋳ばり等を削り取る作業

【解　説】

「動力によらないで砂を再生し」には，例えば手ふるいによる使用ずみの鋳物砂のふるい分けがある。

> 12　別表第1第16号に掲げる作業
>
> 12の2　別表第1第17号に掲げる作業のうち，土石又は鉱物を開放炉に投げ入れる作業
>
> 13　別表第1第18号に掲げる作業のうち，炉，煙道，煙突等に付着し，若しくは堆積した鉱さい又は灰をかき落とし，かき集め，積み込み，積み卸し，又は容器に入れる作業
>
> 14　別表第1第19号から第20号の2までに掲げる作業
>
> 15　別表第1第21号に掲げる作業のうち，手持式溶射機を用いて金属を溶射する作業
>
> 16　別表第1第22号に掲げる作業のうち，染土の付着した藺（い）草を庫（くら）入れし，又は庫（くら）出しする作業
>
> 17　別表第1第23号に掲げる作業のうち，長大ずい道の内部において，ホッパー車からバラストを取り卸し，又はマルチプルタイタンパーにより道床を突き固める作業

【解　説】

呼吸用保護具の使用が必要な「金属をアーク溶接する作業」については，「屋内，坑内又はタンク，船舶，管，車両等の内部に」おいて行うものに限られていたが，屋外において行う場合にまで範囲が拡大された。(第14号)

各粉じん作業に対

粉　じ　ん　作　業（別表第1）	特定粉じん発生源（別表第2）
1　鉱物等（湿潤な土石を除く。）を掘削する場所における作業（次号に掲げる作業を除く。）。ただし，次に掲げる作業を除く。 イ　坑外の，鉱物等を湿式により試錐（しすい）する場所における作業 ロ　屋外の，鉱物等を動力又は発破によらないで掘削する場所における作業	1　坑内の，鉱物等を動力により掘削する箇所
1の2　ずい道等の内部の，ずい道等の建設の作業のうち，鉱物等を掘削する場所における作業	1　坑内の，鉱物等を動力により掘削する箇所
2　鉱物等（湿潤なものを除く。）を積載した車の荷台を覆し，又は傾けることにより鉱物等（湿潤なものを除く。）を積み卸す場所における作業（次号，第3号の2，第9号又は第18号に掲げる作業を除く。）	
3　坑内の，鉱物等を破砕し，粉砕し，ふるい分け，積み込み，又は積み卸す場所における作業（次号に掲げる作業を除く。）。ただし，次に掲げる作業を除く。 イ　湿潤な鉱物等を積み込み，又は積み卸す場所における作業 ロ　水の中で破砕し，粉砕し，又はふるい分ける場所における作業 設備による注水又は注油をしながら，ふるい分ける場所における作業を行う場合には粉じん則第2章～第6章の規定は適用されない。（第3条）	2　鉱物等を動力（手持式動力工具によるものを除く。）により破砕し，粉砕し，又はふるい分ける箇所 3　鉱物等をずり積機等車両系建設機械により積み込み，又は積み卸す箇所 4　鉱物等をコンベヤー（ポータブルコンベヤーを除く。以下この号において同じ。）へ積み込み，又はコンベヤーから積み卸す箇所（前号に掲げる箇所を除く。）

する措置の一覧表（粉じん則）

<table>
<tr><th>特定粉じん発生源に係る措置(第4条関係)</th><th>呼吸用保護具を使用する作業（別表第3）</th></tr>
<tr><td>1　衝撃式削岩機を用いる場合
衝撃式削岩機を湿式型とすること。
2　衝撃式削岩機を用いない場合
湿潤な状態に保つための設備を設置すること。</td><td>1　坑外において，衝撃式削岩機を用いて掘削する作業</td></tr>
<tr><td>1　衝撃式削岩機を用いる場合
衝撃式削岩機を湿式型とすること。
2　衝撃式削岩機を用いない場合
湿潤な状態に保つための設備を設置すること。</td><td>※1の2　動力を用いて掘削する場所における作業</td></tr>
<tr><td></td><td>2　屋内又は坑内の，鉱物等を積載した車の荷台を覆し，又は傾けることにより鉱物等を積み卸す場所における作業（次号に掲げる作業を除く。）</td></tr>
<tr><td>(1)　密閉する設備を設置すること。
(2)　湿潤な状態に保つための設備を設置すること。</td><td rowspan="2">2　屋内又は坑内の，鉱物等を積載した車の荷台を覆し，又は傾けることにより鉱物等を積み卸す場所における作業（次号に掲げる作業を除く。）
7　手持式動力工具を用いて，鉱物等を破砕し，又は粉砕する作業</td></tr>
<tr><td>湿潤な状態に保つための設備を設置すること。</td></tr>
</table>

粉じん作業（別表第1）	特定粉じん発生源（別表第2）
3の2　ずい道等の内部の，ずい道等の建設の作業のうち，鉱物等を積み込み，又は積み卸す場所における作業	3　鉱物等をずり積機等車両系建設機械により積み込み，又は積み卸す箇所 4　鉱物等をコンベヤー（ポータブルコンベヤーを除く。以後この号において同じ。）へ積み込み，又はコンベヤーから積み卸す箇所（前号に掲げる箇所を除く。）
4　坑内において鉱物等（湿潤なものを除く。）を運搬する作業。ただし，鉱物等を積載した車を牽引する機関車を運転する作業を除く。	
5　坑内の，鉱物等（湿潤なものを除く。）を充てんし，又は岩粉を散布する場所における作業（次号に掲げる作業を除く。）	
5の2　ずい道等の内部の，ずい道等の建設の作業のうち，コンクリート等を吹き付ける場所における作業	
5の3　坑内であつて，第1号から第3号の2まで又は前二号に規定する場所に近接する場所において，粉じんが付着し，又は堆積した機械設備又は電気設備を移設し，撤去し，点検し，又は補修する作業	
6　岩石又は鉱物を裁断し，彫り，又は仕上げする場所における作業（第13号に掲げる作業を除く。）。ただし，火炎を用いて裁断し，又は仕上げする場所における作業を除く。 設備による注水又は注油をしながら，裁断し，彫り，又は仕上げする場所における作業を行う場合には，粉じん則第2章～第6章の規定は適用されない。（第3条）	5　屋内の，岩石又は鉱物を動力（手持式又は可搬式動力工具によるものを除く。）により裁断し，彫り，又は仕上げする箇所 ⑥　屋内の，研磨材の吹き付けにより，研磨し，又は岩石若しくは鉱物を彫る箇所

特定粉じん発生源に係る措置(第４条関係)	呼吸用保護具を使用する作業（別表第３）
湿潤な状態に保つための設備を設置すること。	２　屋内又は坑内の，鉱物等を積載した車の荷台を覆し，又は傾けることにより鉱物等を積み卸す場所における作業（次号に掲げる作業を除く。） ※２の２　動力を用いて鉱物等を積み込み，又は積み卸す場所における作業
	３　坑内の，鉱物等(湿潤なものを除く。)を充てんし，又は岩粉を散布する場所における作業（次号に掲げる作業を除く。）
	※３の２　ずい道等の内部の，ずい道等の建設の作業のうち，コンクリート等を吹き付ける場所における作業
	３の３　別表第１第５号の３に掲げる坑内であって，粉じんが付着し，又は堆積した機械設備又は電気設備を移設し，撤去し，点検し，又は補修する作業
(1)　局所排気装置を設置すること。 (2)　プッシュプル型換気装置を設置すること。 (3)　湿潤な状態に保つための設備を設置すること。	４　手持式又は可搬式動力工具を用いて岩石又は鉱物を裁断し，彫り，又は仕上げする作業
(1)　密閉する設備を設置すること。 (2)　局所排気装置を設置すること。	５　屋外の，研磨材の吹き付けにより，研磨し，又は岩石若しくは鉱物を彫る場所における作業（送気マスク又は空気呼吸器に限る。）

<table>
<tr><th>粉じん作業（別表第1）</th><th>特定粉じん発生源（別表第2）</th></tr>
<tr><td rowspan="3">7　研磨材の吹き付けにより研磨し，又は研磨材を用いて動力により，岩石，鉱物若しくは金属を研磨し，若しくはばり取りし，若しくは金属を裁断する場所における作業（前号に掲げる作業を除く。）

設備による注水又は注油をしながら，研磨材を用いて動力により，岩石，鉱物若しくは金属を研磨し，若しくはばり取りし，又は金属を裁断する場所における作業を行う場合には，粉じん則第2章～第6章の規定は適用されない。（第3条）</td><td>⑥　屋内の，研磨材の吹き付けにより，研磨し，又は岩石若しくは鉱物を彫る箇所</td></tr>
<tr><td>⑦-1　屋内の，研磨材を用いて動力（手持式又は可搬式動力工具によるものを除く。）により，岩石，鉱物若しくは金属を研磨し，若しくはばり取りし，又は金属を裁断する箇所（研削盤，ドラムサンダー等の回転体を有する機械に係る箇所を除く。）</td></tr>
<tr><td>⑦-2　屋内の，研磨材を用いて動力（手持式又は可搬式動力工具によるものを除く。）により，岩石，鉱物若しくは金属を研磨し，若しくはばり取りし，又は金属を裁断する箇所（研削盤，ドラムサンダー等の回転体を有する機械に係る箇所に限る。）</td></tr>
<tr><td>8　鉱物等，炭素原料又はアルミニウムはくを動力により破砕し，粉砕し，又はふるい分ける場所における作業（第3号，第15号又は第19号に掲げる作業を除く。）。ただし，水又は油の中で動力により破砕し，粉砕し，又はふるい分ける場所における作業を除く。

設備による注水又は注油をしながら，鉱物等又は炭素原料を動力によりふるい分ける場所における作業を行う場合には粉じん則第2章～第6章の規定は適用されない。（第3条）
設備による注水又は注油をしながら，屋外の鉱物等又は炭素原料を動力により破砕し，又は粉砕する場所における作業を行う場合には，粉じん則第2章～第6章の規定は適用されない。（第3条）</td><td>⑧　屋内の，鉱物等，炭素原料又はアルミニウムはくを動力（手持式動力工具によるものを除く。）により破砕し，粉砕し，又はふるい分ける箇所</td></tr>
</table>

<table>
<tr><th>特定粉じん発生源に係る措置(第４条関係)</th><th>呼吸用保護具を使用する作業（別表第３)</th></tr>
<tr><td>(1)　密閉する設備を設置すること。
(2)　局所排気装置を設置すること。</td><td rowspan="3">５　屋外の，研磨材の吹き付けにより，研磨し，又は岩石若しくは鉱物を彫る場所における作業（送気マスク又は空気呼吸器に限る。)
６　屋内，坑内又はタンク，船舶，管，車両等の内部において，手持式又は可搬式動力工具（研磨材を用いたものに限る。次号において同じ。）を用いて，岩石，鉱物若しくは金属を研磨し，若しくはばり取りし，又は金属を裁断する作業
６の２　屋外において，手持式又は可搬式動力工具を用いて岩石又は鉱物を研磨し，又はばり取りする作業</td></tr>
<tr><td>(1)　局所排気装置を設置すること。
(2)　プッシュプル型換気装置を設置すること。
(3)　湿潤な状態に保つための設備を設置すること。</td></tr>
<tr><td>(1)　局所排気装置を設置すること。
(2)　湿潤な状態に保つための設備を設置すること。</td></tr>
<tr><td rowspan="2">(1)　密閉する設備を設置すること。
(2)　局所排気装置を設置すること。
(3)　湿潤な状態に保つための設備を設置すること。(アルミニウムに係る箇所を除く。)</td><td>７　手持式動力工具を用いて，鉱物等を破砕し，又は粉砕する作業</td></tr>
<tr><td>７の２　屋内又は坑内において，手持式動力工具を用いて，炭素原料又はアルミニウムはくを破砕し，又は粉砕する作業</td></tr>
</table>

粉じん作業（別表第1）	特定粉じん発生源（別表第2）
9　セメント，フライアッシュ又は粉状の鉱石，炭素原料若しくは炭素製品を乾燥し，袋詰めし，積み込み，又は積み卸す場所における作業（第3号，第3号の2，第16号又は第18号に掲げる作業を除く。）	⑨　屋内の，セメント，フライアッシュ又は粉状の鉱石，炭素原料，炭素製品，アルミニウム若しくは酸化チタンを袋詰めする箇所
10　粉状のアルミニウム又は酸化チタンを袋詰めする場所における作業	⑨　屋内の，セメント，フライアッシュ又は粉状の鉱石，炭素原料，炭素製品，アルミニウム若しくは酸化チタンを袋詰めする箇所
11　粉状の鉱石又は炭素原料を原料又は材料として使用する物を製造し，又は加工する工程において，粉状の鉱石，炭素原料又はこれらを含む物を混合し，混入し，又は散布する場所における作業（次号から第14号までに掲げる作業を除く。）	10　屋内の，粉状の鉱石，炭素原料又はこれらを含む物を混合し，混入し，又は散布する箇所
12　ガラス又はほうろうを製造する工程において，原料を混合する場所における作業又は原料若しくは調合物を溶解炉に投げ入れる作業。ただし，水の中で原料を混合する場所における作業を除く。	11　屋内の，原料を混合する箇所
13　陶磁器，耐火物，けい藻土製品又は研磨材を製造する工程において，原料を混合し，若しくは成形し，原料若しくは半製品を乾燥し，半製品を台車に積み込み，若しくは半製品若しくは製品を台車から積み卸し，仕上げし，若しくは荷造りする場所における作業又は窯の内部に立ち入る作業。ただし，次に掲げる作業を除く。 イ　陶磁器を製造する工程において，原料を流し込み成形し，半製品を生仕上げし，又は製品を荷造りする場所における作業 ロ　水の中で原料を混合する場所における作業	11　屋内の，原料を混合する箇所 12　耐火レンガ又はタイルを製造する工程において，屋内の，原料（湿潤なものを除く。）を動力により成形する箇所 13　屋内の，半製品又は製品を動力（手持式動力工具によるものを除く。）により仕上げる箇所

特定粉じん発生源に係る措置（第４条関係）	呼吸用保護具を使用する作業（別表第３）
(1)　局所排気装置を設置すること。 (2)　プッシュプル型換気装置を設置すること。	8　セメント，フライアッシュ又は粉状の鉱石，炭素原料若しくは炭素製品を乾燥するため乾燥設備の内部に立ち入る作業又は屋内において，これらの物を積み込み，若しくは積み卸す作業
(1)　局所排気装置を設置すること。 (2)　プッシュプル型換気装置を設置すること。	
(1)　密閉する設備を設置すること。 (2)　局所排気装置を設置すること。 (3)　プッシュプル型換気装置を設置すること。 (4)　湿潤な状態に保つための設備を設置すること。	
(1)　密閉する設備を設置すること。 (2)　局所排気装置を設置すること。 (3)　プッシュプル型換気装置を設置すること。 (4)　湿潤な状態に保つための設備を設置すること。	
(1)　密閉する設備を設置すること。 (2)　局所排気装置を設置すること。 (3)　プッシュプル型換気装置を設置すること。 (4)　湿潤な状態に保つための設備を設置すること。	9　原料若しくは半製品を乾燥するため，乾燥設備の内部に立ち入る作業又は窯の内部に立ち入る作業
(1)　局所排気装置を設置すること。 (2)　プッシュプル型換気装置を設置すること。	
(1)　局所排気装置を設置すること。 (2)　プッシュプル型換気装置を設置すること。 (3)　湿潤な状態に保つための設備を設置すること。	

<table>
<tr><th>粉じん作業（別表第1）</th><th>特定粉じん発生源（別表第2）</th></tr>
<tr><td rowspan="2">14　炭素製品を製造する工程において，炭素原料を混合し，若しくは成形し，半製品を炉詰めし，又は半製品若しくは製品を炉出しし，若しくは仕上げする場所における作業。ただし，水の中で原料を混合する場所における作業を除く。</td><td>11　屋内の，原料を混合する箇所</td></tr>
<tr><td>13　屋内の，半製品又は製品を動力（手持式動力工具によるものを除く。）により仕上げる箇所</td></tr>
<tr><td rowspan="2">15　砂型を用い鋳物を製造する工程において，砂型を造型し，砂型を壊し，砂落としし，砂を再生し，砂を混練し，又は鋳ばり等を削り取る場所における作業（第7号に掲げる作業を除く。）。ただし，水の中で砂を再生する場所における作業を除く。

設備による注水又は注油をしながら，砂を再生する場所における作業を行う場合には粉じん則第2章～第6章の規定は適用されない。（第3条）</td><td>⑭-1　屋内の，型ばらし装置を用いて砂型を壊し，若しくは砂落としし，又は動力（手持式動力工具によるものを除く。）により砂を混練し，若しくは鋳ばり等を削り取る箇所</td></tr>
<tr><td>⑭-2　屋内の，型ばらし装置を用いて砂型を壊し，若しくは砂落としし，又は動力（手持式動力工具によるものを除く。）により砂を再生する箇所</td></tr>
<tr><td>16　鉱物等（湿潤なものを除く。）を運搬する船舶の船倉内で鉱物等（湿潤なものを除く。）をかき落とし，若しくはかき集める作業又はこれらの作業に伴い清掃を行う作業（水洗する等粉じんの飛散しない方法によって行うものを除く。）</td><td></td></tr>
<tr><td>17　金属その他無機物を製錬し，又は溶融する工程において，土石又は鉱物を開放炉に投げ入れ，焼結し，湯出しし，又は鋳込みする場所における作業。ただし，転炉から湯出しし，又は金型に鋳込みする場所における作業を除く。</td><td></td></tr>
</table>

特定粉じん発生源に係る措置(第４条関係)	呼吸用保護具を使用する作業（別表第３)
(1)　密閉する設備を設置すること。 (2)　局所排気装置を設置すること。 (3)　プッシュプル型換気装置を設置すること。 (4)　湿潤な状態に保つための設備を設置すること。	10　半製品を炉詰めし，又は半製品若しくは製品を炉出しするため，炉の内部に立ち入る作業
(1)　局所排気装置を設置すること。 (2)　プッシュプル型換気装置を設置すること。 (3)　湿潤な状態に保つための設備を設置すること。	
(1)　密閉する設備を設置すること。 (2)　局所排気装置を設置すること。 (3)　プッシュプル型換気装置を設置すること。	11　砂型を造型し，型ばらし装置を用いないで，砂型を壊し，若しくは砂落としし，動力によらないで砂を再生し，又は手持式動力工具を用いて鋳ばり等を削り取る作業
(1)　密閉する設備を設置すること。 (2)　局所排気装置を設置すること。	
	12　鉱物等（湿潤なものを除く。）を運搬する船舶の船倉内で鉱物等（湿潤なものを除く。）をかき落とし，若しくはかき集める作業又はこれらの作業に伴い清掃を行う作業（水洗する等粉じんの飛散しない方法によって行うものを除く。）
	12の２　土石又は鉱物を開放炉に投げ入れる作業

粉じん作業（別表第1）	特定粉じん発生源（別表第2）
18　粉状の鉱物を燃焼する工程又は金属その他無機物を製錬し，若しくは溶融する工程において，炉，煙道，煙突等に付着し，若しくは堆積した鉱さい又は灰をかき落とし，かき集め，積み込み，積み卸し，又は容器に入れる場所における作業	
19　耐火物を用いて窯，炉等を築造し，若しくは修理し，又は耐火物を用いた窯，炉等を解体し，若しくは破砕する作業	
20　屋内，坑内又はタンク，船舶，管，車両等の内部において，金属を溶断し，又はアークを用いてガウジングする作業	
20の2　金属をアーク溶接する作業	
21　金属を溶射する場所における作業	⑮　屋内の，手持式溶射機を用いないで金属を溶射する箇所
22　染土の付着した藺（い）草を庫（くら）入れし，庫（くら）出しし，選別調整し，又は製織する場所における作業	
23　長大ずい道の内部の，ホッパー車からバラストを取り卸し，又はマルチプルタイタンパーにより道床を突き固める場所における作業	

注1）　特定粉じん発生源のうち番号を○で囲んだものについては，局所排気装置またはプッシュ定粉じん発生源に対しフードを設けている局所換気装置またはプッシュプル型換気装置に限

注2）　特定粉じん発生源のうち，アンダーラインを引いた発生源を有する機械や設備は届出をしなければならない。

注3）　呼吸用保護具を使用する作業のうち※印の作業については，防じん機能を有する電動ファ

特定粉じん発生源に係る措置(第4条関係)	呼吸用保護具を使用する作業（別表第3）
	13　炉，煙道，煙突等に付着し，若しくは堆積した鉱さい又は灰をかき落とし，かき集め，積み込み，積み卸し，又は容器に入れる作業
	14　耐火物を用いて窯，炉等を築造し，若しくは修理し，又は耐火物を用いた窯，炉等を解体し，若しくは破砕する作業
	14　屋内，坑内又はタンク，船舶，管，車両等の内部において，金属を溶断し，又はアークを用いてガウジングする作業
	14　金属をアーク溶接する作業
(1)　密閉する設備を設置すること。 (2)　局所排気装置を設置すること。 (3)　プッシュプル型換気装置を設置すること。	15　手持式溶射機を用いて金属を溶射する作業
	16　染土の付着した藺草を庫入れし，又は庫出しする作業
	17　長大ずい道の内部において，ホッパー車からバラストを取り卸し，又はマルチプルタイタンパーにより道床を突き固める作業

プル型換気装置に除じん装置を設置しなければならない。ただし，⑦については，10箇所以上の特
る。
なければならない。また，局所排気装置またはプッシュプル型換気装置を設置した場合は届出をし

ン付き呼吸用保護具を使用しなければならない。

様式第1号（第2条関係）

粉じん作業非該当認定申請書

<table>
<tr><td colspan="2">事業の種類</td><td colspan="2">事業場の名称</td><td colspan="2">事業場の所在地</td></tr>
<tr><td colspan="2"></td><td colspan="2"></td><td colspan="2">（電話　　　　）</td></tr>
<tr><td rowspan="2">認定申請作業</td><td>別表第1の号別区分</td><td colspan="2">作業の内容</td><td colspan="2">従事労働者数</td></tr>
<tr><td></td><td colspan="2"></td><td colspan="2"></td></tr>
<tr><td colspan="2" rowspan="2">粉じんとなる物質の種類及び取扱量</td><td colspan="2">種　　類</td><td colspan="2">取　扱　量</td></tr>
<tr><td colspan="2"></td><td colspan="2"></td></tr>
<tr><td colspan="2">粉じん発生源を有する機械又は設備の種類，能力及び台数</td><td colspan="4"></td></tr>
<tr><td colspan="2">作業環境管理のための措置</td><td colspan="4">無
有┌局所排気装置 湿潤化 密閉化 動力による換気
　└その他の措置(　　　)</td></tr>
</table>

年　　月　　日

事業者職氏名

都道府県労働局長　殿

備考

1　「事業の種類」の欄は，日本標準産業分類の中分類により記入すること。

2　「取扱量」の欄は，日，週，月等一定期間に通常取り扱う量を記入すること。

3　「作業環境管理のための措置」の欄は，該当するものに○を付し，その他の措置に○を付した場合にはその具体的内容を（　）内に記載すること。

4　この申請書には，当該粉じん作業場の写真又は図面を添付すること。

5　この申請書に記載しきれない事項については，別紙に記載して添付すること。

様式第１号の２（第３条の２関係）

粉じん障害防止規則適用除外認定申請書（新規認定・更新）

事業場の種類	
事業場の名称	
事業場の所在地	郵便番号（　　　　） 電話　（　）
申請に係る特定粉じん作業の内容	
申請に係る特定粉じん作業に常時従事する労働者の人数	

年　　月　　日

事業者職氏名

都道府県労働局長殿

備考

1　表題の「新規認定」又は「更新」のうち該当しない文字は，抹消すること。

2　適用除外の新規認定又は更新を受けようとする事業場の所在地を管轄する都道府県労働局長に提出すること。なお，更新の場合は，過去に適用除外の認定を受けたことを証する書面の写しを添付すること。

3「事業の種類」の欄は日本標準産業分類の中分類により記入すること。

4　次に掲げる書面を添付すること。

①事業場に配置されている化学物質管理専門家が，粉じん障害防止規則第３条の２第１項第１号に規定する事業場における化学物質の管理について必要な知識及び技能を有する者であることを証する書面の写し

②上記①の者が当該事業場に専属であることを証する書面の写し（当該書面がない場合には，当該事実についての申立書）

③粉じん障害防止規則第３条の２第１項第３号及び第４号に該当することを証する書面

④粉じん障害防止規則第３条の２第１項５号の化学物質管理専門家による評価結果を証する書面

5　４④の書面は，当該評価を実施した化学物質管理専門家が，粉じん障害防止規則第３条の２第１項第１号に規定する事業場における化学物質の管理について必要な知識及び技能を有する者であることを証する書面の写しを併せて添付すること。

6　４④の書面は，評価を実施した化学物質管理専門家が，当該事業場に所属しないことを証する書面の写し（当該書面がない場合には，当該事実についての申立書）を併せて添付すること。

7　この申請書に記載しきれない事項については，別紙に記載して添付すること。

様式第２号（第９条関係）

粉じん障害防止規則一部適用除外認定申請書

<table>
<tr><td colspan="2">事業の種類</td><td colspan="2">事業場の名称</td><td colspan="2">事業場の所在地</td></tr>
<tr><td colspan="2"></td><td colspan="2"></td><td colspan="2">（電話　　　　　）</td></tr>
<tr><td rowspan="2">認定申請作業</td><td colspan="2">別表第１の号別区分</td><td>作業の内容</td><td colspan="2">従事労働者数</td></tr>
<tr><td colspan="2"></td><td></td><td colspan="2"></td></tr>
<tr><td colspan="2">特定粉じん発生源を有する機械又は設備の概要</td><td colspan="4"></td></tr>
<tr><td colspan="2">設備等を設けることが困難である理由</td><td colspan="4"></td></tr>
<tr><td colspan="2">使用する呼吸用保護具の種類</td><td colspan="4"></td></tr>
</table>

年　　月　　日

事業者職氏名

労働基準監督署長　殿

備考

1　「事業の種類」の欄は，日本標準産業分類の中分類により記入すること。

2　「特定粉じん発生源を有する機械又は設備の概要」及び「設備等を設けることが困難である理由」の欄は，具体的に記入し，写真，図面等を添付すること。

3　この申請書に記載しきれない事項については，別紙に記載して添付すること。

様式第３号（第26条関係）

粉じん測定特例許可申請書

<table>
<tr><td>事業の種類</td><td>事業場の名称</td><td>事業場の所在地</td></tr>
<tr><td></td><td></td><td>（電話　　－　　　）</td></tr>
<tr><td rowspan="2">申請に係る単位作業場所における粉じん作業</td><td>作業の内容</td><td>従事労働者数</td></tr>
<tr><td></td><td>（うち年少者　　名）</td></tr>
</table>

年　　月　　日

労働基準監督署長　殿　　　　　　　　　　事業者職氏名

備考

１　「事業の種類」の欄は，日本標準産業分類の中分類により記入すること。

２　「申請に係る単位作業場所における粉じん作業」の欄は，二以上の単位作業場所について申請を行う場合にあっては，単位作業場所ごとに記入すること。

３　「作業の内容」の欄は，粉じん障害防止規則（昭和54年労働省令第18号）別表第１の各号のいずれに該当するかを記入すること。

４　この申請書に記載しきれない事項については，別紙に記載して添付すること。

様式第4号（第26条関係）

粉 じ ん 測 定 結 果 摘 要 書

整理番号	

測定実施年月日	一日目の測定		二日目の測定		第一評価値	第二評価値	B測定値	管理濃度	管理区分	作業環境測定士又は作業環境測定機関	
	M_1	σ_1	M_2	σ_2						氏名又は名称	登録番号

備考
1　本摘要書は，単位作業場所ごとに記入すること。
2　「整理番号」の欄は，二以上の単位作業場所について申請を行う場合にあつては，各々に粉じん測定特例許可申請書（様式第3号）に記入した単位作業場所の順に整理番号を付すること。
3　「一日目の測定」及び「二日目の測定」の欄中M_1及びM_2はA測定の測定値の幾何平均値をσ_1及びσ_2はA測定の測定値の幾何標準偏差をそれぞれ記入すること。なお，「二日目の測定」の欄は，当該測定を行わない場合には記入を要しないこと。
4　「B測定値」の欄は，二以上の測定点においてB測定を行った場合には，そのうちの最大値を記入すること。なお，「B測定値」の欄は，当該測定を行わない場合には記入を要しないこと。

注）様式第５号は，令和６年４月１日より施行される。

様式第５号（第26条の３の３関係）

第三管理区分措置状況届

<table>
<tr><td>事業の種類</td><td colspan="3"></td></tr>
<tr><td>事業場の名称</td><td colspan="3"></td></tr>
<tr><td>事業場の所在地</td><td colspan="3">郵便番号（　　　　）
電話　（　）</td></tr>
<tr><td>労働者数</td><td colspan="3">人</td></tr>
<tr><td>第三管理区分にされた場所における特定粉じん作業の内容</td><td colspan="3"></td></tr>
<tr><td rowspan="5">作業環境管理専家の意見概要</td><td>所属事業場名</td><td colspan="2"></td></tr>
<tr><td>氏名</td><td colspan="2"></td></tr>
<tr><td>作業環境管理専門家から意見を聴取した日</td><td colspan="2">年　月　日</td></tr>
<tr><td rowspan="2">意見概要</td><td>第一管理区分又は第二管理区分とすることの可否</td><td>可・否</td></tr>
<tr><td colspan="2">可の場合，必要な措置の概要</td></tr>
<tr><td>呼吸用保護具の状況</td><td colspan="3">有効な呼吸用保護具の使用　有・無
保護具着用管理責任者の選任　有・無
作業環境管理専門家意見の等の労働者への周知　有・無</td></tr>
</table>

年　月　日

事業者職氏名

都道府県労働局長　殿

備考

1 「事業の種類」の欄は，日本標準産業分類の中分類により記入すること。
2 次に掲げる書面を添付すること。
①意見を聴取した作業環境管理専門家が，粉じん障害防止規則第26条の３の２第１項に規定する事業場における作業環境の管理について必要な能力を有する者であることを証する書面の写し
②作業環境管理専門家から聴取した意見の内容を明らかにする書面
③この届出に係る作業環境測定の結果及びその結果に基づく評価の記録の写し
④粉じん障害防止規則第26条の３の２第４項第１号に規定する個人サンプリング測定等の結果の記録の写し
⑤粉じん障害防止規則第26条の３の２第４項第２号に規定する呼吸用保護具が適切に装着されていることを確認した結果の記録の写し

粉じん障害防止総合対策の推進について

労働省（現厚生労働省）では，昭和54年に粉じん障害防止規則を制定し，さらに，同規則の一層の普及，定着を推進し，じん肺法との一体的運用を図るため昭和56年4月に「粉じん障害防止総合対策推進要綱」を策定した。粉じん障害防止総合対策は，昭和56年以来，3カ年ないし5カ年おきに10次にわたり策定されてきている。

(1)　粉じん障害防止総合対策（第１次～第９次）

①粉じん障害防止総合対策（昭和56年4月22日基発第238号）
②第2次粉じん障害防止総合対策（昭和59年3月28日基発第151号）
③第3次粉じん障害防止総合対策（昭和63年2月16日基発第81号）
④第4次粉じん障害防止総合対策（平成5年3月31日基発第199号の3）
⑤第5次粉じん障害防止総合対策（平成10年3月31日基発第147号の4）
⑥第6次粉じん障害防止総合対策（平成15年5月29日基発第0529004号）
⑦第7次粉じん障害防止総合対策（平成20年3月19日基発第0319006号）
⑧第8次粉じん障害防止総合対策（平成25年2月19日基発0219第2号）
⑨第9次粉じん障害防止総合対策（平成30年2月9日基発0209第2号）

(2) 粉じん障害防止総合対策（第１０次）の推進について

厚生労働省では，令和5年3月に令和5年度から令和9年度までの5カ年を推進期間とする「第10次粉じん障害防止総合対策（参考8)」を策定した。この総合対策では，呼吸用保護具の適正な選択および使用の徹底，ずい道等建設工事における粉じん障害防止対策，じん肺健康診断の着実な実施，離職後の健康管理の推進およびその他地域の実情に即した事項を重点事項としている。

第4章　じん肺法（抄）

（昭和35年3月31日法律第30号）
（最新改正　平成30年7月6日法律第71号）

第1章　総　則

（目　的）

第1条　この法律は，じん肺に関し，適正な予防及び健康管理その他必要な措置を講ずることにより，労働者の健康の保持その他福祉の増進に寄与することを目的とする。

（定　義）

第2条　この法律において，次の各号に掲げる用語の意義は，それぞれ当該各号に定めるところによる。

1　じん肺　粉じんを吸入することによつて肺に生じた線維増殖性変化を主体とする疾病をいう。

2　合併症　じん肺と合併した肺結核その他のじん肺の進展経過に応じてじん肺と密接な関係があると認められる疾病をいう。

3　粉じん作業　当該作業に従事する労働者がじん肺にかかるおそれがあると認められる作業をいう。

4　労働者　労働基準法（昭和22年法律第49号）第9条に規定する労働者（同居の親族のみを使用する事業又は事務所に使用される者及び家事使用人を除く。）をいう。

5　事業者　労働安全衛生法（昭和47年法律第57号）第2条第3号に規定する事業者で，粉じん作業を行う事業に係るものをいう。

②　合併症の範囲については，厚生労働省令で定める。

③　粉じん作業の範囲は，厚生労働省令で定める。

（じん肺健康診断）

第3条　この法律の規定によるじん肺健康診断は，次の方法によつて行うものとする。

1　粉じん作業についての職歴の調査及びエックス線写真（直接撮影による胸部全

域のエツクス線写真をいう。以下同じ。）による検査

2　厚生労働省令で定める方法による胸部に関する臨床検査及び肺機能検査

3　厚生労働省令で定める方法による結核精密検査その他厚生労働省令で定める検査

② 前項第2号の検査は，同項第1号の調査及び検査の結果，じん肺の所見がないと診断された者以外の者について行う。ただし，肺機能検査については，エツクス線写真に一側の肺野の3分の1を超える大きさの大陰影（じん肺によるものに限る。次項及び次条において同じ。）があると認められる者その他厚生労働省令で定める者を除く。

③ 第1項第3号の結核精密検査は同項第1号及び第2号の調査及び検査（肺機能検査を除く。）の結果，じん肺の所見があると診断された者のうち肺結核にかかつており，又はかかつている疑いがあると診断された者について，同項第3号の厚生労働省令で定める検査は同項第1号及び第2号の調査及び検査の結果，じん肺の所見があると診断された者のうち肺結核以外の合併症にかかつている疑いがあると診断された者（同項第3号の厚生労働省令で定める検査を受けることが必要であると認められた者に限る。）について行う。ただし，エツクス線写真に一側の肺野の3分の1を超える大きさの大陰影があると認められる者を除く。

（エツクス線写真の像及びじん肺管理区分）

第4条　じん肺のエツクス線写真の像は，次の表の下欄＜編注・右欄＞に掲げるところにより，第1型から第4型までに区分するものとする。

型	エツクス線写真の像
第1型	両肺野にじん肺による粒状影又は不整形陰影が少数あり，かつ，大陰影がないと認められるもの
第2型	両肺野にじん肺による粒状影又は不整形陰影が多数あり，かつ，大陰影がないと認められるもの
第3型	両肺野にじん肺による粒状影又は不整形陰影が極めて多数あり，かつ，大陰影がないと認められるもの
第4型	大陰影があると認められるもの

② 粉じん作業に従事する労働者及び粉じん作業に従事する労働者であつた者は，じん肺健康診断の結果に基づき，次の表の下欄＜編注・右欄＞に掲げるところにより，管理1から管理4までに区分して，この法律の規定により，健康管理を行うものとする。

<table>
<tr><th colspan="2">じん肺管理区分</th><th>じん肺健康診断の結果</th></tr>
<tr><td colspan="2">管理 1</td><td>じん肺の所見がないと認められるもの</td></tr>
<tr><td colspan="2">管理 2</td><td>エツクス線写真の像が第1型で，じん肺による著しい肺機能の障害がないと認められるもの</td></tr>
<tr><td rowspan="2">管理3</td><td>イ</td><td>エツクス線写真の像が第2型で，じん肺による著しい肺機能の障害がないと認められるもの</td></tr>
<tr><td>ロ</td><td>エツクス線写真の像が第3型又は第4型（大陰影の大きさが一側の肺野の3分の1以下のものに限る。）で，じん肺による著しい肺機能の障害がないと認められるもの</td></tr>
<tr><td colspan="2">管理 4</td><td>⑴　エツクス線写真の像が第4型（大陰影の大きさが一側の肺野の3分の1を超えるものに限る。）と認められるもの
⑵　エツクス線写真の像が第1型，第2型，第3型又は第4型（大陰影の大きさが一側の肺野の3分の1以下のものに限る。）で，じん肺による著しい肺機能の障害があると認められるもの</td></tr>
</table>

（予　防）

第5条　事業者及び粉じん作業に従事する労働者は，じん肺の予防に関し，労働安全衛生法及び鉱山保安法（昭和24年法律第70号）の規定によるほか，粉じんの発散の防止及び抑制，保護具の使用その他について適切な措置を講ずるように努めなければならない。

（教　育）

第6条　事業者は，労働安全衛生法及び鉱山保安法の規定によるほか，常時粉じん作業に従事する労働者に対してじん肺に関する予防及び健康管理のために必要な教育を行わなければならない。

第2章　健康管理

第1節　じん肺健康診断の実施

（就業時健康診断）

第7条　事業者は，新たに常時粉じん作業に従事することとなつた労働者（当該作業に従事することとなつた日前1年以内にじん肺健康診断を受けて，じん肺管理区分が管理2又は管理3イと決定された労働者その他厚生労働省令で定める労働者を除く。）に対して，その就業の際，じん肺健康診断を行わなければならない。この場合において，当該じん肺健康診断は，厚生労働省令で定めるところにより，その一部を省略することができる。

（定期健康診断）

第8条　事業者は，次の各号に掲げる労働者に対して，それぞれ当該各号に掲げる期間以内ごとに1回，定期的に，じん肺健康診断を行わなければならない。

1　常時粉じん作業に従事する労働者（次号に掲げる者を除く。）　3年

2　常時粉じん作業に従事する労働者でじん肺管理区分が管理2又は管理3であるもの　1年

3　常時粉じん作業に従事させたことのある労働者で，現に粉じん作業以外の作業に常時従事しているもののうち，じん肺管理区分が管理2である労働者（厚生労働省令で定める労働者を除く。）　3年

4　常時粉じん作業に従事させたことのある労働者で，現に粉じん作業以外の作業に常時従事しているもののうち，じん肺管理区分が管理3である労働者（厚生労働省令で定める労働者を除く。）　1年

②　前条後段の規定は，前項の規定によるじん肺健康診断を行う場合に準用する。

（定期外健康診断）

第9条　事業者は，次の各号の場合には，当該労働者に対して，遅滞なく，じん肺健康診断を行わなければならない。

1　常時粉じん作業に従事する労働者（じん肺管理区分が管理2，管理3又は管理4と決定された労働者を除く。）が，労働安全衛生法第66条第1項又は第2項の健康診断において，じん肺の所見があり，又はじん肺にかかつている疑いがあると診断されたとき。

2　合併症により1年を超えて療養のため休業した労働者が，医師により療養のため休業を要しなくなつたと診断されたとき。

3　前二号に掲げる場合のほか，厚生労働省令で定めるとき。

②　第7条後段の規定は，前項の規定によるじん肺健康診断を行う場合に準用する。

（離職時健康診断）

第9条の2　事業者は，次の各号に掲げる労働者で，離職の日まで引き続き厚生労働省令で定める期間を超えて使用していたものが，当該離職の際にじん肺健康診断を行うように求めたときは，当該労働者に対して，じん肺健康診断を行わなければならない。ただし，当該労働者が直前にじん肺健康診断を受けた日から当該離職の日までの期間が，次の各号に掲げる労働者ごとに，それぞれ当該各号に掲げる期間に満たないときは，この限りでない。

1　常時粉じん作業に従事する労働者（次号に掲げる者を除く。）1年6月

2　常時粉じん作業に従事する労働者でじん肺管理区分が管理2又は管理3であるもの　6月

3　常時粉じん作業に従事させたことのある労働者で，現に粉じん作業以外の作業に常時従事しているもののうち，じん肺管理区分が管理2又は管理3である労働者（厚生労働省令で定める労働者を除く。）6月

②　第7条後段の規定は，前項の規定によるじん肺健康診断を行う場合に準用する。

（労働安全衛生法の健康診断との関係）

第10条　事業者は，じん肺健康診断を行つた場合においては，その限度において，労働安全衛生法第66条第1項又は第2項の健康診断を行わなくてもよい。

（受診義務）

第11条　関係労働者は，正当な理由がある場合を除き，第7条から第9条までの規定により事業者が行うじん肺健康診断を受けなければならない。ただし，事業者が指定した医師の行うじん肺健康診断を受けることを希望しない場合において，他の医師の行うじん肺健康診断を受け，当該エツクス線写真及びじん肺健康診断の結果を証明する書面その他厚生労働省令で定める書面を事業者に提出したときは，この限りでない。

第2節　じん肺管理区分の決定等

（事業者によるエツクス線写真等の提出）

第12条　事業者は，第7条から第9条の2までの規定によりじん肺健康診断を行つたとき，又は前条ただし書の規定によりエツクス線写真及びじん肺健康診断の結果を証明する書面その他の書面が提出されたときは，遅滞なく，厚生労働省令で定めるところにより，じん肺の所見があると診断された労働者について，当該エツクス線写真及びじん肺健康診断の結果を証明する書面その他厚生労働省令で定める書面を都道府県労働局長に提出しなければならない。

（じん肺管理区分の決定手続等）

第13条　第7条から第9条の2まで又は第11条ただし書の規定によるじん肺健康診断の結果，じん肺の所見がないと診断された者のじん肺管理区分は，管理1とする。

②　都道府県労働局長は，前条の規定により，エツクス線写真及びじん肺健康診断の結果を証明する書面その他厚生労働省令で定める書面が提出されたときは，これら

を基礎として，地方じん肺診査医の診断又は審査により，当該労働者についてじん肺管理区分の決定をするものとする。

③　都道府県労働局長は，地方じん肺診査医の意見により，前項の決定を行うため必要があると認めるときは，事業者に対し，期日若しくは方法を指定してエツクス線写真の撮影若しくは厚生労働省令で定める範囲内の検査を行うべきこと又はその指定する物件を提出すべきことを命ずることができる。

④　事業者は，前項の規定による命令を受けてエツクス線写真の撮影又は検査を行つたときは，遅滞なく，都道府県労働局長に，当該エツクス線写真又は検査の結果を証明する書面その他その指定する当該検査に係る物件を提出しなければならない。

⑤　第11条本文の規定は，第3項の規定による命令を受けてエツクス線写真の撮影又は検査を行なう場合に準用する。

（通　知）

第14条　都道府県労働局長は，前条第2項の決定をしたときは，厚生労働省令で定めるところにより，その旨を当該事業者に通知するとともに，遅滞なく，第12条又は前条第3項若しくは第4項の規定により提出されたエツクス線写真その他の物件を返還しなければならない。

②　事業者は，前項の規定による通知を受けたときは，遅滞なく，厚生労働省令で定めるところにより，当該労働者（厚生労働省令で定める労働者であつた者を含む。）に対して，その者について決定されたじん肺管理区分及びその者が留意すべき事項を通知しなければならない。

③　事業者は，前項の規定による通知をしたときは，厚生労働省令で定めるところにより，その旨を記載した書面を作成し，これを3年間保存しなければならない。

（随時申請）

第15条　常時粉じん作業に従事する労働者又は常時粉じん作業に従事する労働者であつた者は，いつでも，じん肺健康診断を受けて，厚生労働省令で定めるところにより，都道府県労働局長にじん肺管理区分を決定すべきことを申請することができる。

②　前項の規定による申請は，エツクス線写真及びじん肺健康診断の結果を証明する書面その他厚生労働省令で定める書面を添えてしなければならない。

③　第13条第2項から第4項まで及び前条第1項の規定は，第1項の規定による申請があつた場合に準用する。この場合において，第13条第2項中「前条」とある

のは「第15条第2項」と，同条第3項及び第4項中「事業者」とあるのは「申請者」と，前条第1項中「当該事業者」とあるのは「申請者及び申請者を使用する事業者」と，「第12条又は前条第3項若しくは第4項」とあるのは「前条第3項若しくは第4項又は次条第2項」と読み替えるものとする。

第16条　事業者は，いつでも，常時粉じん作業に従事する労働者又は常時粉じん作業に従事する労働者であつた者について，じん肺健康診断を行い，厚生労働省令で定めるところにより，都道府県労働局長にじん肺管理区分を決定すべきことを申請することができる。

②　前条第2項の規定は前項の規定による申請に，第13条第2項から第4項まで及び第14条の規定は前項の規定による申請があつた場合に準用する。この場合において，第13条第2項中「前条」とあるのは「第16条第2項の規定により準用する第15条第2項」と，第14条第1項中「第12条又は前条第3項若しくは第4項」とあるのは「前条第3項若しくは第4項又は第16条第2項の規定により準用する次条第2項」と読み替えるものとする。

（エツクス線写真等の提出命令）

第16条の2　都道府県労働局長は，常時粉じん作業に従事する労働者又は常時粉じん作業に従事する労働者であつた者について，適正なじん肺管理区分を決定するため必要があると認めるときは，厚生労働省令で定めるところにより，事業者に対して，エツクス線写真及びじん肺健康診断の結果を証明する書面その他厚生労働省令で定める書面（次項において「エツクス線写真等」という。）を提出すべきことを命ずることができる。

②　第13条第2項から第4項まで及び第14条の規定は，前項の規定によりエツクス線写真等の提出があつた場合に準用する。この場合において，第14条第1項中「第12条又は前条第3項若しくは第4項」とあるのは「前条第3項若しくは第4項又は第16条の2第1項」と読み替えるものとする。

（記録の作成及び保存等）

第17条　事業者は，厚生労働省令で定めるところにより，その行つたじん肺健康診断及び第11条ただし書の規定によるじん肺健康診断に関する記録を作成しなければならない。

②　事業者は，厚生労働省令で定めるところにより，前項の記録及びじん肺健康診断に係るエツクス線写真を7年間保存しなければならない。

（審査請求）

第18条　第13条第2項（第15条第3項，第16条第2項及び第16条の2第2項において準用する場合を含む。次条第1項及び第2項において同じ。）の決定又はその不作為についての審査請求における審査請求書には，行政不服審査法（平成26年法律第68号）第19条第2項から第4項まで及び第5項（第3号に係る部分に限る。）に規定する事項のほか，厚生労働省令で定める事項を記載しなければならない。

②　前項の審査請求書には，厚生労働省令で定めるところにより，当該決定に係るエツクス線写真その他の物件及び証拠となる物件を添附しなければならない。

第19条　第13条第2項の決定についての審査請求の裁決は，中央じん肺診査医の診断又は審査に基づいてするものとする。

②　第13条第2項の決定の不作為についての審査請求の裁決は，地方じん肺診査医の診断又は審査に基づいてするものとする。

③　厚生労働大臣は，第1項の審査請求について，当該決定を取り消す旨の裁決をするときは，裁決で，労働者又は労働者であつた者についてじん肺管理区分を決定するものとする。

④　第13条第3項及び第4項の規定は，第1項の審査請求があつた場合に準用する。この場合において，これらの規定中「都道府県労働局長」とあるのは「厚生労働大臣」と，「地方じん肺診査医」とあるのは「中央じん肺診査医」と，「前項の決定」とあるのは「裁決」と，「事業者」とあるのは「審査請求人」と読み替えるものとする。

⑤　第13条第3項及び第4項の規定は，第2項の審査請求があつた場合に準用する。この場合において，これらの規定中「都道府県労働局長」とあるのは「厚生労働大臣」と，「前項の決定」とあるのは「裁決」と，「事業者」とあるのは「審査請求人」と読み替えるものとする。

⑥　厚生労働大臣は，裁決をしたときは，前条第2項の規定又は前二項において準用する第13条第3項若しくは第4項の規定により提出されたエツクス線写真その他の物件をその提出者に返還しなければならない。

⑦　厚生労働大臣は，裁決をしたときは，行政不服審査法第51条第4項の規定によるほか，裁決書の謄本を厚生労働省令で定める利害関係者に送付するものとする。

⑧　行政不服審査法第43条第1項の規定は，前条第1項の審査請求については，適

用しない。この場合において，当該審査請求についての同法第44条の規定の適用については，同条中「行政不服審査会等から諮問に対する答申を受けたとき（前条第１項の規定による諮問を要しない場合（同項第２号又は第３号に該当する場合を除く。）にあっては審理員意見書が提出されたとき，同項第２号又は第３号に該当する場合にあっては同項第２号又は第３号に規定する議を経たとき）」とあるのは，「じん肺法（昭和35年法律第30号）第19条第１項の中央じん肺診査医の診断若しくは審査又は同条第２項の地方じん肺診査医の診断若しくは審査を経たとき」とする。

（審査請求と訴訟との関係）

第20条　第18条第１項に規定する処分の取消しの訴えは，当該処分についての審査請求に対する裁決を経た後でなければ，提起することができない。

第３節　健康管理のための措置

（事業者の責務）

第20条の２　事業者は，じん肺健康診断の結果，労働者の健康を保持するため必要があると認めるときは，当該労働者の実情を考慮して，就業上適切な措置を講ずるように努めるとともに，適切な保健指導を受けることができるための配慮をするように努めなければならない。

（粉じんにさらされる程度を低減させるための措置）

第20条の３　事業者は，じん肺管理区分が管理２又は管理３イである労働者について，粉じんにさらされる程度を低減させるため，就業場所の変更，粉じん作業に従事する作業時間の短縮その他の適切な措置を講ずるように努めなければならない。

（作業の転換）

第21条　都道府県労働局長は，じん肺管理区分が管理３イである労働者が現に常時粉じん作業に従事しているときは，事業者に対して，その者を粉じん作業以外の作業に常時従事させるべきことを勧奨することができる。

②　事業者は，前項の規定による勧奨を受けたとき，又はじん肺管理区分が管理３ロである労働者が現に常時粉じん作業に従事しているときは，当該労働者を粉じん作業以外の作業に常時従事させることとするように努めなければならない。

③　事業者は，前項の規定により，労働者を粉じん作業以外の作業に常時従事させることとなつたときは，厚生労働省令で定めるところにより，その旨を都道府県労働

局長に通知しなければならない。

④　都道府県労働局長は，じん肺管理区分が管理3ロである労働者が現に常時粉じん作業に従事している場合において，地方じん肺診査医の意見により，当該労働者の健康を保持するため必要があると認めるときは，厚生労働省令で定めるところにより，事業者に対して，その者を粉じん作業以外の作業に常時従事させるべきことを指示することができる。

（転換手当）

第22条　事業者は，次の各号に掲げる労働者が常時粉じん作業に従事しなくなつたとき（労働契約の期間が満了したことにより離職したときその他厚生労働省令で定める場合を除く。）は，その日から7日以内に，その者に対して，次の各号に掲げる労働者ごとに，それぞれ労働基準法第12条に規定する平均賃金の当該各号に掲げる日数分に相当する額の転換手当を支払わなければならない。ただし，厚生労働大臣が必要があると認めるときは，転換手当の額について，厚生労働省令で別段の定めをすることができる。

1　前条第1項の規定による勧奨を受けた労働者又はじん肺管理区分が管理3ロである労働者（次号に掲げる労働者を除く。）　30日分

2　前条第4項の規定による指示を受けた労働者　60日分

（作業転換のための教育訓練）

第22条の2　事業者は，じん肺管理区分が管理3である労働者を粉じん作業以外の作業に常時従事させるために必要があるときは，その者に対して，作業の転換のための教育訓練を行うように努めなければならない。

（療　養）

第23条　じん肺管理区分が管理4と決定された者及び合併症にかかつていると認められる者は，療養を要するものとする。

第3章　削除

第24条から第31条まで　削除

第4章　政府の援助等

（技術的援助等）

第32条　政府は，事業者に対して，粉じんの測定，粉じんの発散の防止及び抑制，

じん肺健康診断その他じん肺に関する予防及び健康管理に関し，必要な技術的援助を行うように努めなければならない。

② 政府は，じん肺の予防に関する技術的研究及び前項の技術的援助を行なうため必要な施設の整備を図らなければならない。

（粉じん対策指導委員）

第33条 都道府県労働局及び産業保安監督部に，事業者が行うじん肺の予防に関する措置について必要な技術的援助を行わせるため，粉じん対策指導委員を置くことができる。

② 粉じん対策指導委員は，衛生工学に関し学識経験のある者のうちから，厚生労働大臣又は経済産業大臣が任命する。

③ 粉じん対策指導委員は，非常勤とする。

（職業紹介及び職業訓練）

第34条 政府は，じん肺管理区分が管理3である労働者が当該事業場において粉じん作業以外の作業に常時従事することができないときは，当該労働者のために，職業紹介及び職業訓練に関し適切な措置を講ずるように努めなければならない。

（就労施設等）

第35条 政府は，じん肺にかかつた労働者であつた者の生活の安定を図るため，就労の機会を与えるための施設及び労働能力の回復を図るための施設の整備その他に関し適切な措置を講ずるように努めなければならない。

第5章　雑　則

（法令の周知）

第35条の2 事業者は，この法律及びこれに基づく命令の要旨を粉じん作業を行う作業場の見やすい場所に常時掲示し，又は備え付ける等の方法により，労働者に周知させなければならない。

（じん肺健康診断に関する秘密の保持）

第35条の4 第7条から第9条の2まで及び第16条第1項のじん肺健康診断の実施の事務に従事した者は，その実施に関して知り得た労働者の心身の欠陥その他の秘密を漏らしてはならない。

（労働者の申告）

第43条の2 労働者は，事業場にこの法律又はこれに基づく命令の規定に違反する事実があるときは，その事実を都道府県労働局長，労働基準監督署長又は労働基準監督官に申告して是正のため適当な措置をとるように求めることができる。

② 事業者は，前項の申告をしたことを理由として，労働者に対して，解雇その他不利益な取扱いをしてはならない。

（報　告）

第44条　厚生労働大臣，都道府県労働局長及び労働基準監督署長は，この法律の目的を達成するため必要な限度において，厚生労働省令で定めるところにより，事業者に，じん肺に関する予防及び健康管理に関する事項を報告させることができる。

第５章　じん肺法施行規則（抄）

（昭和 35 年３月 31 日労働省令第６号）
（最新改正　令和２年 12 月 25 日厚生労働省令第 208 号）

第１章　総　則

（合併症）

第１条　じん肺法（以下「法」という。）第２条第１項第２号の合併症は，じん肺管理区分が管理２又は管理３と決定された者に係るじん肺と合併した次に掲げる疾病とする。

１　肺結核

２　結核性胸膜炎

３　続発性気管支炎

４　続発性気管支拡張症

５　続発性気胸

６　原発性肺がん

（粉じん作業）

第２条　法第２条第１項第３号の粉じん作業は，別表に掲げる作業のいずれかに該当するものとする。ただし，粉じん障害防止規則（昭和 54 年労働省令第 18 号）第２条第１項第１号ただし書の認定を受けた作業を除く。

第３条　削除

（胸部に関する臨床検査）

第４条　法第３条第１項第２号の胸部に関する臨床検査は，次に掲げる調査及び検査によつて行うものとする。

１　既往歴の調査

２　胸部の自覚症状及び他覚所見の有無の検査

（肺機能検査）

第５条　法第３条第１項第２号の肺機能検査は，次に掲げる検査によつて行うものとする。

１　スパイロメトリー及びフローボリューム曲線による検査

2　動脈血ガスを分析する検査

② 前項第2号の検査は，次に掲げる者について行う。

1　前項第1号の検査又は前条の検査の結果，じん肺による著しい肺機能の障害がある疑いがあると診断された者（次号に掲げる者を除く。）

2　エックス線写真の像が第3型又は第4型（じん肺による大陰影の大きさが一側の肺野の3分の1以下のものに限る。）と認められる者

（結核精密検査）

第6条　法第3条第1項第3号の結核精密検査は，次に掲げる検査によつて行うものとする。この場合において，医師が必要でないと認める一部の検査は省略することができる。

1　結核菌検査

2　エックス線特殊撮影による検査

3　赤血球沈降速度検査

4　ツベルクリン反応検査

（肺結核以外の合併症に関する検査）

第7条　法第3条第1項第3号の厚生労働省令で定める検査は，次に掲げる検査のうち医師が必要であると認めるものとする。

1　結核菌検査

2　たんに関する検査

3　エックス線特殊撮影による検査

（肺機能検査の免除）

第8条　法第3条第2項ただし書の厚生労働省令で定める者は，次に掲げる者とする。

1　第6条の検査の結果，肺結核にかかつていると診断された者

2　法第3条第1項第1号の調査及び検査，第4条の検査又は前条の検査の結果，じん肺の所見があり，かつ，第1条第2号から第6号までに掲げる疾病にかかつていると診断された者

第2章　健康管理

（就業時健康診断の免除）

第9条　法第7条の厚生労働省令で定める労働者は，次に掲げる労働者とする。

1　新たに常時粉じん作業に従事することとなつた日前に常時粉じん作業に従事すべき職業に従事したことがない労働者

2　新たに常時粉じん作業に従事することとなつた日前1年以内にじん肺健康診断を受けて，じん肺の所見がないと診断され，又はじん肺管理区分が管理1と決定された労働者

3　新たに常時粉じん作業に従事することとなつた日前6月以内にじん肺健康診断を受けて，じん肺管理区分が管理3ロと決定された労働者

（じん肺健康診断の一部省略）

第10条　事業者は，法第7条から第9条の2までの規定によりじん肺健康診断を行う場合において，当該じん肺健康診断を行う日前3月以内に法第3条第1項各号の検査の全部若しくは一部を行つたとき，又は労働者が当該じん肺健康診断を行う日前3月以内に当該検査を受け，当該検査に係るエックス線写真若しくは検査の結果を証明する書面を事業者に提出したときは，当該検査に相当するじん肺健康診断の一部を省略することができる。

②　事業者は，次条第2号に掲げるときに法第9条の規定によりじん肺健康診断を行う場合には，法第3条第1項第1号及び第2号並びに第6条及び第7条第1号の検査を省略することができる。

（定期外健康診断の実施）

第11条　法第9条第1項第3号の厚生労働省令で定めるときは，次に掲げるときとする。

1　合併症により1年を超えて療養した労働者が，医師により療養を要しなくなつたと診断されたとき（法第9条第1項第2号に該当する場合を除く。）。

2　常時粉じん作業に従事させたことのある労働者で，現に粉じん作業以外の作業に常時従事しているもののうち，じん肺管理区分が管理2である労働者が，労働安全衛生規則（昭和47年労働省令第32号）第44条又は第45条の健康診断（同令第44条第1項第4号に掲げる項目に係るものに限る。）において，肺がんにかかつている疑いがないと診断されたとき以外のとき。

（離職時健康診断の対象となる労働者の雇用期間）

第12条　法第9条の2第1項の厚生労働省令で定める期間は，1年とする。

（事業者によるエックス線写真等の提出の手続）

第13条　法第12条の規定による提出をしようとする事業者は，様式第2号による

提出書にエックス線写真及び様式第3号によるじん肺健康診断の結果を証明する書面を添えて，当該作業場の属する事業場の所在地を管轄する都道府県労働局長（以下「所轄都道府県労働局長」という。）に提出しなければならない。

第14条　法第7条から第9条の2までの規定によるじん肺健康診断をその一部を省略して行つた事業者は，法第12条の規定によりエックス線写真及びじん肺健康診断の結果を証明する書面を提出する場合においては，その省略したじん肺健康診断の一部に相当する検査に係るエックス線写真又は当該検査の結果を証明する書面を添付しなければならない。

（都道府県労働局長等の命ずる検査の範囲）

第15条　法第13条第3項（法第15条第3項，第16条第2項，第16条の2第2項及び第19条第4項において準用する場合を含む。）の厚生労働省令で定める範囲内の検査は，次に掲げるものの範囲内の検査とする。

1　第4条から第7条までの検査
2　肺気量測定検査
3　換気力学検査
4　ガス交換機能検査
5　負荷による肺機能検査
6　心電計による検査

（じん肺管理区分の決定の通知）

第16条　法第14条第1項（法第15条第3項，第16条第2項及び第16条の2第2項において準用する場合を含む。）の規定による通知は，所轄都道府県労働局長がじん肺管理区分決定通知書（様式第4号）により行うものとする。

第17条　法第14条第2項（法第16条第2項及び第16条の2第2項において準用する場合を含む。第19条において同じ。）の規定による通知は，じん肺管理区分等通知書（様式第5号）により行うものとする。

（通知の対象となる労働者であつた者）

第18条　法第14条第2項の厚生労働省令で定める労働者であつた者は，当該事業者に使用されている間にその者について決定されたじん肺管理区分及びその者が留意すべき事項の通知を受けることなく離職した者とする。

（通知の事実を記載した書面の作成）

第19条　事業者は，法第14条第2項の規定により通知をしたときは，当該通知を受けた労働者が当該通知を受けた旨を記入し，かつ，署名又は記名押印をした書面を作成しなければならない。

（随時申請の手続）

第20条　法第15条第1項又は第16条第1項の規定による申請は，じん肺管理区分決定申請書（様式第6号）を所轄都道府県労働局長（常時粉じん作業に従事する労働者であつた者（事業場において現に粉じん作業以外の作業に常時従事しており，かつ，当該事業場において常時粉じん作業に従事していたことがある者を除く。）にあつては，その者の住所を管轄する都道府県労働局長）に提出することによつて行うものとする。

②　法第15条第2項（法第16条第2項において準用する場合を含む。）に規定するじん肺健康診断の結果を証明する書面は，様式第3号によるものとする。

（エックス線写真等の提出命令の手続）

第21条　法第16条の2第1項の規定による命令は，所轄都道府県労働局長が書面で行うものとする。

（記録の作成及び保存等）

第22条　事業者は，法第7条から第9条の2までの規定によりじん肺健康診断を行つたとき，又は法第11条ただし書の規定によりエックス線写真及びじん肺健康診断の結果を証明する書面が提出されたときは，遅滞なく，当該じん肺健康診断に関する記録を様式第3号により作成しなければならない。

②　事業者は，前項の場合には，同項の記録及び当該じん肺健康診断に係るエックス線写真を保存しなければならない。ただし，エックス線写真については，病院，診療所又は医師が保存している場合は，この限りでない。

（じん肺健康診断の結果の通知）

第22条の2　事業者は，法第7条から第9条の2までの規定により行うじん肺健康診断を受けた労働者に対し，遅滞なく，当該じん肺健康診断の結果を通知しなければならない。

（審査請求書の記載事項）

第23条　法第18条第1項の厚生労働省令で定める事項は，次に掲げるものとする。

1　決定を受けた者の氏名及び住所

2　法第19条第7項の利害関係者の氏名及び住所

（審査請求書に添付すべき物件）

第24条　法第18条第2項の審査請求書の正本には，当該決定に係るエックス線写真及び次に掲げる物件並びに証拠となる物件を添付しなければならない。

1　じん肺健康診断の結果を証明する書面

2　法第13条第3項（法第15条第3項，第16条第2項及び第16条の2第2項において準用する場合を含む。）の規定による命令を受けて行つた検査の結果を証明する書面

（利害関係者）

第25条　法第19条第7項の厚生労働省令で定める利害関係者は，次に掲げる者とする。

1　審査請求人が労働者又は労働者であつた者であるときは，当該事業者又は事業者であつた者

2　審査請求人が事業者又は事業者であつた者であるときは，当該労働者又は労働者であつた者

3　審査請求人が前二号に掲げる者以外の者であるときは，当該労働者又は労働者であつた者及び当該事業者又は事業者であつた者

（転換の勧奨）

第26条　法第21条第1項の規定による勧奨は，所轄都道府県労働局長が書面で行うものとする。

（転換の通知）

第27条　法第21条第3項の規定による通知は，所轄都道府県労働局長に対して書面で行うものとする。

（転換の指示）

第28条　法第21条第4項の規定による指示は，所轄都道府県労働局長が書面で行うものとする。

（転換手当の免除）

第29条　法第22条の厚生労働省令で定める場合は，次に掲げるとおりとする。

1　法第7条の規定によるじん肺健康診断（法第7条に規定する場合における法第11条ただし書の規定によるじん肺健康診断を含む。）を受けて，じん肺管理区分が決定される前に常時粉じん作業に従事しなくなつたとき，又はじん肺管理区分が決定された後，遅滞なく，常時粉じん作業に従事しなくなつたとき。

２　新たに常時粉じん作業に従事することとなつた日から３月以内に常時粉じん作業に従事しなくなつたとき（前号に該当する場合を除く。）。

３　疾病又は負傷による休業その他その事由がやんだ後に従前の作業に従事することが予定されている事由により常時粉じん作業に従事しなくなつたとき。

４　天災地変その他やむを得ない事由のために事業の継続が不可能となつたことにより離職したとき。

５　労働者の責めに帰すべき事由により解雇されたとき。

６　定年その他労働契約を自動的に終了させる事由（労働契約の期間の満了を除く。）により離職したとき。

７　その他厚生労働大臣が定めるとき。

第30条～第32条　削除

第33条～第36条　略

（報　告）

第37条　事業者は，毎年，12月31日現在におけるじん肺に関する健康管理の実施状況を，翌年２月末日までに，様式第８号により当該作業場の属する事業場の所在地を管轄する労働基準監督署長を経由して，所轄都道府県労働局長に報告しなければならない。

②　事業者は，前項の規定による報告のほか，じん肺に関する予防及び健康管理の実施について必要な事項に関し，厚生労働大臣，都道府県労働局長又は労働基準監督署長から要求があつたときは，当該事項について報告しなければならない。

第38条　略

別表（第２条関係）

１　土石，岩石又は鉱物（以下「鉱物等」という。）（湿潤な土石を除く。）を掘削する場所における作業（次号に掲げる作業を除く。）。ただし，次に掲げる作業を除く。

イ　坑外の，鉱物等を湿式により試錐（すい）する場所における作業

ロ　屋外の，鉱物等を動力又は発破によらないで掘削する場所における作業

１の２　ずい道等（ずい道及びたて坑以外の坑（採石法（昭和25年法律第291号）第２条に規定する岩石の採取のためのものを除く。）をいう。以下同じ。）の内部の，ずい道等の建設の作業のうち，鉱物等を掘削する場所における作業

２　鉱物等（湿潤なものを除く。）を積載した車の荷台を覆し，又は傾けることに

より鉱物等（湿潤なものを除く。）を積み卸す場所における作業（次号，第３号の２，第９号又は第18号に掲げる作業を除く。）

3　坑内の，鉱物等を破砕し，粉砕し，ふるい分け，積み込み，又は積み卸す場所における作業（次号に掲げる作業を除く。）。ただし，次に掲げる作業を除く。

イ　湿潤な鉱物等を積み込み，又は積み卸す場所における作業

ロ　水の中で破砕し，粉砕し，又はふるい分ける場所における作業

ハ　設備による注水をしながらふるい分ける場所における作業

3の2　ずい道等の内部の，ずい道等の建設の作業のうち，鉱物等を積み込み，又は積み卸す場所における作業

4　坑内において鉱物等（湿潤なものを除く。）を運搬する作業。ただし，鉱物等を積載した車を牽（けん）引する機関車を運転する作業を除く。

5　坑内の，鉱物等（湿潤なものを除く。）を充てんし，又は岩粉を散布する場所における作業（次号に掲げる作業を除く。）

5の2　ずい道等の内部の，ずい道等の建設の作業のうち，コンクリート等を吹き付ける場所における作業

5の3　坑内であつて，第１号から第３号の２まで又は前二号に規定する場所に近接する場所において，粉じんが付着し，又は堆積した機械設備又は電気設備を移設し，撤去し，点検し，又は補修する作業

6　岩石又は鉱物を裁断し，彫り，又は仕上げする場所における作業（第13号に掲げる作業を除く。）。ただし，次に掲げる作業を除く。

イ　火炎を用いて裁断し，又は仕上げする場所における作業

ロ　設備による注水又は注油をしながら，裁断し，彫り，又は仕上げする場所における作業

7　研磨材の吹き付けにより研磨し，又は研磨材を用いて動力により，岩石，鉱物若しくは金属を研磨し，若しくはばり取りし，若しくは金属を裁断する場所における作業（前号に掲げる作業を除く。）。ただし，設備による注水又は注油をしながら，研磨材を用いて動力により，岩石，鉱物若しくは金属を研磨し，若しくはばり取りし，又は金属を裁断する場所における作業を除く。

8　鉱物等，炭素を主成分とする原料（以下「炭素原料」という。）又はアルミニウムはくを動力により破砕し，粉砕し，又はふるい分ける場所における作業（第３号，第15号又は第19号に掲げる作業を除く。）。ただし，次に掲げる作業を除

く。

イ　水又は油の中で動力により破砕し，粉砕し，又はふるい分ける場所における作業

ロ　設備による注水又は注油をしながら，鉱物等又は炭素原料を動力によりふるい分ける場所における作業

ハ　屋外の，設備による注水又は注油をしながら，鉱物等又は炭素原料を動力により破砕し，又は粉砕する場所における作業

9　セメント，フライアッシュ又は粉状の鉱石，炭素原料若しくは炭素製品を乾燥し，袋詰めし，積み込み，又は積み卸す場所における作業（第3号，第3号の2，第16号又は第18号に掲げる作業を除く。）

10　粉状のアルミニウム又は酸化チタンを袋詰めする場所における作業

11　粉状の鉱石又は炭素原料を原料又は材料として使用する物を製造し，又は加工する工程において，粉状の鉱石，炭素原料又はこれらを含む物を混合し，混入し，又は散布する場所における作業（次号から第14号までに掲げる作業を除く。）

12　ガラス又はほうろうを製造する工程において，原料を混合する場所における作業又は原料若しくは調合物を溶解炉に投げ入れる作業。ただし，水の中で原料を混合する場所における作業を除く。

13　陶磁器，耐火物，けい藻土製品又は研磨材を製造する工程において，原料を混合し，若しくは成形し，原料若しくは半製品を乾燥し，半製品を台車に積み込み，若しくは半製品若しくは製品を台車から積み卸し，仕上げし，若しくは荷造りする場所における作業又は窯の内部に立ち入る作業。ただし，次に掲げる作業を除く。

イ　陶磁器を製造する工程において，原料を流し込み成形し，半製品を生仕上げし，又は製品を荷造りする場所における作業

ロ　水の中で原料を混合する場所における作業

14　炭素製品を製造する工程において，炭素原料を混合し，若しくは成形し，半製品を炉詰めし，又は半製品若しくは製品を炉出しし，若しくは仕上げする場所における作業。ただし，水の中で原料を混合する場所における作業を除く。

15　砂型を用いて鋳物を製造する工程において，砂型を造型し，砂型を壊し，砂落としし，砂を再生し，砂を混練し，又は鋳ばり等を削り取る場所における作業

（第7号に掲げる作業を除く。）。ただし，設備による注水若しくは注油をしながら，又は水若しくは油の中で，砂を再生する場所における作業を除く。

16　鉱物等（湿潤なものを除く。）を運搬する船舶の船倉内で鉱物等（湿潤なものを除く。）をかき落とし，若しくはかき集める作業又はこれらの作業に伴い清掃を行う作業（水洗する等粉じんの飛散しない方法によつて行うものを除く。）

17　金属その他無機物を製錬し，又は溶融する工程において，土石又は鉱物を開放炉に投げ入れ，焼結し，湯出しし，又は鋳込みする場所における作業。ただし，転炉から湯出しし，又は金型に鋳込みする場所における作業を除く。

18　粉状の鉱物を燃焼する工程又は金属その他無機物を製錬し，若しくは溶融する工程において，炉，煙道，煙突等に付着し，若しくは堆積した鉱さい又は灰をかき落とし，かき集め，積み込み，積み卸し，又は容器に入れる場所における作業

19　耐火物を用いて窯，炉等を築造し，若しくは修理し，又は耐火物を用いた窯，炉等を解体し，若しくは破砕する作業

20　屋内，坑内又はタンク，船舶，管，車両等の内部において，金属を溶断し，又はアークを用いてガウジングする作業

20の2　金属をアーク溶接する作業

21　金属を溶射する場所における作業

22　染土の付着した藺草を庫入れし，庫出しし，選別調整し，又は製織する場所における作業

23　長大ずい道（著しく長いずい道であつて，厚生労働大臣が指定するものをいう。）の内部の，ホッパー車からバラストを取り卸し，又はマルチプルタイタンパーにより道床を突き固める場所における作業

24　石綿を解きほぐし，合剤し，紡績し，紡織し，吹き付けし，積み込み，若しくは積み卸し，又は石綿製品を積層し，縫い合わせ，切断し，研磨し，仕上げし，若しくは包装する場所における作業

参　考

その他の関係法令等

1.　粉じん障害防止規則第 11 条第 1 項第 5 号の規定に基づく厚生労働大臣が定める要件

（昭和 54 年 7 月 23 日労働省告示第 67 号）
（最新改正　平成 12 年 12 月 25 日労働省告示第 120 号）

粉じん障害防止規則（昭和54年労働省令第18号）第11条第1項第5号の規定に基づき，厚生労働大臣が定める要件を次のように定め，昭和55年10月1日から適用する。

粉じん障害防止規則（以下「粉じん則」という。）第11条第1項第5号の厚生労働大臣が定める要件は，次のとおりとする。

1　粉じん則第4条の規定により設ける局所排気装置（研削盤，ドラムサンダー等の回転体を有する機械に係る特定粉じん発生源について設けるものを除く。）にあつては，次に定めるところに適合するものであること。

イ　次の表の上欄＜編注・左欄＞に掲げる特定粉じん発生源においては，それぞれ同表の下欄＜編注・右欄＞に掲げる型式のフード以外のフードを有するものであること。

特定粉じん発生源		フードの型式
粉じん則別表第2第5号に掲げる箇所のうち，岩石又は鉱物を裁断する箇所		上方吸引型の外付け式フード
粉じん則別表第2第6号に掲げる箇所		外付け式フード
粉じん則別表第2第8号に掲げる箇所	土石，岩石若しくは鉱物（以下「鉱物等」という。），炭素を主成分とする原料（以下「炭素原料」という。）又はアルミニウムはくを破砕し，または粉砕する箇所	下方吸引型の外付け式フード
	鉱物等，炭素原料又はアルミニウムはくをふるいわける箇所	外付け式フード
粉じん則別表第2第13号に掲げる箇所のうち，圧縮空気を用いてちりを払う箇所		上方吸引型の外付け式フード
粉じん則別表第2第14号に掲げる箇所	砂型をこわし，又は砂落としする箇所	上方吸引型の外付け式フード
	砂を再生する箇所	外付け式フード

ロ　次の表の上欄＜編注・左欄＞に掲げる特定粉じん発生源の区分に応じ，それぞれ同表の下欄＜編注・右欄＞に定める制御風速を出し得るものであること。

特定粉じん発生源		制御風速（メートル／秒）			
		囲い式フードの場合	外付け式フードの場合		
			側方吸引型	下方吸引型	上方吸引型
粉じん則別表第2第5号に掲げる箇所	岩石又は鉱物を裁断する箇所	0.7	1.0	1.0	−
	岩石又は鉱物を彫り，又は仕上げする箇所	0.7	1.0	1.0	1.2

<table>
<tr><td colspan="2">粉じん則別表第 2 第 6 号に掲げる箇所</td><td>1.0</td><td>－</td><td>－</td><td>－</td></tr>
<tr><td colspan="2">粉じん則別表第 2 第 7 号，第 9 号から第 12 号まで及び第 15 号に掲げる箇所</td><td>0.7</td><td>1.0</td><td>1.0</td><td>1.2</td></tr>
<tr><td rowspan="2">粉じん則別表第 2 第 8 号に掲げる箇所</td><td>鉱物等，炭素原料又はアルミニウムはくを破砕し，又は粉砕する箇所</td><td>0.7</td><td>1.0</td><td>－</td><td>1.2</td></tr>
<tr><td>鉱物等，炭素原料又はアルミニウムはくをふるいわける箇所</td><td>0.7</td><td>－</td><td>－</td><td>－</td></tr>
<tr><td rowspan="2">粉じん則別表第 2 第 13 号に掲げる箇所</td><td>圧縮空気を用いてちりを払う箇所</td><td>0.7</td><td>1.0</td><td>1.0</td><td>－</td></tr>
<tr><td>圧縮空気を用いてちりを払う箇所以外の箇所</td><td>0.7</td><td>1.0</td><td>1.0</td><td>1.2</td></tr>
<tr><td rowspan="3">粉じん則別表第 2 第 14 号に掲げる箇所</td><td>砂型をこわし，又は砂落しする箇所</td><td>0.7</td><td>1.3</td><td>1.3</td><td>－</td></tr>
<tr><td>砂を再生する箇所</td><td>0.7</td><td>－</td><td>－</td><td>－</td></tr>
<tr><td>砂を混練する箇所</td><td>0.7</td><td>1.0</td><td>1.0</td><td>1.2</td></tr>
<tr><td colspan="6">備考
1　この表における制御風速は，同時に使用することのある局所排気装置のすべてのフードを開放した場合の制御風速をいう。
2　この表における制御風速は，フードの型式に応じて，それぞれ次に掲げる風速をいう。
イ　囲い式フードにあつては，フードの開口面における最小風速
ロ　外付け式フードにあつては，特定粉じん発生源に係る作業位置のうち，発散する粉じんを当該フードにより吸引しようとする範囲内における当該フードの開口面から最も離れた作業位置の風速</td></tr>
</table>

2　粉じん則第 27 条第 1 項ただし書の規定により設ける局所排気装置（研削盤，ドラムサンダー等の回転体を有する機械に係る粉じん発生源について設けるものを除く。）にあつては，次の表の上欄＜編注・左欄＞に掲げるフードの型式に応じ，それぞれ同表の下欄＜編注・右欄＞に定める制御風速を出し得るものであること。

<table>
<tr><th colspan="2">フードの型式</th><th>制御風速（メートル／秒）</th></tr>
<tr><td colspan="2">囲い式フード</td><td>0.7</td></tr>
<tr><td rowspan="3">外付け式フード</td><td>側方吸引型</td><td>1.0</td></tr>
<tr><td>下方吸引型</td><td>1.0</td></tr>
<tr><td>上方吸引型</td><td>1.2</td></tr>
<tr><td colspan="3">備考
1　この表における制御風速は，同時に使用することのある局所排気装置のすべてのフードを開放した場合の制御風速をいう。
2　この表における制御風速は，フードの型式に応じて，それぞれ次に掲げる風速をいう。
イ　囲い式フードにあつては，フードの開口面における最小風速
ロ　外付け式フードにあつては，粉じん発生源に係る作業位置のうち，発散する粉じんを当該フードにより吸引しようとする範囲内における当該フードの開口面から最も離れた作業位置の風速</td></tr>
</table>

3　粉じん則第4条又は第27条第1項ただし書の規定により設ける局所排気装置のうち，研削盤，ドラムサンダー等の回転体を有する機械に係る粉じん発生源に設ける局所排気装置にあつては，そのフードは次の表の上欄＜編注・左欄＞に掲げるいずれかの設置方法によるものとし，当該設置方法ごとにそれぞれ同表の下欄＜編注・右欄＞に定める制御風速を出し得るものであること。

フードの設置方法	制御風速（メートル／秒）
回転体を有する機械全体を囲う方法	0.5
回転体の回転により生ずる粉じんの飛散方向をフードの開口面で覆う方法	5.0
回転体のみを囲う方法	5.0

備考
1　この表における制御風速は，同時に使用することのある局所排気装置のすべてのフードを開放した場合の制御風速をいう。
2　この表における制御風速は，回転体を停止した状態におけるフードの開口面での最小風速をいう。

附　則（平成12年12月25日労働省告示第120号）（抄）

（適用期日）

第1　この告示は，内閣法の一部を改正する法律（平成12年法律第88号）の施行の日（平成13年1月6日）から適用する。

2. 粉じん障害防止規則第 11 条第 2 項第 4 号の規定に基づく厚生労働大臣が定める要件

(平成 10 年 3 月 25 日労働省告示第 30 号)
(最新改正 平成 12 年 12 月 25 日労働省告示第 120 号)

粉じん障害防止規則(昭和 54 年労働省令第 18 号)第 11 条第 2 項第 4 号の規定に基づき,厚生労働大臣が定める要件を次のように定める。

粉じん障害防止規則第 11 条第 2 項第 4 号の厚生労働大臣が定める要件は,次のとおりとする。

1 密閉式プッシュプル型換気装置(ブースを有するプッシュプル型換気装置であって,送風機により空気をブース内へ供給し,かつ,ブースについて,フードの開口部を除き,天井,壁及び床が密閉されているもの並びにブース内へ空気を供給する開口部を有し,かつ,ブースについて,当該開口部及び吸込み側フードの開口部を除き,天井,壁及び床が密閉されているものをいう。以下同じ。)は,次に定めるところに適合するものであること。

イ 排風機によりブース内の空気を吸引し,当該空気をダクトを通して排出口から排出するものであること。

ロ ブース内に下向きの気流(以下「下降気流」という。)を発生させること,粉じん発生源にできるだけ近い位置に吸込み側フードを設けること等により,粉じん発生源から吸込み側フードへ流れる空気を粉じん作業に従事する労働者が吸入するおそれがない構造とすること。

ハ 捕捉面(吸込み側フードから最も離れた位置の粉じん発生源を通り,かつ,気流の方向に垂直な平面(ブース内に発生させる気流が下降気流であって,ブース内に粉じん作業に従事する労働者が立ち入る構造の密閉式プッシュプル型換気装置にあっては,ブースの床上 1.5 メートルの高さの水平な平面)をいう。以下このハにおいて同じ。)における気流が次に定めるところに適合するものであること。

$$\sum_{i=1}^{n} \frac{Vi}{n} \geqq 0.2$$

$$\frac{3}{2}\sum_{i=1}^{n} \frac{Vi}{n} \geqq V_1 \geqq \frac{1}{2}\sum_{i=1}^{n} \frac{Vi}{n}$$

$$\frac{3}{2}\sum_{i=1}^{n} \frac{Vi}{n} \geqq V_2 \geqq \frac{1}{2}\sum_{i=1}^{n} \frac{Vi}{n}$$

……

$$\frac{3}{2}\sum_{i=1}^{n} \frac{Vi}{n} \geqq V_n \geqq \frac{1}{2}\sum_{i=1}^{n} \frac{Vi}{n}$$

これらの式において,n, V_1, V_2, …, V_n は,それぞれ次の値を表すものとする。

n 捕捉面を 16 以上の等面積の四辺形(一辺の長さが 2 メートル以下であるものに限る。)に分けた場合における当該四辺形(当該四辺形の面積が 0.25 平方メートル以下の場合は,捕捉面を 6 以上の等面積の四辺形に分けた場合における当該四辺形。以下このハにおいて「四辺形」という。)の総数

V_1, V_2, …, V_n ブース内に作業の対象物が存在しない状態での,各々の四辺形の中心点における捕捉面に垂直な方向の風速(単位 メートル/秒)

2　開放式プッシュプル型換気装置（密閉式プッシュプル型換気装置以外のプッシュプル型換気装置をいう。以下同じ。）は，次のいずれかに適合するものであること。

イ　次に掲げる要件を満たすものであること。

(1)　送風機により空気を供給し，かつ，排風機により当該空気を吸引し，当該空気をダクトを通して排出口から排出するものであること。

(2)　粉じん発生源が換気区域（吹出し側フードの開口部の任意の点と吸込み側フードの開口部の任意の点を結ぶ線分が通ることのある区域をいう。(3)から(5)までにおいて同じ。）の内部に位置すること。

(3)　換気区域内に下降気流を発生させること，粉じん発生源にできるだけ近い位置に吸込み側フードを設けること等により，粉じん発生源から吸込み側フードへ流れる空気を粉じん作業に従事する労働者が吸入するおそれがない構造とすること。

(4)　捕捉面（吸込み側フードから最も離れた位置の粉じん発生源を通り，かつ，気流の方向に垂直な平面（換気区域内に発生させる気流が下降気流であって，換気区域内に粉じん作業に従事する労働者が立ち入る構造の開放式プッシュプル型換気装置にあっては，換気区域の床上1.5メートルの高さの水平な平面）をいう。以下同じ。）における気流が次に定めるところに適合するものであること。

$$\sum_{i=1}^{n} \frac{Vi}{n} \geqq 0.2$$

$$\frac{3}{2}\sum_{i=1}^{n} \frac{Vi}{n} \geqq V_1 \geqq \frac{1}{2}\sum_{i=1}^{n} \frac{Vi}{n}$$

$$\frac{3}{2}\sum_{i=1}^{n} \frac{Vi}{n} \geqq V_2 \geqq \frac{1}{2}\sum_{i=1}^{n} \frac{Vi}{n}$$

……

$$\frac{3}{2}\sum_{i=1}^{n} \frac{Vi}{n} \geqq V_n \geqq \frac{1}{2}\sum_{i=1}^{n} \frac{Vi}{n}$$

これらの式において，n，V_1，V_2，…，V_nは，それぞれ次の値を表すものとする。

n　捕捉面を16以上の等面積の四辺形（一辺の長さが2メートル以下であるものに限る。）に分けた場合における当該四辺形（当該四辺形の面積が0.25平方メートル以下の場合は，捕捉面を6以上の等面積の四辺形に分けた場合における当該四辺形。以下この(4)において「四辺形」という。）の総数

V_1，V_2，…，V_n　換気区域内に作業の対象物が存在しない状態での，各々の四辺形の中心点における捕捉面に垂直な方向の風速（単位　メートル／秒）

(5)　換気区域と換気区域以外の区域との境界におけるすべての気流が，吸込み側フードの開口部に向かうこと。

ロ　次に掲げる要件を満たすものであること。

(1)　イ(1)に掲げる要件

(2)　粉じん発生源が換気区域（吹出し側フードの開口部から吸込み側フードの開口部に向かう気流が発生する区域をいう。(3)及び(4)において同じ。）の内部に位置すること。

(3)　イ(3)に掲げる要件

(4) イ(4)に掲げる要件

附 則（平成12年12月25日労働省告示第120号）（抄）

（適用期日）

第1 この告示は，内閣法の一部を改正する法律（平成12年法律第88号）の施行の日（平成13年1月6日）から適用する。

3.　粉じん障害防止規則第 12 条第 1 項の規定に基づく厚生労働大臣が定める要件

（平成 10 年 3 月 25 日労働省告示第 31 号）
（最新改正　平成 12 年 12 月 25 日労働省告示第 120 号）

粉じん障害防止規則（昭和 54 年労働省令第 18 号）第 12 条第 1 項の規定に基づき，厚生労働大臣が定める要件を次のように定める。

粉じん障害防止規則（以下「粉じん則」という。）第 12 条第 1 項の厚生労働大臣が定める要件は，次のとおりとする。

1　粉じん則第 4 条の規定により設ける局所排気装置（研削盤，ドラムサンダー等の回転体を有する機械に係る特定粉じん発生源について設けるものを除く。）にあっては，昭和 54 年労働省告示第 67 号（以下「昭和 54 年告示」という。）第 1 号ロの表の上欄に掲げる特定粉じん発生源に応じ，それぞれ同表の下欄に掲げる制御風速以上の制御風速で稼働させること。

2　粉じん則第 27 条第 1 項ただし書の規定により設ける局所排気装置（研削盤，ドラムサンダー等の回転体を有する機械に係る特定粉じん発生源について設けるものを除く。）にあっては，昭和 54 年告示第 2 号の表の上欄に掲げるフードの型式に応じ，それぞれ同表の下欄に掲げる制御風速以上の制御風速で稼働させること。

3　粉じん則第 4 条又は第 27 条第 1 項ただし書の規定により設ける局所排気装置のうち，研削盤，ドラムサンダー等の回転体を有する機械に係る粉じん発生源について設けるものにあっては，昭和 54 年告示第 3 号の表の上欄に掲げるフードの設置方法に応じ，それぞれ同表の下欄に掲げる制御風速以上の制御風速で稼働させること。

附　則（平成 12 年 12 月 25 日労働省告示第 120 号）（抄）

（適用期日）

第 1　この告示は，内閣法の一部を改正する法律（平成 12 年法律第 88 号）の施行の日（平成 13 年 1 月 6 日）から適用する。

4. 粉じん障害防止規則第 12 条第 3 項において準用する同条第 1 項の規定に基づく厚生労働大臣が定める要件

(平成 10 年 3 月 25 日労働省告示第 32 号)
(最新改正 令和 4 年 11 月 17 日厚生労働省告示第 335 号)

粉じん障害防止規則(昭和 54 年労働省令第 18 号)第 12 条第 3 項において準用する同条第 1 項の規定に基づき,厚生労働大臣が定める要件を次のように定める。

粉じん障害防止規則第 12 条第 3 項において準用する同条第 1 項の厚生労働大臣が定める要件は,次のとおりとする。

1 平成 10 年労働省告示第 30 号(以下「平成 10 年告示」という。)第 1 号に規定する密閉式プッシュプル型換気装置にあっては,同号ハの捕捉面における気流が同号ハに定めるところに適合すること。

2 平成 10 年告示第 2 号に規定する開放式プッシュプル型換気装置にあっては,次に定めるところによること。

イ 平成 10 年告示第 2 号イの要件を満たす開放式プッシュプル型換気装置にあっては,同号イ(4)の捕捉面における気流が同号イ(4)に定めるところに適合すること。

ロ 平成 10 年告示第 2 号ロの要件を満たす開放式プッシュプル型換気装置にあっては,同号イ(4)の捕捉面における気流が同号ロ(4)に定めるところに適合すること。

附 則(平成 12 年 12 月 25 日労働省告示第 120 号)(抄)

(適用期日)

第 1 この告示は,内閣法の一部を改正する法律(平成 12 年法律第 88 号)の施行の日(平成 13 年 1 月 6 日)から適用する。

改正文(令和 4 年 11 月 17 日厚生労働省告示第 335 号)(抄)

令和 5 年 4 月 1 日から適用する。

5. 粉じん作業特別教育規程

（昭和 54 年 7 月 23 日労働省告示第 68 号）

粉じん障害防止規則（昭和 54 年労働省令第 18 号）第 22 条第 2 項の規定に基づき，粉じん作業特別教育規程を次のように定め，昭和 55 年 10 月 1 日から適用する。

粉じん障害防止規則第 22 条第 1 項の規定による特別の教育は，学科教育により，次の表の上欄<編注・左欄>に掲げる科目に応じ，それぞれ，同表の中欄に掲げる範囲について同表の下欄<編注・右欄>に掲げる時間以上行うものとする。

科　　　目	範　　　　　　囲	時　間
粉じんの発散防止及び作業場の換気の方法	粉じんの発散防止対策の種類及び概要　換気の種類及び概要	1 時 間
作業場の管理	粉じんの発散防止対策に係る設備及び換気のための設備の保守点検の方法　作業環境の点検の方法　清掃の方法	1 時 間
呼吸用保護具の使用の方法	呼吸用保護具の種類，性能，使用方法及び管理	30　分
粉じんに係る疾病及び健康管理	粉じんの有害性　粉じんによる疾病の病理及び症状　健康管理の方法	1 時 間
関係法令	労働安全衛生法（昭和 47 年法律第 57 号），労働安全衛生法施行令（昭和 47 年政令第 318 号），労働安全衛生規則（昭和 47 年労働省令第 32 号）及び粉じん障害防止規則並びにじん肺法（昭和 35 年法律第 30 号）及びじん肺法施行規則（昭和 35 年労働省令第 6 号）中の関係条項	1 時 間

6. 作業環境測定基準（抄）

（昭和 51 年４月 22 日労働省告示第 46 号）
（最新改正　令和５年４月 17 日厚生労働省告示第 174 号）

（定　義）

第１条　この告示において，次の各号に掲げる用語の意義は，それぞれ当該各号に定めるところによる。

1　液体捕集方法　試料空気を液体に通し，又は液体の表面と接触させることにより溶解，反応等をさせて，当該液体に測定しようとする物を捕集する方法をいう。

2　固体捕集方法　試料空気を固体の粒子の層を通して吸引すること等により吸着等をさせて，当該固体の粒子に測定しようとする物を捕集する方法をいう。

3　直接捕集方法　試料空気を溶解，反応，吸着等をさせないで，直接，捕集袋，捕集びん等に捕集する方法をいう。

4　冷却凝縮捕集方法　試料空気を冷却した管等と接触させることにより凝縮をさせて測定しようとする物を捕集する方法をいう。

5　ろ過捕集方法　試料空気をろ過材（0.3 マイクロメートルの粒子を 95 パーセント以上捕集する性能を有するものに限る。）を通して吸引することにより当該ろ過材に測定しようとする物を捕集する方法をいう。

（粉じんの濃度等の測定）

第２条　労働安全衛生法施行令（昭和 47 年政令第 318 号。以下「令」という。）第 21 条第 1 号の屋内作業場における空気中の土石，岩石，鉱物，金属又は炭素の粉じんの濃度の測定は，次に定めるところによらなければならない。

1　測定点は，単位作業場所（当該作業場の区域のうち労働者の作業中の行動範囲，有害物の分布等の状況等に基づき定められる作業環境測定のために必要な区域をいう。以下同じ。）の床面上に 6 メートル以下の等間隔で引いた縦の線と横の線との交点の床上 50 センチメートル以上 150 センチメートル以下の位置（設備等があつて測定が著しく困難な位置を除く。）とすること。ただし，単位作業場所における空気中の土石，岩石，鉱物，金属又は炭素の粉じんの濃度がほぼ均一であることが明らかなときは，測定点に係る交点は，当該単位作業場所の床面上に 6 メートルを超える等間隔で引いた縦の線と横の線との交点とすることができる。

1 の 2　前号の規定にかかわらず，同号の規定により測定点が 5 に満たないこととなる場合にあつても，測定点は，単位作業場所について 5 以上とすること。ただし，単位作業場所が著しく狭い場所であつて，当該単位作業場所における空気中の土石，岩石，鉱物，金属又は炭素の粉じんの濃度がほぼ均一であることが明らかなときは，この限りでない。

2　前二号の測定は，作業が定常的に行われている時間に行うこと。

2 の 2　土石，岩石，鉱物，金属又は炭素の粉じんの発散源に近接する場所において作業が行われる単位作業場所にあつては，前三号に定める測定のほか，当該作業が行われる時間のうち，空気中の土石，岩石，鉱物，金属又は炭素の粉じんの濃度が最も高くなると思われる時間に，当該作業が行われる位置において測定を行うこと。

3　1 の測定点における試料空気の採取時間は，10 分間以上の継続した時間とすること。ただし，相対濃度指示方法による測定については，この限りでない。

4　空気中の土石，岩石，鉱物，金属又は炭素の粉じんの濃度の測定は，次のいずれかの方法によること。

イ　分粒装置を用いるろ過捕集方法及び重量分析方法

ロ　相対濃度指示方法（当該単位作業場所における１以上の測定点においてイに掲げる方法を同時に行う場合に限る。）

②　前項第４号イの分粒装置は，その透過率が次の図で表される特性を有するもの又は次の図で表される特性を有しないもののうち当該特性を有する分粒装置を用いて得られる測定値と等しい値が得られる特性を有するものでなければならない。

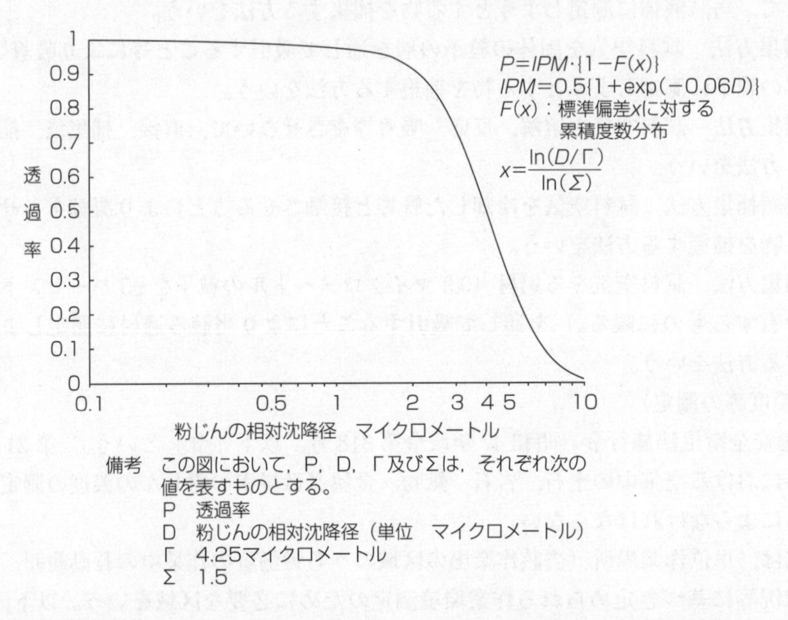

③　粉じん障害防止規則（昭和54年労働省令第18号）第26条第３項の場合においては，第１項第４号の規定にかかわらず，当該粉じんの濃度の測定は，相対濃度指示方法によることができる。この場合において，質量濃度変換係数は，同条第３項の測定機器を用いて当該単位作業場所について求めた数値又は厚生労働省労働基準局長が示す数値を使用しなければならない。

令和５年４月17日厚生労働省令第174号の改正により，令和５年10月１日より第２条に第４項が以下のとおり追加される。

④　第10条第５項の規定は，第１項に規定する測定のうち粉じん（遊離けい酸の含有率が極めて高いものを除く。）の濃度の測定について準用する。この場合において，同条第５項中「前項」とあるのは「第２条第１項第１号から第３号まで」と，「第１項」とあるのは「同項」と，「令別表第３第１号６又は同表第２号２，３の２，５，８から11まで，13，13の２，15，15の２，19，19の４，20から22まで，23，23の２，26，27の２，30，31の２から33まで，34の３若しくは36に掲げる物（以下この項において「個人サンプリング法対象特化物」という。）」とあるのは「粉じん（遊離けい酸の含有率が極めて高いものを除く。）」と，第10条第５項第２号，第３号及び第５号中「個人サンプリング法対象特化物」とあるのは「粉じん（遊離けい酸の含有率が極めて高いものを除く。）」と読み替えるものとする。

第２条の２ 令第 21 条第 1 号の屋内作業場における空気中の土石，岩石又は鉱物の粉じん中の遊離けい酸の含有率の測定は，エックス線回折分析方法又は重量分析方法によらなければならない。

第 3 条以下　略

7．作業環境評価基準（抄）

（昭和63年9月1日労働省告示第79号）
（最新改正　令和2年4月22日厚生労働省告示第192号）

（適　用）

第1条　この告示は，労働安全衛生法第65条第1項の作業場のうち，労働安全衛生法施行令（昭和47年政令第318号）第21条第1号，第7号，第8号及び第10号に掲げるものについて適用する。

（測定結果の評価）

第2条　労働安全衛生法第65条の2第1項の作業環境測定の結果の評価は，単位作業場所（作業環境測定基準（昭和51年労働省告示第46号）第2条第1項第1号に規定する単位作業場所をいう。以下同じ。）ごとに，次の各号に掲げる場合に応じ，それぞれ当該各号の表の下欄＜編注・右欄＞に掲げるところにより，第1管理区分から第3管理区分までに区分することにより行うものとする。

1　A測定（作業環境測定基準第2条第1項第1号から第2号までの規定により行う測定（作業環境測定基準第10条第4項，第10条の2第2項，第11条第2項及び第13条第4項において準用する場合を含む。）をいう。以下同じ。）のみを行つた場合

管理区分	評価値と測定対象物に係る別表に掲げる管理濃度との比較の結果
第1管理区分	第1評価値が管理濃度に満たない場合
第2管理区分	第1評価値が管理濃度以上であり，かつ，第2評価値が管理濃度以下である場合
第3管理区分	第2評価値が管理濃度を超える場合

2　A測定及びB測定（作業環境測定基準第2条第1項第2号の2の規定により行う測定（作業環境測定基準第10条第4項，第10条の2第2項，第11条第2項及び第13条第4項において準用する場合を含む。）をいう。以下同じ。）を行つた場合

管理区分	評価値又はB測定の測定値と測定対象物に係る別表に掲げる管理濃度との比較の結果
第1管理区分	第1評価値及びB測定の測定値（2以上の測定点においてB測定を実施した場合には，そのうちの最大値。以下同じ。）が管理濃度に満たない場合
第2管理区分	第2評価値が管理濃度以下であり，かつ，B測定の測定値が管理濃度の1.5倍以下である場合（第1管理区分に該当する場合を除く。）
第3管理区分	第2評価値が管理濃度を超える場合又はB測定の測定値が管理濃度の1.5倍を超える場合

②　測定対象物の濃度が当該測定で採用した試料採取方法及び分析方法によつて求められる定量下限の値に満たない測定点がある単位作業場所にあつては，当該定量下限の値を当該測定点における測定値とみなして，前項の区分を行うものとする。

③　測定値が管理濃度の10分の1に満たない測定点がある単位作業場所にあつては，管理濃度の

10分の1を当該測定点における測定値とみなして，第1項の区分を行うことができる。

④ 労働安全衛生法施行令別表第6の2第1号から第47号までに掲げる有機溶剤（特定化学物質障害予防規則（昭和47年労働省令第39号）第36条の5において準用する有機溶剤中毒予防規則（昭和47年労働省令第36号）第28条の2第1項の規定による作業環境測定の結果の評価にあつては，特定化学物質障害予防規則第2条第1項第3号の2に規定する特別有機溶剤を含む。以下この項において同じ。）を2種類以上含有する混合物に係る単位作業場所にあつては，測定点ごとに，次の式により計算して得た換算値を当該測定点における測定値とみなして，第1項の区分を行うものとする。この場合において，管理濃度に相当する値は，1とするものとする。

$$C = (C_1 / E_1) + (C_2 / E_2) + \cdots\cdots$$

（この式において，C，C_1，C_2……及びE_1，E_2……は，それぞれ次の値を表すものとする。
C　換算値
C_1，C_2……有機溶剤の種類ごとの測定値
E_1，E_2……有機溶剤の種類ごとの管理濃度）

（評価値の計算）

第３条 前条第1項の第1評価値及び第2評価値は，次の式により計算するものとする。

$$\log EA_1 = \log M_1 + 1.645\sqrt{\log^2 \sigma_1 + 0.084}$$

$$\log EA_2 = \log M_1 + 1.151\ (\log^2 \sigma_1 + 0.084)$$

（これらの式において，EA_1，M_1，σ_1及びEA_2は，それぞれ次の値を表すものとする。
EA_1　第1評価値
M_1　A測定の測定値の幾何平均値
σ_1　A測定の測定値の幾何標準偏差
EA_2　第2評価値）

② 前項の規定にかかわらず，連続する2作業日（連続する2作業日について測定を行うことができない合理的な理由がある場合にあつては，必要最小限の間隔を空けた2作業日）に測定を行つたときは，第1評価値及び第2評価値は，次の式により計算することができる。

$$\log EA_1 = \frac{1}{2}(\log M_1 + \log M_2) + 1.645\sqrt{\frac{1}{2}(\log^2 \sigma_1 + \log^2 \sigma_2) + \frac{1}{2}(\log M_1 - \log M_2)^2}$$

$$\log EA_2 = \frac{1}{2}(\log M_1 + \log M_2) + 1.151\left\{\frac{1}{2}(\log^2 \sigma_1 + \log^2 \sigma_2) + \frac{1}{2}(\log M_1 - \log M_2)^2\right\}$$

（これらの式においてEA_1，M_1，M_2，σ_1，σ_2及びEA_2は，それぞれ次の値を表すものとする。
EA_1　第1評価値
M_1　1日目のA測定の測定値の幾何平均値
M_2　2日目のA測定の測定値の幾何平均値
σ_1　1日目のA測定の測定値の幾何標準偏差
σ_2　2日目のA測定の測定値の幾何標準偏差
EA_2　第2評価値）

第４条　前二条の規定は，C 測定（作業環境測定基準第 10 条第 5 項第 1 号から第 4 号までの規定により行う測定（作業環境測定基準第 11 条第 3 項及び第 13 条第 5 項において準用する場合を含む。）をいう。）及び D 測定（作業環境測定基準第 10 条第 5 項第 5 号及び第 6 号の規定により行う測定（作業環境測定基準第 11 条第 3 項及び第 13 条第 5 項において準用する場合を含む。）をいう。）について準用する。この場合において，第 2 条第 1 項第 1 号中「A 測定（作業環境測定基準第 2 条第 1 項第 1 号から第 2 号までの規定により行う測定（作業環境測定基準第 10 条第 4 項，第 10 条の 2 第 2 項，第 11 条第 2 項及び第 13 条第 4 項において準用する場合を含む。）をいう。以下同じ。）」とあるのは「C 測定（作業環境測定基準第 10 条第 5 項第 1 号から第 4 号までの規定により行う測定（作業環境測定基準第 11 条第 3 項及び第 13 条第 5 項において準用する場合を含む。）をいう。以下同じ。）」と，同項第 2 号中「A 測定及び B 測定（作業環境測定基準第 2 条第 1 項第 2 号の 2 の規定により行う測定（作業環境測定基準第 10 条第 4 項，第 10 条の 2 第 2 項，第 11 条第 2 項及び第 13 条第 4 項において準用する場合を含む。）をいう。以下同じ。）」とあるのは「C 測定及び D 測定（作業環境測定基準第 10 条第 5 項第 5 号及び第 6 号の規定により行う測定（作業環境測定基準第 11 条第 3 項及び第 13 条第 5 項において準用する場合を含む。）をいう。以下同じ。）」と，「B 測定の測定値」とあるのは「D 測定の測定値」と，「(2 以上の測定点において B 測定を実施した場合には，そのうちの最大値。以下同じ。)」とあるのは「(2 人以上の者に対して D 測定を実施した場合には，そのうちの最大値。以下同じ。)」と，同条第 2 項及び第 3 項中「測定点がある単位作業場所」とあるのは「測定値がある単位作業場所」と，同条第 2 項から第 4 項までの規定中「測定点における測定値」とあるのは「測定値」と，同条第 4 項中「測定点ごとに」とあるのは「測定値ごとに」と，前条中「$\log EA_1$」とあるのは「$\log EC_1$」と，「$\log EA_2$」とあるのは「$\log EC_2$」と，「EA_1」とあるのは「EC_1」と，「EA_2」とあるのは「EC_2」と，「A 測定の測定値」とあるのは「C 測定の測定値」と，それぞれ読み替えるものとする。

別表（第 2 条関係）

物の種類	管理濃度
1　土石，岩石，鉱物，金属又は炭素の粉じん	次の式により算定される値 $E = \dfrac{3.0}{1.19Q+1}$ ［この式において，E 及び Q は，それぞれ次の値を表すものとする。 E　管理濃度（単位　mg/m^3） Q　当該粉じんの遊離けい酸含有率（単位　パーセント）］
以下　略	

8. 第10次粉じん障害防止総合対策の推進について（抄）

（令和5年3月30日基発0330第3号）

粉じん障害の防止に関しては，粉じん障害防止規則（昭和54年労働省令第18号。以下「粉じん則」という。）が全面施行された昭和56年以降，粉じん則の周知徹底及びじん肺法（昭和35年法律第30号）との一体的運用を図るため，これまで9次にわたり，粉じん障害防止総合対策を推進してきたところである。

その結果，昭和55年当時，6,842人であったじん肺新規有所見労働者の発生数は，その後大幅に減少し，令和3年には136人となるなど，対策の成果はあがっているものの，じん肺新規有所見労働者は依然として発生しており，引き続き粉じんばく露防止対策を推進することが重要である。

また，トンネル建設工事の作業環境を将来にわたってよりよいものとする観点から，最新の技術的な知見等に基づき，坑内作業場における粉じん障害防止対策を強化するため，粉じん則等の一部が改正され，令和3年4月から施行されたところであり，加えて，作業環境測定結果が第3管理区分の事業場に対する措置を強化するため，粉じん則等の一部が改正され，令和6年4月から施行されるところである。

以上の状況を踏まえ，別紙1のとおり，第10次粉じん障害防止総合対策を推進することとしたので，各局においては，9次にわたる粉じん障害防止総合対策の推進状況や別添「粉じん障害を防止するため事業者が重点的に講ずべき措置」の定着状況等に応じて，粉じん障害防止対策の効果的な推進に努められたい。

（別紙1）

第10次粉じん障害防止総合対策

第1　目的

粉じんにさらされる労働者の健康障害を防止することは，極めて重要である。

本総合対策は，じん肺新規有所見労働者の発生状況，9次にわたる粉じん障害防止対策の推進状況等を踏まえ，当該対策の重点事項及び労働基準行政が実施する事項を定めるとともに，労働者の安全と健康を守るため，事業者が講じなければならない措置等のうち，重点事項に基づき今後5年間において事業者が特に実施すべき措置を，「粉じん障害を防止するため事業者が重点的に講ずべき措置」（以下「講ずべき措置」という。）として示す。その上で，その周知及び当該措置の実施の徹底等を図ることにより，事業者に対して，粉じん障害防止規則（昭和54年労働省令第18号。以下「粉じん則」という。）及びじん肺法（昭和35年法律第30号）の各規定に定める措置のほか，より防護係数の高い呼吸用保護具の使用等といった粉じんによる健康障害を防止するための自主的な取組を適切に実施することを促し，もって粉じん障害防止対策のより一層の推進を図ることを目的とする。

第2　総合対策の推進期間

令和5年度から令和9年度までの5か年とする。

第３　総合対策の重点事項

じん肺所見が認められる労働者数は減少しているものの，じん肺新規有所見労働者は依然として発生しており，一般的に遅発性疾病であるじん肺に対して厚生労働省が長期的に取り組んでいくことの必要性を鑑みれば，引き続き粉じんばく露防止対策を推進することが重要である。

このため，まずは，業種や職種を問わず，粉じんばく露の防止に効果的な対策である呼吸用保護具の適正な選択と使用の徹底並びに粉じんの有害性と対策の必要性について周知及び指導等を，業種や職種を問わず実施する必要がある。特に，作業環境測定の評価結果が第３管理区分に区分され，その改善が困難な場合は，個人サンプリング法等による濃度測定結果に基づく有効な呼吸用保護具の使用が義務化され，令和６年４月から施行されるところであり，その定着に取り組む必要がある。

また，令和３年４月から施行されたずい道内の粉じん濃度の測定結果を踏まえた有効な電動ファン付き呼吸用保護具の使用も含め，引き続きずい道等建設工事に係る粉じん障害防止対策に取り組む必要がある。

さらに，粉じん作業に従事する労働者に対して，適切に健康管理措置を進めていくためには，事業者が行うじん肺健康診断についても着実に実施されるよう取り組む必要がある。

加えて，離職時又は離職後にじん肺所見が認められる労働者の健康管理を引き続き推進する必要がある。

このほか，地域の実情をみると，引き続き，アーク溶接作業や岩石等の裁断等の作業，金属等の研磨作業，屋外における岩石・鉱物の研磨作業又はばり取り作業及び屋外における鉱物等の破砕作業に係る粉じん障害防止対策等の推進を図る必要がある都道府県労働局（以下「局」という。）もみられることから，下記４つの重点事項に加え，管内のじん肺新規有所見労働者の発生状況，これまでの局の総合対策の推進状況等に応じて，上記以外の粉じん障害防止対策を推進する必要がある。

上記を踏まえ，次の事項を重点事項とする。

①　呼吸用保護具の適正な選択及び使用の徹底
②　ずい道等建設工事における粉じん障害防止対策
③　じん肺健康診断の着実な実施
④　離職後の健康管理の推進
⑤　その他地域の実情に即した事項

第４　略

（別添）

粉じん障害を防止するため事業者が重点的に講ずべき措置

第１　趣旨

事業者は，粉じんにさらされる労働者の健康障害を防止するため，粉じん障害防止規則（昭和54年労働省令第18号。以下「粉じん則」という。）及びじん肺法（昭和35年法律第30号）の各規定に定める措置等を講じなければならない。また，これらの措置はもとより，より防護係数の高い呼吸用保護具の使用等，粉じんによる健康障害防止のための自主的取組を推進することが望まれる。

本「粉じん障害を防止するため事業者が重点的に講ずべき措置」は，これら事業者が講じなければならない措置等のうち今後5年間において事業者が特に実施すべき事項及び当該事項の実施を推進するために必要な措置をとりまとめたものである。

なお，じん肺所見が認められる労働者数は減少しているものの，じん肺新規有所見労働者は依然として発生しており，引き続き粉じんばく露防止対策を推進することが重要であり，業種や職種を問わず，粉じんばく露の防止に効果的な対策である呼吸用保護具の適正な使用を推進する必要があること，粉じん則等が改正され，坑内作業場における粉じん障害防止対策の強化等がなされたこと，また，じん肺所見が認められる労働者及び離職時又は離職後にじん肺所見が認められる者の健康管理措置を進める必要があること，地域によっては，屋外における岩石・鉱物の研磨作業又はばり取り作業及び屋外における鉱物等の破砕作業に係る粉じん障害防止等の推進を図る必要がある。

こうしたことから，第10次粉じん障害防止総合対策においては，「呼吸用保護具の適正な選択及び使用の徹底」「ずい道等建設工事における粉じん障害防止対策」「じん肺健康診断の着実な実施」「離職後の健康管理の推進」「その他地域の実情に即した事項」を重点事項として，主としてこれら事項において事業者が重点的に講ずべき措置について記述している。

第2 具体的実施事項

1 呼吸用保護具の適正な選択と使用の徹底

事業者は，粉じんの有害性を十分に認識し，労働者に有効な呼吸用保護具を使用させるため，次の措置を講じること。

(1) 保護具着用管理責任者の選任及び呼吸用保護具の適正な選択と使用等の推進

平成17年2月7日付け基発第0207006号「防じんマスクの選択，使用等について」等に基づき，「保護具着用管理責任者」を選任し，防じんマスクの適正な選択等の業務に従事させること。

なお，顔面とマスクの接地面に皮膚障害がある場合等は，漏れ率の測定や公益社団法人日本保安用品協会が実施する「保護具アドバイザー養成・確保等事業」にて養成された保護具アドバイザーに相談をすること等により呼吸用保護具の適正な使用を確保すること。

(2) 電動ファン付き呼吸用保護具の使用

電動ファン付き呼吸用保護具は，防じんマスクを使用する場合と比べて，一般的に防護係数が高く身体負荷が軽減されるなどの観点から，より有効な健康障害防止措置であり，じん肺法第20条の3の規定により粉じんにさらされる程度を低減させるための措置の一つとして使用すること。

なお，電動ファン付き呼吸用保護具を使用する際には，取扱説明書に基づき動作確認等を確実に行うこと。

(3) 改正省令に関する対応

令和4年5月の労働安全衛生規則等の一部を改正する省令（令和4年厚生労働省令第91号）による改正において，第3管理区分に区分された場所で，かつ，作業環境測定の評価結果が第3管理区分に区分され，その改善が困難な場所では，厚生労働大臣の定めるところにより，濃度を測定し，その結果に応じて労働者に有効な呼吸用保護具を使用させること，当該呼吸用保護具に係るフィットテストを実施することが義務付けられた（令和6年4月1日施行）ことから，これらの改正内容に基づき適切な呼吸用保護具の着用等を行うこと。

2　ずい道等建設工事における粉じん障害防止対策

(1)　ずい道等建設工事における粉じん対策に関するガイドラインに基づく対策の徹底

事業者は，「ずい道等建設工事における粉じん対策に関するガイドライン」（平成12年12月26日付け基発第768号の2。以下「ずい道粉じん対策ガイドライン」という。）に基づき，粉じん濃度が2mg/m^{3}となるよう，措置を講じること。また，必要に応じ，建設業労働災害防止協会の「令和2年粉じん障害防規則等改正対応版ずい道等建設工事における換気技術指針」（令和3年4月）も参照すること。

特に，次の作業において，労働者に使用させなければならない呼吸用保護具は電動ファン付き呼吸用保護具に限られ，切羽に近接する場所の空気中の粉じん濃度等に応じて，有効なものとする必要があることに留意すること。

また，その使用に当たっては，粉じん作業中にファンが有効に作動することが必要であるため，予備電池の用意や休憩室での充電設備の備え付け等を行うこと。

[1]　動力を用いて鉱物等を掘削する場所における作業

[2]　動力を用いて鉱物等を積み込み，又は積み卸す場所における作業

[3]　コンクリート等を吹き付ける場所における作業

なお，事業者は，労働安全衛生法（昭和47年法律第57号）第88条に基づく「ずい道等の建設等の仕事」に係る計画の届出を厚生労働大臣又は所轄労働基準監督署長に提出する場合には，ずい道粉じん対策ガイドライン記載の「粉じん対策に係る計画」を添付すること。

(2)　健康管理対策の推進

ア　じん肺健康診断の結果に応じた措置の徹底

事業者は，じん肺法に基づくじん肺健康診断の結果に応じて，当該事業場における労働者の実情等を勘案しつつ，粉じんばく露の低減措置又は粉じん作業以外の作業への転換措置を行うこと。

イ　健康管理システム

粉じん作業を伴うずい道等建設工事を施行する事業者は，ずい道等建設労働者が工事毎に就業先を変えることが多い状況に鑑み，事業者が行う健康管理や就業場所の変更等，就業上適切な措置を講じやすくするために，平成31年3月に運用を開始した健康情報等の一元管理システムについて，労働者本人の同意を得た上で，労働者の健康情報等を登録するよう努めること。

ウ　じん肺有所見労働者に対する健康管理教育等の推進

事業者は，じん肺有所見労働者のじん肺の増悪の防止を図るため，産業医等による継続的な保健指導を実施するとともに「じん肺有所見者に対する健康管理教育のためのガイドライン」（平成9年2月3日付け基発70号）に基づく健康管理教育を推進すること。

さらに，じん肺有所見労働者は，喫煙が加わると肺がんの発生リスクがより一層上昇すること，禁煙により発生リスクの低下が期待できることから，事業者は，じん肺有所見労働者に対し，肺がん検診の受診及び禁煙について強く働きかけること。

(3)　元方事業者の講ずべき措置の実施の徹底等

元方事業者は，ずい道粉じん対策ガイドラインに基づき，粉じん対策に係る計画の調整，

教育に対する指導及び援助，清掃作業日の統一，関係請負人に対する技術上の指導等を行うこと。

3　じん肺健康診断の着実な実施

事業者は，じん肺法に基づき，じん肺健康診断を実施し，毎年じん肺健康管理実施状況報告を提出すること。また，労働者のじん肺健康診断に関する記録の作成に当たっては，粉じん作業職歴を可能な限り記載し，作成した記録の保存を確実に行うこと。

4　離職後の健康管理の推進

事業者は，粉じん作業に従事し，じん肺管理区分が管理２又は管理３の離職予定者に対し，「離職するじん肺有所見者のためのガイドブック」（平成29年３月策定。以下「ガイドブック」という。）を配付するとともに，ガイドブック等を活用し，離職予定者に健康管理手帳の交付申請の方法等について周知すること。その際，特に，じん肺合併症予防の観点から，積極的な禁煙の働きかけを行うこと。なお，定期的な健康管理の中で禁煙指導に役立てるため，粉じん作業に係る健康管理手帳の様式に，喫煙歴の記入欄があることに留意すること。

また，事業者は，粉じん作業に従事させたことがある労働者が，離職により事業者の管理から離れるに当たり，雇用期間内に受けた最終のじん肺健康診断結果証明書の写し等，離職後の健康管理に必要な書類をとりまとめ，求めに応じて労働者に提供すること。

5　その他地域の実情に即した事項

地域の実情をみると，引き続き，アーク溶接作業と岩石等の裁断等の作業，金属等の研磨作業，屋外における岩石・鉱物の研磨作業若しくはばり取り作業及び屋外における鉱物等の破砕作業に係る粉じん障害防止対策等の推進を図る必要があることから，事業者は，必要に応じ，これらの粉じん障害防止対策等について，第９次粉じん障害防止総合対策の「粉じん障害を防止するため事業者が重点的に講ずべき措置」の以下の措置を引き続き講じること。

(1)　アーク溶接作業と岩石等の裁断等作業に係る粉じん障害防止対策

ア　改正粉じん則及び改正じん肺法施行規則（平成24年４月１日施行）の内容に基づく措置の徹底

イ　局所排気装置，プッシュプル型換気装置等の普及を通じた作業環境の改善

ウ　呼吸用保護具の着用の徹底及び適正な着用の推進

エ　健康管理対策の推進

オ　じん肺に関する予防及び健康管理のための教育の徹底

(2)　金属等の研磨作業に係る粉じん障害防止対策

ア　特定粉じん発生源に対する措置の徹底等

イ　特定粉じん発生源以外の粉じん作業に係る局所排気装置等の普及を通じた作業環境の改善

ウ　局所排気装置等の適正な稼働並びに検査及び点検の実施

エ　作業環境測定の実施及びその結果の評価に基づく措置の徹底

オ　特別教育の徹底

カ　呼吸用保護具の着用の徹底及び適正な着用の推進

キ　たい積粉じん対策の推進

ク　健康管理対策の推進

(3)　屋外における岩石・鉱物の研磨作業又はばり取り作業に係る粉じん障害防止対策

事業者は，屋外における岩石・鉱物の研磨作業又はばり取り作業に労働者を従事させる場合には，呼吸用保護具の使用を徹底させること。

また，事業者は，その要旨について，当該作業場の見やすい場所への掲示，衛生委員会等での説明，粉じん障害防止総合対策推進強化月間及び粉じん対策の日を活用した普及啓発等を実施すること。

(4)　屋外における鉱物等の破砕作業に係る粉じん障害防止対策

事業者は，屋外における鉱物等の破砕作業に労働者を従事させる場合には，呼吸用保護具の使用を徹底させること。

また，事業者は，呼吸用保護具の使用を徹底するため，その要旨を当該作業場の見やすい場所への掲示，衛生委員会等での説明，粉じん障害防止総合対策推進強化月間及び粉じん対策の日を活用した普及啓発等を実施すること。

6　その他の粉じん作業又は業種に係る粉じん障害防止対策

事業者は，上記の措置に加え，作業環境測定の結果，じん肺新規有所見労働者の発生数，職場巡視の結果等を踏まえ，適切な粉じん障害防止対策を推進すること。

9. 相対濃度指示方法による測定において使用する質量濃度変換係数及び妨害物質がある場合における検知管方式による測定の具体的方法について（抄）

（平成2年7月17日基発第462号）
（改正　平成29年6月21日基発0621第32号）

記

第1　相対濃度指示方法による測定において使用する質量濃度変換係数について

測定基準（編注：作業環境測定基準（昭和51年労働省告示第46号）。以下同じ）第2条第3項に規定する質量濃度変換係数については，以下のとおりとする。

1「単位作業場所について求めた数値」について

「単位作業場所について求めた数値」は，粉じん障害防止規則（昭和54年労働省令第18号）第26条第3項の許可に係る単位作業場所について，同項の規定による較正を受けた測定機器を用いて，以下の方法により求めた数値とすること。

(1)　当該単位作業場所についての直近の測定及び当該測定からさかのぼる連続した測定において求めた4つの質量濃度変換係数の平均値とすること。

この場合における測定は，粉じん障害防止規則（昭和54年労働省令第18号。以下「粉じん則」という。）第26条第1項の規定による作業環境測定の際に行う併行測定のほか，作業が定常的に行われている時間帯に行われた併行測定のみでも差し支えないこと。ただし，各測定の間隔は，1月以上をあけて行われたものであること。

(2)　(1)の4つの質量濃度変換係数のうちの最大値が最小値の2倍を超える場合には，(1)の平均値から最も離れた係数1つ（最大値と最小値が等しく離れている場合は最小値）を除く3つの係数の平均値とすること。

この場合において，当該3つの係数のうち最大値が最小値の2倍を超えるときには，当該3つの係数の平均値によることはできず，2の「厚生労働省労働基準局長が示す数値」によること。

(3)　(1)の4つの質量濃度変換係数のうち1つが次のイ又はロのいずれかに該当する場合は，当該係数を除く3つの係数の平均値とすること。

イ　光散乱方式による測定機器にあっては，20未満

（単位　平均粒径0.3 μm のステアリン酸に対する質量濃度変換係数が，
0.01mg/m^3/cpm の測定機器にあっては，　10^{-3}mg/m^3/cpm
0.001mg/m^3/cpm の測定機器にあっては，10^{-4}mg/m^3/cpm）

ロ　圧電天秤方式による測定機器にあっては，1.0未満

この場合において，2つ以上の質量濃度変換係数がイ又はロのいずれかに該当する場合は，当該3つの係数の平均値によることはできず，2の「厚生労働省労働基準局長が示す数値」によること。

2「厚生労働省労働基準局長が示す数値」について

「厚生労働省労働基準局長が示す数値」は，当面，次に掲げる機器について適用することと

し，当該機器の種類に応じ，次のイ又はロに掲げる数値とすること。

光散乱方式による測定機器　P－5L，P－5H，LD－1L，LD－1H（以上，柴田科学株式会社製）

イ　粉じん則別表第2第15号の特定粉じん発生源に係る特定粉じん作業が行われる屋内作業場……45（ただし，LD－1L，LD－1Hについては25）

ロ　その他の特定粉じん発生源に係る特定粉じん作業が行われる屋内作業場……60（ただし，LD－1L，LD－1Hについては25）

（単位　平均粒径0.3 μmのステアリン酸に対する質量濃度変換係数が，
0.01mg/m^3/cpmの測定機器にあっては，10^{-3}mg/m^3/cpm
0.001mg/m^3/cpmの測定機器にあっては，10^{-4}mg/m^3/cpm）

10.　ずい道等建設工事における粉じん対策に関するガイドライン（抄）

（平成 12 年 12 月 26 日基発第 768 号の 2）
（最新改正　令和 2 年 7 月 20 日基発第 0720 第 2 号）

第 1 ～第 2　略

第 3　事業者の実施すべき事項

1　粉じん対策に係る計画の策定

事業者は，ずい道等建設工事を実施しようとするときは，事前に，粉じんの発散を抑制するための粉じん発生源に係る措置，換気装置等による換気の実施，粉じん濃度等の測定，有効な呼吸用保護具の使用，労働衛生教育の実施，その他必要な事項を内容とする粉じん対策に係る計画を策定すること。

2　ずい道等の掘削等作業主任者の職務

事業者は，ずい道等の掘削等作業主任者に，次の事項を行わせること。

(1)　空気中の粉じんの濃度等の測定の方法及びその結果を踏まえた掘削等の作業の方法を決定すること。

(2)　換気（局所集じん機，伸縮風管，エアカーテン，移動式隔壁等の採用，粉じん抑制剤若しくはエアレス吹付等粉じんの発生を抑制する措置の採用又は遠隔吹付の採用等を含む。）の方法を決定すること。

(3)　粉じん濃度等の測定結果に応じて，労働者に使用させる呼吸用保護具を選択すること。

(4)　粉じん濃度等の試料採取機器の設置を指揮し，又は自らこれを行うこと。

(5)　呼吸用保護具の機能を点検し，不良品を取り除くこと。

(6)　呼吸用保護具の使用状況を監視すること。

3　粉じん発生源に係る措置

事業者は，ずい道建設工事における次の事項について，次に定めるところにより，粉じんの発散を防止するための措置を講じること。ただし，湿潤な土石又は岩石を掘削する作業，湿潤な土石の積込み又は運搬を行う作業及び水の中で土石又は岩石の破砕，粉砕等を行う作業にあっては，この限りでないこと。

(1)　工法

設計段階において，より粉じん発生量の少ないトンネルボーリングマシン工法や，シールド工法等の採用について検討すること。

(2)　掘削作業

ア　発破による掘削作業

①　せん孔作業

くり粉を圧力水により孔から排出する湿式型の削岩機（発泡によりくり粉の発散を防止するものを含む。）を使用すること又はこれと同等以上の措置を講じること。

②　発破作業

発破の作業を行った時は，発破による粉じんが適当に薄められた後でなければ，発破をした箇所に労働者を立ち入らせないこと。

イ　機械による掘削作業（シールド工法及び推進工法による掘削作業を除く。）

次に掲げるいずれかの措置又はこれと同等以上の措置を講じること。

①　湿式型の機械装置を設置すること。

②　土石又は岩石を湿潤な状態に保つための設備を設置すること。

ウ　シールド工法及び推進工法による掘削作業

次に掲げるいずれかの措置又はこれと同等以上の措置を講じること。

①　湿式型の機械装置を設置すること。

②　密閉型のシールド掘削機等切羽の部分が密閉されている機械装置を設置すること。

③　土石又は岩石を湿潤な状態に保つための設備を設置すること。

(3)　ずり積み等作業

ア　破砕・粉砕・ふるいわけ作業

次に掲げるいずれかの措置又はこれと同等以上の措置を講じること。

①　密閉する設備を設置すること。

②　土石又は岩石を湿潤な状態に保つための設備を設置すること。

イ　ずり積み及びずり運搬作業

土石を湿潤な状態に保つための設備を設置すること又はこれと同等以上の措置を講じること。

(4)　ロックボルトの取付け等のせん孔作業及びコンクリート等吹付作業

ア　ロックボルトの取付け等のせん孔作業

くり粉を圧力水により孔から排出する湿式型の削岩機（発泡によりくり粉の発散を防止するものを含む。）を使用すること又はこれと同等以上の措置を講じること。

イ　コンクリート等吹付作業

①　湿式型の吹付機械装置を使用すること又はこれと同等以上の措置（エアレス吹付技術を含む。）を講じること。

②　吹付コンクリートへの粉じん抑制剤（粉体急結剤，液体急結剤）の添加及びコンクリートの分割練混ぜの導入を図ること。

③　吹付ノズルと吹付面との距離，吹付角度，吹付圧等に関する作業標準を定め，労働者に当該作業標準に従って作業させること。

④　より本質的な対策として，遠隔吹付技術の導入を検討すること。

(5)　その他

ア　たい積粉じんの発散を防止するため，坑内に設置した機械設備，電気設備等にたい積した粉じんを定期的に清掃すること。

イ　車両系機械の走行によるたい積粉じんの発散を少なくするため，次の事項の実施に努めること。

①走行路に散水すること，走行路を仮舗装すること等粉じんの発散を防止すること。

②走行速度を抑制すること。

③過積載をしないこと。

ウ　エアカーテン，移動式隔壁等，切羽等の粉じん発生源において発散した粉じんが坑内に拡散しないようにするための方法の導入を図ること。

エ　坑内で常時使用する建設機械については，排出ガスの黒煙を浄化する装置を装着したものの使用に努めること。

なお，レディーミクストコンクリート（JIS A 5308）車等外部から坑内に入ってくる車両については，排気ガスの排出を抑制する運転に努めること。

4　換気装置等（換気装置及び集じん装置をいう。以下同じ。）による換気の実施等

(1)　換気装置による換気の実施

事業者は，坑内の粉じん濃度を減少させるため，次に掲げる事項に留意し，換気装置による換気を行うこと。

ア　換気装置（風管及び換気ファンをいう。以下同じ。）は，ずい道等の規模，施工方法，施工条件等を考慮した上で，坑内の空気を強制的に換気するのに最も適した換気方式のものを選定すること。

なお，換気方式の選定に当たっては，発生した粉じんの効果的な排出及び希釈に加え，坑内全域における粉じん濃度の低減に配慮することが必要であり，より効果的な換気方法である吸引捕集方式の導入を図るとともに，局所集じん機，伸縮風管，エアカーテン，移動式隔壁等の導入を図ること。

イ　送気口（換気装置の送気管又は局所換気ファンによって清浄な空気を坑内に送り込む口のことをいう。以下同じ。）及び吸気口（換気装置の排気管によって坑内の汚染された空気を吸い込む口のことをいう。以下同じ。）は，有効な換気を行うのに適正な位置に設けること。

また，ずい道等建設工事の進捗に応じて速やかに風管を延長すること。

ウ　換気ファンは，風管の長さ，風管の断面積等を考慮した上で，十分な換気能力を有しているものであること。

なお，風量の調整が可能なものが望ましいこと。

エ　換気装置の送気量及び排気量のバランスが適正であること。

オ　粉じんを含む空気が坑内で循環又は滞留しないこと。

カ　坑外に排気された粉じんを含む空気が再び坑内に逆流しないこと。

キ　風管の曲線部は，圧力損失を小さくするため，できるだけ緩やかな曲がりとすること。

(2)　集じん装置による集じんの実施

事業者は，坑内の粉じん濃度を減少させるため，次に掲げる事項に留意し，集じん装置による集じんを行うこと。

ア　集じん装置は，ずい道等の規模等を考慮した上，十分な処理容量を有しているもので，粉じんを効率よく捕集し，かつ，レスピラブル（吸入性）粉じんを含めた粉じんを清浄化する処理能力を有しているものであること。

イ　集じん装置は，粉じんの発生源，換気装置の送気口及び吸気口の位置等を考慮し，発散した粉じんを速やかに集じんすることができる位置に設けること。

なお，集じん装置への有効な吸込み気流を作るため，局所換気ファン，隔壁，エアカーテン等を設置することが望ましいこと。また，局所集じん機の導入を図ること。

ウ　集じん装置にたい積した粉じんを廃棄する場合には，粉じんを発散させないようにすること。

(3)　換気装置等の管理

ア　換気装置等の点検及び補修等

事業者は，換気装置等については，半月以内ごとに1回，定期に，次に掲げる事項について点検を行い，異常を認めたときは，直ちに補修その他の措置を講じること。

①換気装置

a　風管及び換気ファンの摩耗，腐食，破損その他損傷の有無及びその程度

b　風管及び換気ファンにおける粉じんのたい積状態

c　送気及び排気の能力

d　その他，換気装置の性能を保持するために必要な事項

②集じん装置

a　構造部分の摩耗，腐食，破損その他損傷の有無及びその程度

b　内部における粉じんのたい積状態

c　ろ過装置にあっては，ろ材の破損又はろ材取付け部分等のゆるみの有無

d　処理能力

e　その他，集じん装置の性能を保持するために必要な事項

イ　換気装置等の点検及び補修等の記録

事業者は，換気装置等の点検を行ったときは，次に掲げる事項を記録し，これを3年間保存すること。

①点検年月日

②点検方法

③点検箇所

④点検の結果

⑤点検を実施した者の氏名

⑥点検の結果に基づいて補修等の措置を講じたときは，その内容

5　粉じん濃度等の測定

(1)　粉じん濃度等の測定

ア　事業者は，粉じん作業を行う坑内作業場（ずい道等の内部において，ずい道等の建設の作業を行うものに限る。以下同じ。）について，半月以内ごとに1回，定期に，別紙1に定めるところにより，当該坑内作業場の切羽に近接する場所において，次に掲げる事項を測定すること。

また，事業者は，換気装置を初めて使用する場合，又は施設，設備，作業工程若しくは作業方法について大幅な変更を行った場合にも，測定を行う必要があること。

①空気中の粉じんの濃度

②空気中の粉じん中の遊離けい酸の含有率

③風速

④換気装置等の風量

⑤気流の方向

イ　ずい道等の長さが短いこと等により，空気中の粉じんの濃度等の測定が著しく困難である場合は，アの測定を行わないことができる。また，別紙1の3 (2) ただし書きに定める方法等，当該坑内作業場における鉱物等中の遊離けい酸の含有率が明らかな場合にあっては，アの②の

測定を行わないことができる。

ウ　アの①の測定であって，相対濃度指示方法以外の方法によるものについては，測定の精度を確保するため，第一種作業環境測定士，作業環境測定機関等，当該測定について十分な知識及び経験を有する者により実施されるべきであること。アの②の測定についても同様であること。

(2)　空気中の粉じんの濃度の測定結果の評価

事業者は，空気中の粉じんの濃度の測定を行ったときは，その都度，速やかに，次により当該測定の結果の評価を行うこと。

ア　粉じん濃度目標レベル

粉じん濃度目標レベルは $2mg/m^3$ 以下とすること。

ただし，掘削断面が小さいため，$2mg/m^3$ を達成するのに必要な大きさ（口径）の風管又は必要な本数の風管の設置，必要な容量の集じん装置の設置等が施工上極めて困難であるものについては，可能な限り，$2mg/m^3$ に近い値を粉じん濃度目標レベルとして設定し，当該値を記録しておくこと。

イ　評価値の計算

空気中の粉じんの濃度の測定結果の評価値（以下「評価値」という。）は，各測定値を算術平均して求めること。

ウ　測定結果の評価

空気中の粉じんの濃度の測定結果の評価は，評価値と粉じん濃度目標レベルとを比較して，評価値が粉じん濃度目標レベルを超えるか否かにより行うこと。

(3)　空気中の粉じん濃度の測定結果に基づく措置

事業者は，評価値が粉じん濃度目標レベルを超える場合には，設備，作業工程又は作業方法の点検を行い，その結果に基づき換気装置の風量の増加のほか，より効果的な換気方式への変更，集じん装置による集じんの実施，作業工程又は作業方法の改善，風管の設置方法の改善，粉じん抑制剤の使用等，作業環境を改善するための必要な措置を講じること。

また，事業者は，当該措置を講じたときは，その効果を確認するため，(1) の方法により，空気中の粉じんの濃度の測定を行うこと。

6　有効な呼吸用保護具の使用

(1)　事業者は，坑内作業場で労働者を作業に従事させる場合には，坑内において，常時，防じんマスク，電動ファン付き呼吸用保護具等有効な呼吸用保護具（掘削作業，ずり積み作業又はコンクリート等吹付作業にあっては，電動ファン付き呼吸用保護具に限る。）を使用させること。

(2)　事業者は，坑内作業場におけるずい道等建設工事の作業のうち，掘削作業，ずり積み作業，又はコンクリート等吹付作業のいずれかに労働者を従事させる場合にあっては，別紙2の定めるところにより，当該作業場についての4 (1) の測定の結果（別紙1の3 (2) に掲げる「標準的な遊離けい酸の含有率」を使用する場合は当該遊離けい酸含有率を含む。）に応じて，当該作業に従事する労働者に有効な電動ファン付き呼吸用保護具を使用させること。

(3)　呼吸用保護具の適正な選択，使用及び保守管理の徹底

ア　事業者は，呼吸用保護具の選択，使用及び保守管理に関する方法並びに呼吸用保護具のフィルタの交換の基準を定めること。

イ　事業者は，フィルタの交換日等を記録する台帳を整備すること。当該台帳については，3年間保存することが望ましいこと。

(4)　呼吸用保護具の顔面への密着性の確認

事業者は，呼吸用保護具を使用する際には，労働者に顔面への密着性について確認させること。

(5)　呼吸用保護具の備え付け等

事業者は，同時に就業する労働者の人数と同数以上の呼吸用保護具を備え，常時有効かつ清潔に保持すること。

7　粉じん濃度等の測定等の記録

(1)　事業者は，空気中の粉じんの濃度等の測定を行ったときは，その都度，次の事項を記録して，これを7年間保存すること。

ア　測定日時

イ　測定方法

ウ　測定箇所

エ　測定条件

オ　測定結果

カ　測定結果の評価

キ　測定及び評価を実施した者の氏名

ク　測定結果に基づいて改善措置を講じたときは，当該措置の概要

ケ　測定結果に応じた有効な呼吸用保護具を使用させたときは，当該呼吸用保護具の概要

(2)　事業者は，(1) に掲げる事項を，朝礼等で使用する掲示板等，常時各作業場の見やすい場所に掲示し，又は備え付ける等の方法により，労働者に周知させること。

なお，周知の方法には，書面を労働者に交付すること，磁気ディスクその他これに準ずる物に記録し，かつ，各作業場に労働者が当該記録の内容を常時確認することができる機器を設置することが含まれること。

(3)　(1) に掲げる事項の記録に当たっては，次に掲げる事項に留意すること。

ア　(1) エの「測定条件」は，使用した測定器具の種類，換気方法，換気装置の稼働状況，作業の実施状況等測定結果に影響を与える諸条件をいうこと。

イ　(1) オの「測定結果」には，ろ過捕集方法及び重量分析方法により粉じんの濃度の測定を行った場合には，各測定点における試料空気の捕集流量，捕集時間，捕集総空気量，重量濃度，重量濃度の平均値，サンプリングの開始時刻及び終了時刻が含まれ，相対濃度指示方法により粉じんの濃度の測定を行った場合には，各測定点における相対濃度，質量濃度変換係数，重量濃度及び重量濃度の平均値が含まれるとともに，いずれの方法により粉じんの濃度の測定を行った場合にも，粉じん中の遊離けい酸の含有率及び算出された要求防護係数が含まれること。

ウ　(1) キの「測定を実施した者の氏名」には，測定を外部に委託して行った場合は，受託者の名称等が含まれること。

エ　(1) ケの「当該呼吸用保護具の概要」には，電動ファン付き呼吸用保護具に係る製造者名，型式の名称，形状の種類（面体形又はルーズフィット形），面体の形状の種類（全面形又は半

面形），漏れ率の性能の等級（S級，A級又はB級），ろ過材の性能の等級（PS1，PS2又はPS3）及び指定防護係数が含まれること。

8 労働衛生教育の実施

事業者は，坑内作業場で労働者を作業に従事させる場合には，次に掲げる労働衛生教育を実施すること。

また，これら労働衛生教育を行ったときは，受講者の記録を作成し，3年間保存すること。

(1) 粉じん作業特別教育

坑内の特定粉じん作業（粉じん障害防止規則第2条第1項第3号に規定する特定粉じん作業をいう。以下同じ。）に従事する労働者に対し，粉じん障害防止規則第22条に基づく特別教育を行うこと。

また，坑内の特定粉じん作業以外の粉じん作業に従事する労働者についても，特別教育に準じた教育を実施すること。

(2) 呼吸用保護具の適正な使用に関する教育

事業者は，坑内作業場で作業に従事する労働者に対し，呼吸用保護具の適切な選択及び使用を図るため，次に掲げる事項について教育を行うこと。

ア 粉じんによる疾病と健康管理

イ 粉じんによる疾病の防止

ウ 別紙2に定める呼吸用保護具の選択及び使用方法

9 その他の粉じん対策

事業者は，労働者が，休憩の際，容易に坑外に出ることが困難な場合は，次に掲げる措置を講じた休憩室を設置すること。

(1) 清浄な空気が室内に送気され，粉じんから労働者が隔離されていること。

(2) 労働者が作業衣等に付着した粉じんを除去することのできる用具が備えられていること。

第4 略

（別紙1）

空気中の粉じん濃度等の測定方法

1 試料空気の採取

粉じん作業を行う坑内作業場の切羽に近接する場所の空気中の粉じんの濃度等の測定における試料空気の採取は，次に定めるところによること。

(1) 試料空気の採取は，次のいずれかの方法によること。この場合，次の方法のうち，2以上の方法を同時に実施しても差し支えないこと。また，定期的に行う測定ごとに異なる方法による測定を行うことも差し支えないこと。

ア 定置式の試料採取機器を用いる方法

イ 作業に従事する労働者の身体に装着する試料採取機器を用いる方法

ウ 車両系機械（動力を用い，かつ，不特定の場所に自走できる機械をいう。以下同じ。）に装着されている試料採取機器を用いる方法

(2)　定置式の試料採取機器を用いる試料空気の採取

ア　試料採取機器は，ずい道等の切羽からおおむね10メートル，30メートル及び50メートルの地点において，当該ずい道等の両側にそれぞれ設置すること。

ただし，ずい道等建設工事のうち発破，機械掘削及びずり積み作業を行う場合は，測定を実施する労働者の安全確保の観点から，ずい道等の切羽からおおむね20メートル，35メートル及び50メートルの地点に設置することができること。

イ　試料採取機器をずい道等の両側に設置する方法には，トンネル壁面に沿って設置した三脚に試料採取機器を固定する方法に加え，トンネルの壁面にアンカーを打ち，当該アンカーに試料採取機器を固定する方法及びトンネル壁面沿いの配管や支保工等に試料採取機器を固定する方法が含まれること。設置の際には，試料採取機器が換気装置による気流を直接受けないように留意すること。

ウ　試料採取機器の採取口の高さは，床上50センチメートル以上150センチメートル以下の高さとし，それぞれおおむね同じ高さとすること。

(3)　作業に従事する労働者の身体に装着する試料採取機器を用いる試料空気の採取

ア　試料採取機器の装着は，ずい道等の切羽に近接する場所において作業に従事する適切な数（2以上に限る。）の労働者に対して行うこと。

イ　作業工程ごとに労働者が入れ替わる場合は，それぞれの作業工程において切羽に近接する場所で作業に従事する労働者を2人以上選び，それぞれに試料採取機器を装着する必要があること。装着する試料採取機器は，作業に支障がないものとすること。

ウ　ずい道等の切羽に近接する場所において作業に従事する労働者が1人しかいない場合は，当該労働者に対して，必要最小限の間隔をおいた2以上の作業日において試料採取機器を装着する方法により試料空気の採取を行うことができること。

(4)　車両系機械に装着されている試料採取機器を用いる試料空気の採取

ア　試料採取機器の装着は，ずい道等の切羽に近接する場所において作業に使用されている適切な数（2以上に限る。）の車両系機械に対して行うこと。

イ　作業工程ごとに車両系機械が入れ替わる場合は，切羽に近接する場所で作業する車両系機械を2台以上選び，それぞれに試料採取機器を装着する必要があること。また，ずり出しに使用するトラックは，切羽から坑外へ頻繁に移動することから，測定には使用しないこと。

ウ　ずい道等の切羽に近接する場所において作業に使用されている車両系機械が1台しかない場合は，当該車両系機械において適切な間隔をおいた箇所に装着されている2以上の試料採取機器により試料空気の採取を行うことができること。この場合，当該2以上の試料採取機器の間隔を可能な限り広くすること。

エ　試料採取機器を装着する箇所は，落下物による試料採取機器の損傷を防止できる等の適切な箇所とすること。また，空気中の粉じんの濃度を適切に測定する必要があることから，運転用キャビン等外部環境から隔離されている箇所に試料採取機器を装着しないこと。

(5)　試料空気の採取の時間

ア　試料空気の採取の時間は，作業に従事する労働者が同一の作業日のうち坑内作業場におけるずい道等建設工事の一連の作業（掘削作業，ずり積み作業，コンクリート等吹付作業及びロックボルト取付け作業等）に従事する全時間とし，これら一連の作業を反復する場合は，そのうちの1回の全時間とすること。

イ　発破の作業を行う場合においては，労働災害の防止及び試料採取機器の損傷を防ぐ趣旨から，発破の作業を行った時から当該発破による粉じんが適当に薄められるまでの間は労働者及び試料採取機器を安全な場所に退避させ，作業を再開するときに，試料採取機器を再度設置して測定を再開すること。

2　空気中の粉じんの濃度の測定

(1)　空気中の粉じんの濃度の測定の方法

ア　次のいずれかの方法によること。

①　ろ過捕集方法及び重量分析方法

②　相対濃度指示方法

イ　アの測定には，分粒装置（試料空気中の粉じんの分粒のため，試料採取機器に接続する装置をいう。以下同じ。）を装着した測定機器を使用すること。分粒装置は，レスピラブル（吸入性）粉じん（分粒特性が4マイクロメートル50%カットである粉じん）を適切に分粒できることが製造者又は輸入者により明らかにされているものであること。

(2)　相対濃度指示方法で使用する測定機器等

ア　相対濃度指示方法で使用する測定機器は，ポンプの流量が分粒装置を適切に機能させることができるものであり，かつ，1年以内ごとに1回，定期に，粉じん障害防止規則（昭和54年労働省令第18号）第26条第3項の厚生労働大臣の登録を受けた者が行う較正を受けたものであること。

イ　相対濃度指示方法で使用する質量濃度変換係数は，併行測定（試料空気の採取において2(1)ア①及び②に掲げる方法を同時に行うこと）によって得られた数値を使用すること。なお，同一の坑内作業場において複数回の測定の結果，当該係数が安定していることが確認できた場合は，当該係数をその後の測定における質量濃度変換係数として使用することができること。

ウ　次の表に掲げる測定機器については，当該測定機器の種類に応じ，次の表に定める質量濃度変換係数の値を，「粉じん作業を行う坑内作業場に係る粉じん濃度の測定及び評価の方法等」（令和2年厚生労働省告示第265号）第1条第1項第6号ロに規定する「厚生労働省労働基準局長が示す数値」として使用することができること。

測定機器	質量濃度変換係数
LD-5R	0.002（$mg/m^3/cpm$）
LD-6N2	0.002（$mg/m^3/cpm$）

3　粉じん中の遊離けい酸の含有率の測定

(1)　粉じん中の遊離けい酸の含有率の測定は，エックス線回折分析方法又は重量分析方法によること。これら分析方法に用いる試料は，1に定める方法に従って採取された試料を用いること。ただし，採取する試料の数は1つで差し支えないこと。

(2)　工事前のボーリング調査等によってあらかじめ坑内作業場の主たる鉱物等の種類が明らかになっている場合には，当該鉱物等の種類に応じて文献等から統計的に求められる標準的な遊離けい酸の含有率として，次の表に定める値を使用することができること。ただし，二酸化けい素を多量に含む変成岩である珪岩の遊離けい酸含有率は，非常に高いことが推定されるため，(1) による測定を行うこと。

なお，火成岩（塩基性岩又は超塩基性岩に限る。）の遊離けい酸含有率は，文献から，次の表に掲げる鉱物等の種類に応じた遊離けい酸含有率の値よりも低いことが推定されるため，坑内作業場の主たる鉱物等の種類が火成岩（塩基性岩又は超塩基性岩に限る。）の場合は，安全側の推計値として，当該鉱物等に係る遊離けい酸含有率を20%とみなして差し支えないこと。

鉱物等の種類	遊離けい酸含有率
火成岩（酸性岩に限る。），堆積岩及び変成岩（珪岩を除く。）	20%
火成岩（中性岩に限る。）	20%

4　風速等の測定

(1)　風速の測定

風速の測定は，熱線風速計を用いて行うこと。

(2)　換気装置等の風量の測定

換気装置等の風量は，次式により計算すること。

換気装置等の風量（m^3/min）＝風速（m/sec）× 0.8 × 60 ×送気口又は吸気口の断面積（m^2）

(3)　気流の方向の測定

スモークテスター等により気流の方向の確認を行うこと。

（別紙２）

呼吸用保護具の選択及び使用方法

1　電動ファン付き呼吸用保護具の性能

ずい道等建設工事における掘削作業，ずり積み作業及びコンクリート等吹付作業に従事する労働者に使用させなければならない電動ファン付き呼吸用保護具は，当該電動ファン付き呼吸用保護具に係る要求防護係数を上回る指定防護係数を有するものとすること。

なお，切羽に近接する場所における粉じん作業は，身体負荷が大きい作業が多いことから，電動ファン付き呼吸用保護具の規格（平成26年厚生労働省告示第455号）に規定する大風量形を使用するべきであること。

2　要求防護係数

要求防護係数は，次の式により計算すること。

$PFr = (C \times Q) / 100E$

この式において，PFr，C，Q 及び E は，それぞれ次の値を表すこと。

PFr　要求防護係数

C　別紙１の２の測定における粉じん濃度の測定値の平均値（単位　ミリグラム毎立方メートル）

Q 別紙1の3の測定における遊離けい酸の含有率（単位　パーセント）
E 0.025（単位　ミリグラム毎立方メートル）

3 指定防護係数

指定防護係数は，別表第1の左欄に掲げる電動ファン付き呼吸用保護具の種類に応じ，それぞれ同表の右欄に掲げる値とすること。

ただし，別表第2の左欄に掲げる電動ファン付き呼吸用保護具を使用した作業における当該呼吸用保護具の外側及び内側の粉じん濃度の測定又はそれと同等の測定の結果により得られた当該呼吸用保護具の防護係数（呼吸用保護具の外側の測定対象物の濃度を呼吸用保護具の内側の濃度で除したもの。）が同表の右欄に掲げる指定防護係数を上回ることを当該呼吸用保護具の製造者が明らかにする書面が当該呼吸用保護具に添付されている場合には，同表の左欄に掲げる呼吸用保護具の種類に応じ，それぞれ同表の右欄に掲げる値とすることができること。

別表第1

電動ファン付き呼吸用保護具の種類			指定防護係数
全面形面体	S級	PS3又はPL3	1,000
	A級	PS2又はPL2	90
	A級又はB級	PS1又はPL1	19
半面形面体	S級	PS3又はPL3	50
	A級	PS2又はPL2	33
	A級又はB級	PS1又はPL1	14
フード形又はフェイスシールド形	S級	PS3又はPL3	25
	A級		20
	S級又はA級	PS2又はPL2	20
	S級，A級又はB級	PS1又はPL1	11

備考　S級，A級及びB級は，電動ファン付き呼吸用保護具の規格（平成26年厚生労働省告示第455号）第1条第4項の規定による区分（以下同じ。）であること。PS1，PS2，PS3，PL1，PL2及びPL3は，同条第5項の規定による区分（以下同じ。）であること。

別表第2

電動ファン付き呼吸用保護具の種類		指定防護係数
半面形面体又はフェイスシールド形	S級かつPS3又はPL3	300
フード形		1,000

11．防じんマスク等検定合格品

防じんマスクおよび電動ファン付き呼吸用保護具の検定合格品については，下記のホームページ参照。

https：//www.tiis.or.jp/
公益社団法人　産業安全技術協会
〒350-1328　埼玉県狭山市広瀬台 2-16-26
TEL　04-2955-9901

【写真提供】

株式会社重松製作所

興研株式会社

柴田科学株式会社

スリーエムヘルスケア株式会社

ニルフィスク株式会社

（50音順）

粉じん作業特別教育用テキスト
粉じんによる疾病の防止　指導者用

平成 29 年　2 月 15 日　第 1 版第 1 刷発行
令和　5 年　9 月　8 日　第 2 版第 1 刷発行

編　　者　中央労働災害防止協会
発 行 者　平　山　　剛
発 行 所　中央労働災害防止協会
〒 108-0023
東京都港区芝浦3丁目17番12号
吾妻ビル 9 階
電話　販売　03（3452）6401
編集　03（3452）6209
印刷・製本　新日本印刷株式会社

落丁・乱丁本はお取替えいたします

ISBN 978-4-8059-2122-7　C3043

中災防ホームページ　https://www.jisha.or.jp/